CAD/CAM/CAE
工程应用与实践丛书

U0655913

UG 应用与案例教程

微课视频版

李玉超 郭德俊 魏峥 主编

清华大学出版社
北京

内 容 简 介

UG NX是一套专门基于 Windows操作系统开发的三维 CAD软件，该软件以参数化特征造型为基础，具有功能强大、易学易用等特点。本书系统地介绍了UG NX 2406 中文版软件在草图绘制、三维建模、装配体设计、工程图设计、仿真分析和数控加工等方面的功能。本书的特点是将软件基本操作与产品设计相结合，通过实例介绍常用工具的功能及属性设置。每章都有操作实例，每个操作步骤都配有简单的文字说明和清晰的图例，力求让读者在较短的时间内快速掌握使用UG NX进行产品设计的方法和技巧，达到事半功倍的效果。

为方便教学，本书配套有教学课件、教学大纲、微课视频、素材图片等资源。

本书可作为高等职业院校装备制造大类专业的教材，也可作为应用型本科相关专业的教学用书，还可作为机械行业技术人员、操作人员的岗位培训用书。

图书在版编目（CIP）数据

UG 应用与案例教程：微课视频版 / 李玉超，郭德俊，魏峥主编 . -- 北京：清华大学出版社，2025. 7.
(CAD/CAM/CAE 工程应用与实践丛书). -- ISBN 978-7-302-69517-2

Ⅰ. TP391.72

中国国家版本馆 CIP 数据核字第 2025BV2442 号

责任编辑：刘　星　李　锦
封面设计：刘　键
责任校对：刘惠林
责任印制：杨　艳

出版发行：清华大学出版社

网　　　址：https://www.tup.com.cn，https://www.wqxuetang.com
地　　　址：北京清华大学学研大厦 A 座　　　　　邮　　编：100084
社 总 机：010-83470000　　　　　　　　　　　邮　　购：010-62786544
投稿与读者服务：010-62776969，c-service@tup.tsinghua.edu.cn
质 量 反 馈：010-62772015，zhiliang@tup.tsinghua.edu.cn
课 件 下 载：https://www.tup.com.cn，010-83470236

印 装 者：三河市铭诚印务有限公司
经　　销：全国新华书店
开　　本：185mm×260mm　　　印　　张：17.75　　　字　　数：443 千字
版　　次：2025 年 9 月第 1 版　　　印　　次：2025 年 9 月第 1 次印刷
印　　数：1 ～ 1500
定　　价：59.00 元

产品编号：110824-01

前 言
PREFACE

随着 CAD/CAM 技术的发展，UG NX 系列软件的应用越来越广泛。如何使初学者在较短时间内掌握 UG NX 软件的基本操作方法，并将其熟练运用于实际工作中，一直是编者努力的方向。

一、本书内容

本书详细介绍了 UG NX 的草图绘制方法、特征命令操作、零件建模思路、零件设计、曲面设计、装配设计、工程图设计和数控加工等方面的内容，从曲线和草图入手，逐步向曲面和三维实体延伸。本书以引导读者灵活掌握常用机械零部件的设计建模、装配建模和工程图生成方法为目的，从建立基本形体起步，不断向结构复杂的零件级实体模型深入，注重实际应用和技巧训练的结合，注重工程化。本书注重实操，给出了丰富的案例，力求在具体实施过程中培养学生的工匠精神。

二、本书目标——培养适应"大国制造"的工匠精神

工匠精神，是一种对工作的深沉热爱和执着追求，是对产品精雕细琢、精益求精的态度。它如同一盏明灯，照亮了中华民族几千年的文明进程。回望历史，中国自古就有对"匠心"的推崇，从古老的青铜器到精美的瓷器，从宏伟的宫殿到精致的园林，工匠精神始终贯穿其中。在中国共产党领导的革命和建设中，一批批爱国敬业、勇于奉献的工匠，以他们的智慧和汗水，为社会主义事业作出了杰出贡献。时光流转，岁月如歌，工匠精神历久弥新，成为新时代实现中华民族伟大复兴的强大精神动力。

大国制造离不开工匠精神。瑞士手表能够畅销世界，成为经典之作，是因为制表者凭借着工匠精神，对每一个零件、每一道工序都精心打磨、专心雕琢。精密的机芯、细腻的工艺，无不彰显着制表师的严谨与执着。德国和日本的工业产品被世界公认为质量过硬，正是因为他们的企业始终传承着这种"工匠精神"，将每个细节都做到极致。

大国制造需要工匠精神，工匠精神需要教育传承。在新时代，我们必须加强国产化的爱国主义教育，将工匠精神深深植根于学生的心中。只有这样，我们才能真正实现从制造大国向制造强国的转变，撑起"大国制造"的金字招牌，为中华民族的伟大复兴贡献力量。让我们携手共进，在工匠精神的引领下，为祖国的繁荣昌盛而努力奋斗！

三、本书特色

1. 任务驱动型编写模式

本书将传统的"章 - 节"式的编写模式调整为任务驱动的"模块 - 课题"式的编写模式，首先提出课题的学习目标，围绕课题的学习目标教授必要的相关知识。教学目标

明确，教学内容突出针对性、实用性，符合职业技术教育的教学规律和学生的心理认知过程。

2. 配套丰富和完善的一体化教学资源

本书充分利用现代信息技术的发展，打造新型的一体化教材，使资源呈现立体化、动态化，并全面兼容 PC 端和移动端，符合移动互联网时代学生获取信息的特点。学生可以通过移动设备随时随地扫描书中的二维码，观看教学微课视频及拓展知识文本，便于自主学习。

3. 配套丰富的练习

为了突出学、练结合的学习方式，本书配套了丰富的练习。每个课题最后都有与该课题紧密相关的拓展练习和提高练习。这些练习大多来自工程实际，学生完成这些练习之后，能够更好地掌握 UG NX 软件的实际操作。

4. 根据教学现状调整教材的内容

随着各院校教学改革的深入，教学内容、教学课时都发生了巨大的变化。本书从近年来的教学实际出发，加强基本理论、基本方法和基本技能的培养，在此基础上以建模为主线，注重操作技能和 CAD/CAM 设计思路的培养。

本书由中国电子劳动学会校企合作促进会组稿，由李玉超、郭德俊、魏峥担任主编，吴濙韩、李坤、段秀超担任副主编，参与编写的还有山东理工大学三维创新实践基地的陈乙彤、张侦莘、田畅、孙洪磊同学。

【配套资源】

- 素材图片等资源：扫描目录上方的"配套资源"二维码下载。
- 教学课件、教学大纲等资源：到清华大学出版社官方网站本书页面下载，或者扫描封底的"书圈"二维码在公众号下载。
- 微课视频（651 分钟，41 集）：扫描书中相应章节中的二维码在线学习。

注：请先扫描封底刮刮卡中的文泉云盘防盗码进行绑定后再获取配套资源。

由于编者水平有限且时间仓促，虽经再三审阅，但书中可能仍存在不足之处，恳请各位专家和读者朋友批评指正！

编　　者

2025 年 6 月

微课视频清单

序　号	视 频 名 称	时长 /min	书 中 位 置
1	课题 1.1	6	课题 1.1 节首
2	课题 1.2	26	课题 1.2 节首
3	课题 2.1	21	课题 2.1 节首
4	课题 2.2	13	课题 2.2 节首
5	课题 2.3	21	课题 2.3 节首
6	课题 3.1	21	课题 3.1 节首
7	课题 3.2	10	课题 3.2 节首
8	课题 3.3	20	课题 3.3 节首
9	课题 3.4	8	课题 3.4 节首
10	课题 3.5	16	课题 3.5 节首
11	课题 4.1	15	课题 4.1 节首
12	课题 4.2	11	课题 4.2 节首
13	课题 5.1	19	课题 5.1 节首
14	课题 5.2	12	课题 5.2 节首
15	课题 5.3	10	课题 5.3 节首
16	课题 5.4	16	课题 5.4 节首
17	课题 5.5	9	课题 5.5 节首
18	课题 5.6	7	课题 5.6 节首
19	课题 6.1	8	课题 6.1 节首
20	课题 6.2	8	课题 6.2 节首
21	课题 6.3	11	课题 6.3 节首
22	课题 6.4	12	课题 6.4 节首
23	课题 6.5	14	课题 6.5 节首
24	课题 6.6	14	课题 6.6 节首
25	课题 6.7	34	课题 6.7 节首
26	课题 6.8	25	课题 6.8 节首
27	课题 7.1	12	课题 7.1 节首
28	课题 7.2	9	课题 7.2 节首
29	课题 7.3	11	课题 7.3 节首
30	课题 8.1	33	课题 8.1 节首
31	课题 8.2	13	课题 8.2 节首
32	课题 8.3	15	课题 8.3 节首
33	课题 8.4	11	课题 8.4 节首

续表

序　号	视 频 名 称	时长 /min	书 中 位 置
34	课题 9.1	19	课题 9.1 节首
35	课题 9.2	10	课题 9.2 节首
36	课题 9.3	45	课题 9.3 节首
37	课题 9.4	22	课题 9.4 节首
38	课题 10.1	24	课题 10.1 节首
39	课题 10.2	9	课题 10.2 节首
40	课题 10.3	12	课题 10.3 节首
41	课题 10.4	19	课题 10.4 节首

目录
CONTENTS

UG NX 作为 Windows 平台下的三维机械设计软件，完全融入了 Windows 软件使用方便和操作简单的特点，其强大的设计功能完全可以满足一般机械产品的设计需要。

课题 1.1　启动 UG NX

视频讲解

【学习目标】

（1）掌握 UG NX 界面工作角色设置。

（2）熟练运用文件管理。

【工作任务】

（1）UG NX 的文件管理和角色管理。

（2）建立块模型长度=20mm，宽度=30mm，高度=20mm。

【任务实施】

1. 启动 UG NX

双击快捷方式图标，即可启动 UG NX，界面如图 1-1 所示。

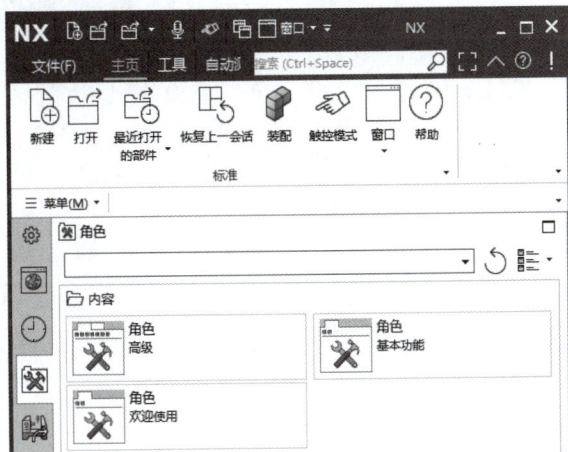

图 1-1　UG NX 启动界面

2. 要学习 UG NX，从创建工作角色开始

单击资源条中的【角色】按钮▨，出现【角色】选项卡，【内容】类别中选择【高级】，如图 1-2 所示。

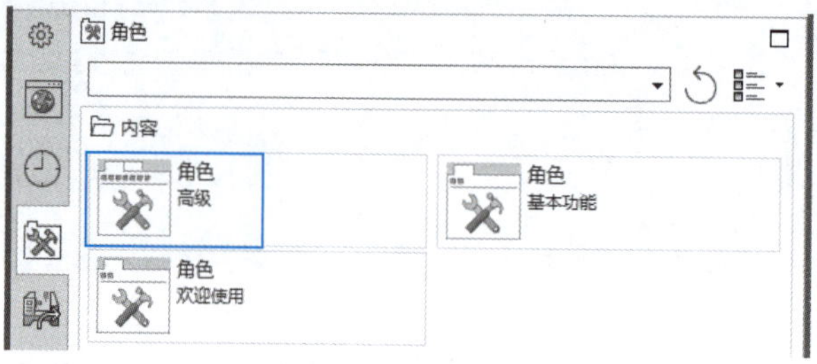

图 1-2　选择【角色】

▤ **提示：关于角色**

UG NX 具有许多高级功能。不过，在工作中可能只使用它的一组限定工具，这就需要从资源条【角色】选项卡▨的内容类别中选择合适的角色以定制用户界面并隐藏执行日常任务时不需要的工具和命令。

3. 新建文件

单击快速访问工具栏上的【新建】按钮▨，出现【新建】对话框，如图 1-3 所示。

① 单击【模型】选项卡。

② 在【模板】列表框中选定【模型】模板。

③ 在【新文件名】组【名称】文本框输入"我的第一个模型"。

④ 在【文件夹】文本框输入"D:\NX-Study\ 模块一 \ 课题 1\"。

⑤ 选择【单位】为【毫米】。

完成以上设置，单击【确定】按钮。

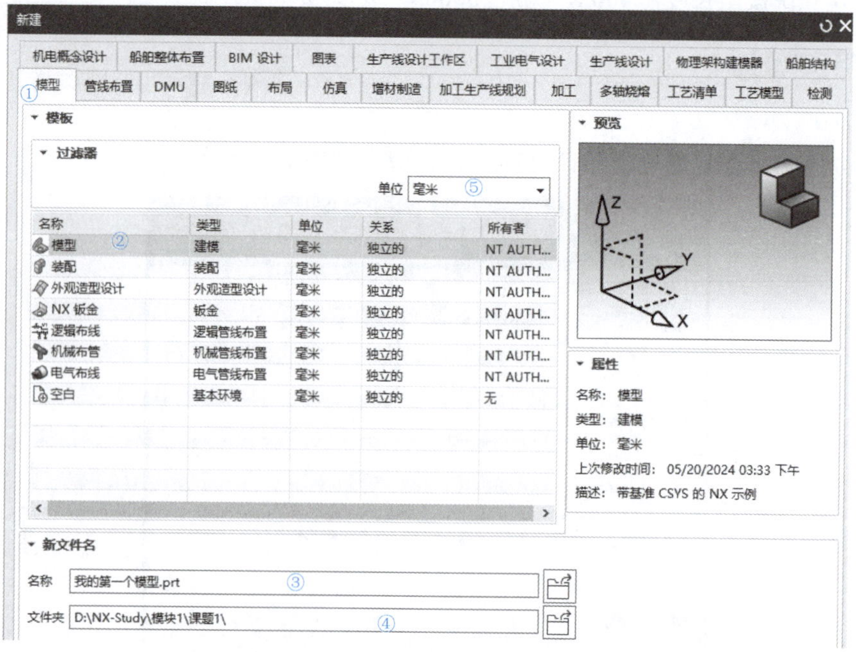

图 1-3　【新建】对话框

用户在创建一个 UG NX 部件文件后，系统进入 UG NX 工作界面。

提示：在【模板】列表框中选定【装配】模板，可以创建装配模型。

4. 创建设计特征——块

选择【插入】|【设计特征】|【块】命令，出现【块】对话框，如图1-4所示。

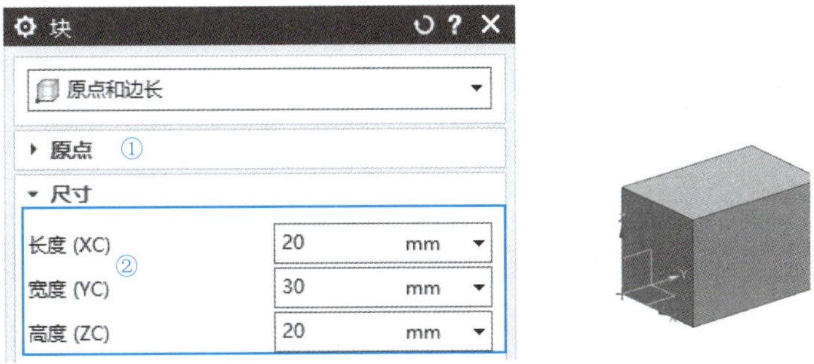

图 1-4　创建一个块

① 默认指定点为原点。

② 在【尺寸】组，在【长度（XC）】文本框输入 20，在【宽度（YC）】文本框输入30，在【高度（ZC）】文本框输入 20。

完成以上设置，单击【确定】按钮，在坐标系原点（0,0,0）处创建一个块。

5. 完成模型

选择【文件】|【保存】命令，保存文件。

注意：用户应该经常保存所做的工作，以免产生异常时丢失数据。

■ 相关知识——文件管理

文件管理主要包括新建文件、打开文件、保存文件和关闭文件，这些操作可以通过【文件】下拉菜单或者快速访问工具栏来完成。

（1）新建文件。

选择【文件】|【新建】命令或单击快速访问工具栏上的【新建】按钮，出现【新建】对话框。

（2）打开文件。

选择【文件】|【打开】命令或单击快速访问工具栏上的【打开】按钮，出现【打开】对话框。

（3）保存文件。

选择【文件】|【保存】命令或单击快速访问工具栏上的【保存】按钮，直接对文件进行保存。

（4）关闭文件。

选择【文件】|【关闭】|【保存并关闭】命令关闭文件。

【任务拓展】

（1）建立圆柱模型（直径=25mm，高度=30mm）。

（2）建立圆锥台柱模型（大端直径=25mm，小端直径=10mm，高度=30mm）。

（3）建立球模型（球直径=25mm）。

课题 1.2 ▶ 熟悉 UG NX 建模环境

视频讲解

【学习目标】

（1）熟悉 UG NX 建模界面。

（2）掌握视图操作方法。

（3）熟练使用部件导航器查看编辑特征。

【工作任务】

（1）使用视图操作命令查看模型。

（2）用 4 种方法编辑块的【宽度】，由 30 改为 60。

【任务实施】

1. 打开模型

选择【文件】|【打开】命令或单击快速访问工具栏上的【打开】按钮 ，出现【打开】对话框，在"D:\NX-Study\ 模块一 \ 课题 1\"文件夹下选择"我的第一个模型"，单击【确定】按钮。

2. 认识 UG NX 界面

用户在创建或打开一个 UG NX 部件文件后，系统进入如图 1-5 所示的 UG NX 工作界面。

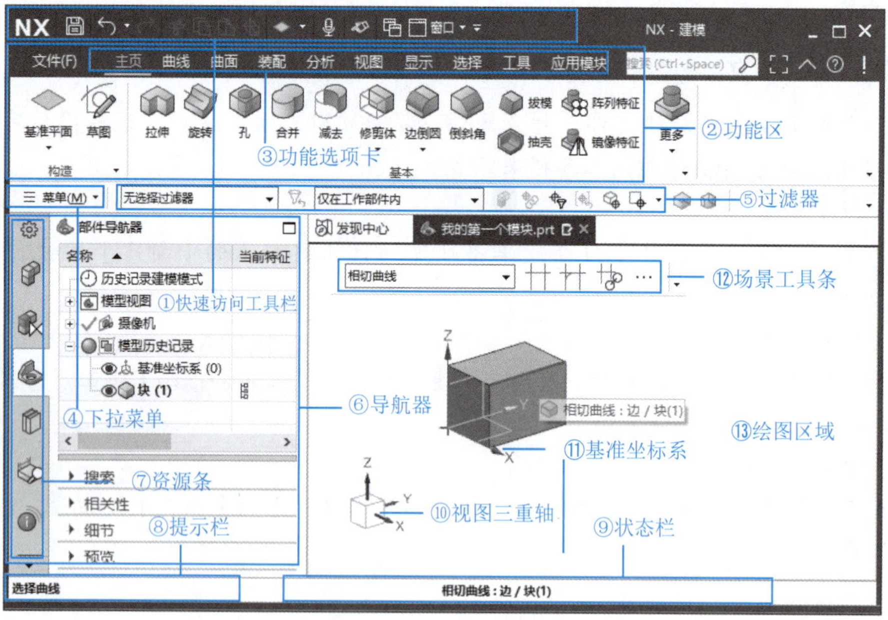

图 1-5　UG NX 工作界面

3. 对模型进行旋转、缩放和平移等操作

1）旋转

方法一：在图形窗口按住鼠标中键并拖动，光标更改为 ，此时的旋转中心为视图中心。

方法二：在图形窗口按住鼠标中键直至出现 ◎，光标更改为 ，然后拖动鼠标。◎这一点为临时旋转中心，使用鼠标旋转图形。

方法三：按快捷键 F7，进入旋转模式，光标更改为，按住鼠标左键并拖动。

📢 **注意**：退出旋转模式，单击鼠标中键或按 Esc 键。

2）缩放

方法一：在图形窗口滚动鼠标中键滚轮。

方法二：按住 Ctrl 键，在图形窗口按住鼠标中键上下拖动。

方法三：按快捷键 F6，进入缩放模式，光标变成，按住鼠标左键并拖动。

📢 **注意**：退出旋转模式，单击鼠标中键或按 Esc 键。

3）平移

方法一：按住 Shift 键，光标更改为，在图形窗口中按住鼠标中键拖动。

方法二：同时按住鼠标中键和右键，光标更改为，在图形窗口中拖动。

4）适合窗口

按快捷键 Ctrl+F，系统就会调整视图直至适合当前窗口的大小。

5）正二等轴测图、正等轴测图

按 Home 键，视图变化为正二等轴测图；按 End 键，视图变化为正等轴测图。

6）定向到最近的正交视图

选择一个平面，按快捷键 F8，视图将会调整到与所选平面平行的方位。

4. 着色、线框和静态线框模式之间更改显示

单击【显示】选项卡 |【显示】组 |【样式】按钮⬡下三角按钮弹出下拉菜单，分别单击【着色】按钮、【线框】按钮和【静态线框】按钮。各种常用着色的效果图如图 1-6 所示。

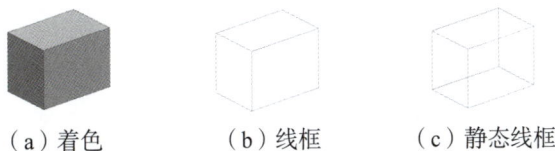

（a）着色　　　　（b）线框　　　　（c）静态线框

图 1-6　各种常用着色的效果图

5. 定向到标准视图

在图形窗口背景中，右击并选择【定向视图】|【俯视图】命令，工作视图定向到【俯视图】，如图 1-7 所示。

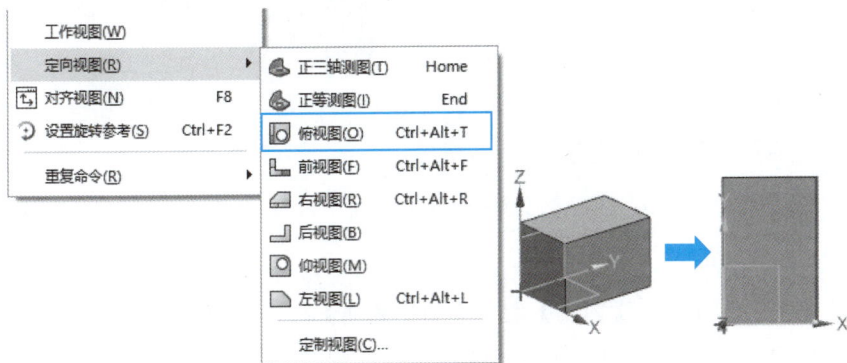

图 1-7　定向到标准视图

6. 运用视图三重轴从不同观察方向查看模型

当在视图三重轴中预选某个面时，UG NX 会使用预选颜色高亮显示该面。例如，当选择与 Y 轴垂直的面后，UG NX 会将视图定向为垂直于 Y 轴方向的面，如图 1-8 所示。

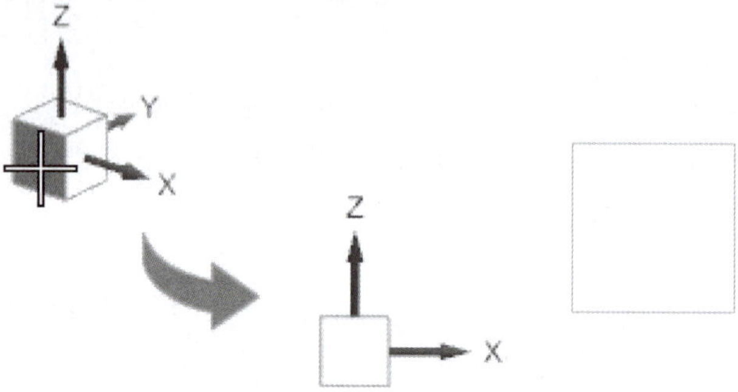

图 1-8　不同观察方向查看模型

7. 显示截面

显示截面是指显示剖切视图从而可以观察到部件的内部结构。

1）新建截面

单击【视图】选项卡 |【内容】组 |【新建截面】按钮，出现【视图剖切】对话框。系统将自动开启截面显示，如图 1-9 所示。

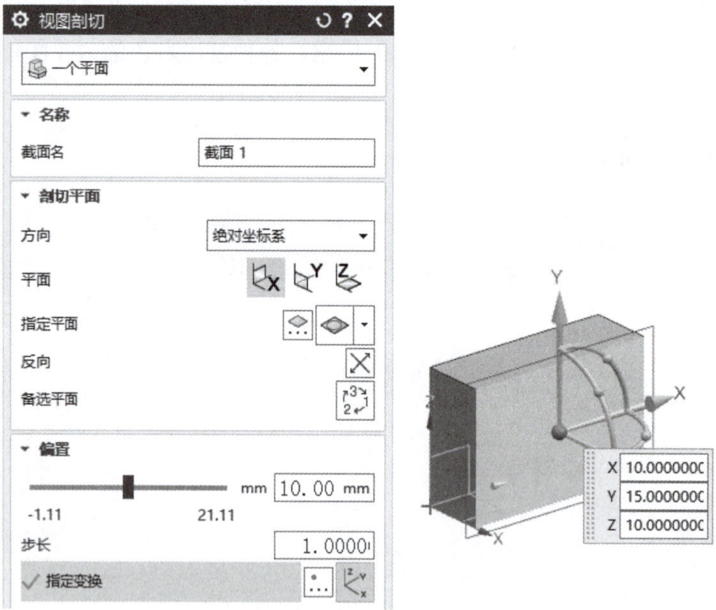

图 1-9　新建截面

2）切换截面显示

单击【视图】选项卡 |【内容】组 |【剪切截面】按钮，使其呈按下状态，则会显示剖切视图。再次单击该按钮，使其呈弹起状态，则会恢复部件的正常显示，如图 1-10 所示。

3）编辑剖切截面

单击【视图】选项卡 | 【内容】组 | 【编辑截面】按钮，出现【视图剖切】对话框，进行编辑。

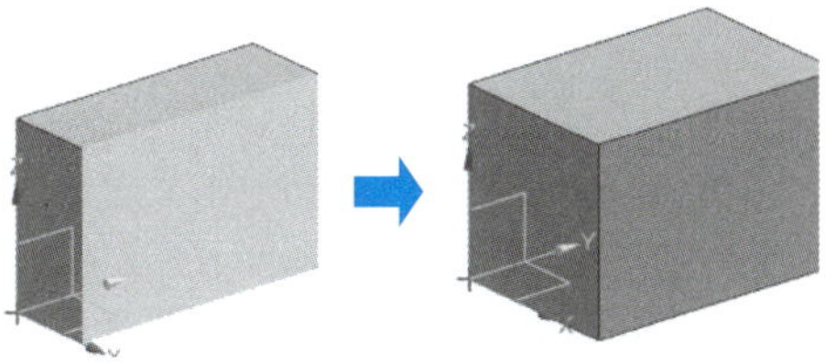

图 1-10　切换截面显示

8. 将模型移动至实体层（第 2 层）

"层"的相关操作位于【视图】选项卡 | 【层】组，如图 1-11 所示。

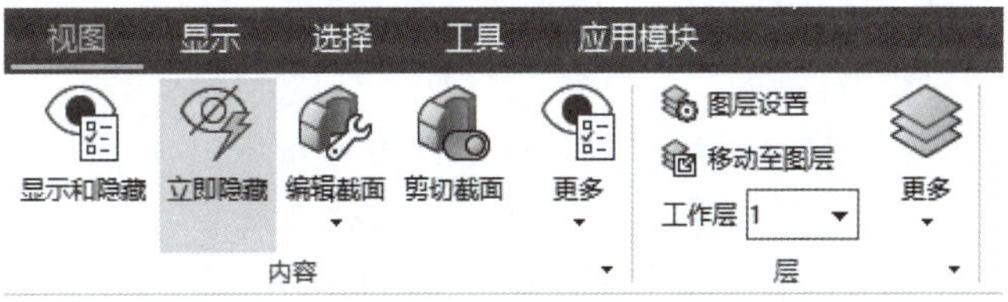

图 1-11　【视图】选项卡 | 【层】组

UG NX 提供层给用户使用，以控制对象的可见性和可选性。

层是系统定义的一种属性，就像颜色、线型和线宽一样，是所有对象都有的。

1）图层控制

UG NX 已经将 256 层进行了分类，见表 1-1。

表 1-1　层的标准分类

层 的 分 配	层 类 名	说　明
1 ～ 10	SOLIDS	实体层
11 ～ 20	SHEETS	片体层
21 ～ 40	SKECHES	草图层
41 ～ 60	CURVES	曲线层
61 ～ 80	DATUMS	基准层
81 ～ 256	未指定	—

其中第 1 层被作为默认工作层，256 层中的任何一层可以被设置为下面 4 种状态中的一种。

① 设为可选——该层上的几何对象和视图是可选的。

② 设为工作层——该层上的几何对象和视图是可见的和可选的。

③ 设为仅可见——该层上的几何对象和视图是仅可见的，但不可选。

④ 设为不可见——该层上的几何对象和视图是不可见的。

单击【视图】选项卡 | 【层】组 | 【图层设置】按钮，出现【图层设置】对话框，【图层控制】选项卡中设置图层的状态，每个层只能有一种状态，如图 1-12 所示。

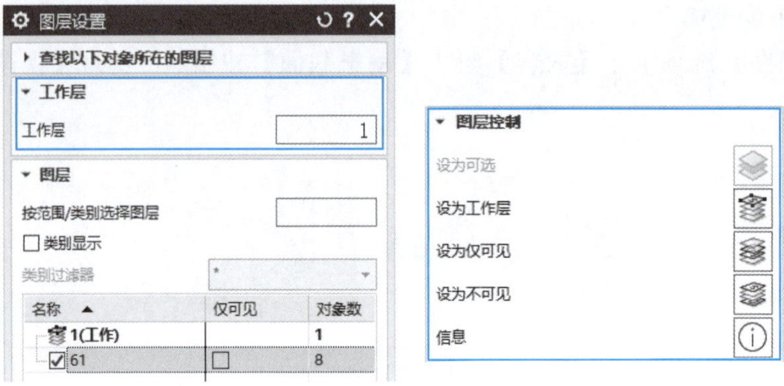

图 1-12 【图层控制】选项卡

📋 **提示：关于图层控制操作**

在图层列表框中选中 61 层，对 61 层进行如下操作。

① 将 61 层设为可选层。

② 单击【设为工作层】按钮，可将 61 层设为工作层。

③ 单击【设为仅可见】按钮，可将 61 层设为仅可见层。

④ 单击【设为不可见】按钮，可将 61 层设为不可见层。

2）设置工作层

在【图层设置】对话框的【工作图层】文本框中输入层号（1 ～ 256），按 Enter 键，则该层变成工作层，原工作层变成可选层，单击【关闭】按钮，完成设置。

📋 **提示：关于设置工作层操作**

设置工作层的最简单方法是在【视图】选项卡|【层】组|【工作图层】列表框中直接输入层号并按 Enter 键。

3）移动至层

单击【视图】选项卡|【层】组|【移动至图层】按钮，出现【类选择】对话框，选择要移动的对象，单击【确定】按钮，出现【图层移动】对话框，如图 1-13 所示。

在【目标图层或类别】文本框中输入层名，完成设置，单击【应用】按钮，则选择移动的对象移动至指定的层。

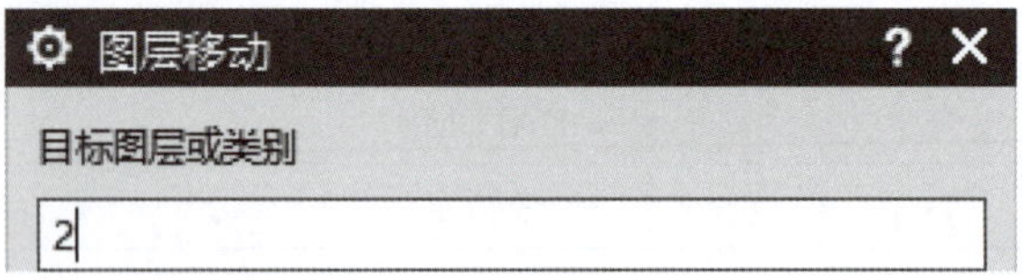

图 1-13 【图层移动】对话框

📋 **提示：关于对象选择**

1）鼠标选择

用鼠标左键直接在图形中单击对象来选择，可以连续选取多个对象，将其加入选择集中。选择时要注意与【选择条】上的【类型过滤器】和【选择范围】配合使用。

2）【类选择】对话框

【类选择】提供了选择对象的详细方法。可以通过指定类型、颜色、图层来指定哪些对象是可选的。【类选择】对话框如图 1-14 所示。

图 1-14　【类选择】对话框

【类型过滤器】使用步骤：

① 单击【类型过滤器】，出现【按类型选择】对话框；

② 单击【实体】；

③ 单击【全选】按钮，选中所有实体。

9. 使用部件导航器查看编辑特征

用 4 种方法编辑块的宽度，由 30 改为 60。

（1）在导航器中的目录树上找到块的特征，双击。

（2）在导航器中的目录树上找到块的特征，右击——编辑参数。

（3）在导航器中的目录树上找到块的特征，在细节栏编辑参数。

（4）在实体上直接选中并高亮显示块特征，双击。

部件导航器如图 1-15 所示。

提示：关于部件导航器

部件导航器中呈现灰色状态的 基准坐标系 (0) 特征是被隐藏的，不管是否选中，在绘图区都不会看到该特征；当取消隐藏后就会在部件导航器中由灰色显示变为黑色显示，这时再选中就会在绘图区出现加亮显示的该特征。

（1）在特征树中用图标描述特征。

① ⊞、⊟分别代表以折叠或展开方式显示特征。

② 表示在图形窗口中显示特征。

③ 表示在图形窗口中隐藏特征。

④ 、 等：在每个特征名前面，以彩色图标形象地表明特征的类别。

（2）在特征树中选取特征。

① 选择单个特征：在特征名上左击。

② 选择多个特征：选取连续的多个特征时，左击选取

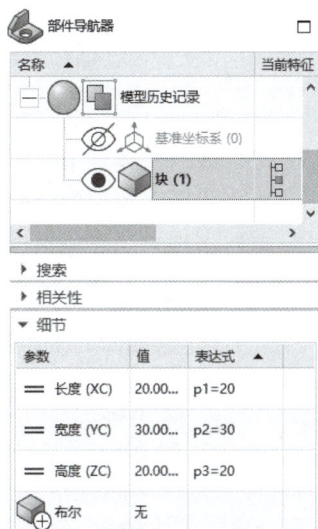

图 1-15　部件导航器

第一个特征，在连续的最后一个特征上按住 Shift 键的同时左击；或者选取第一个特征后，按住 Shift 键的同时移动光标来选择连续的多个特征。选择非连续的多个特征时，左击选取第一个特征，按住 Ctrl 键的同时在要选择的特征名上左击。

③ 从选定的多个特征中排除特征：按住 Ctrl 键的同时在要排除的特征名上左击。

（3）编辑操作快捷菜单。

利用【部件导航器】编辑特征，主要是通过操作其快捷菜单来实现的。右击要编辑的某特征名，将弹出快捷菜单。

【任务拓展】

（1）观察下拉式菜单。

单击每一项下拉式菜单，如图 1-16 所示，选择并单击所需选项进入工作界面。

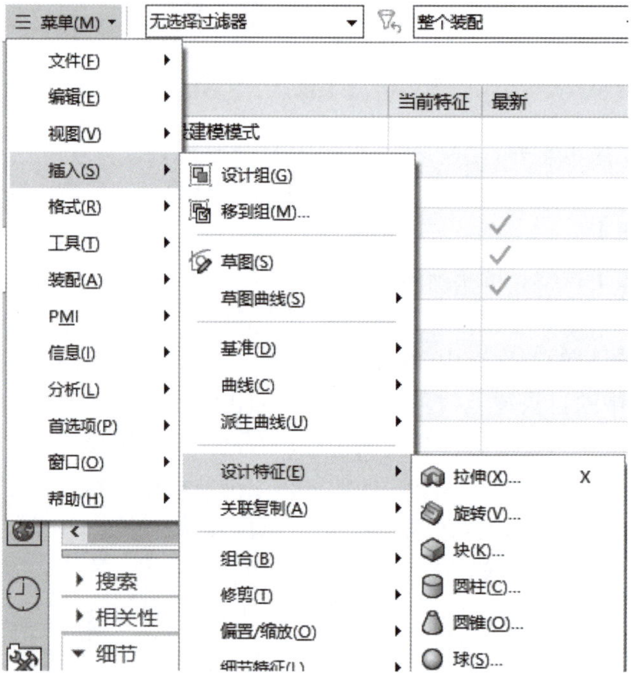

图 1-16　下拉式菜单

（2）调用快捷菜单。

➤ 右击图形窗口的背景处出现快捷菜单，如图 1-17（a）所示。

➤ 右击选定的对象出现快捷菜单，如图 1-17（b）所示。

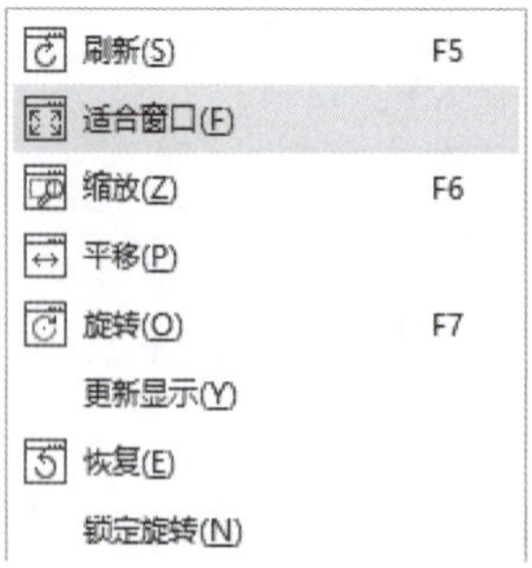

（a）右击背景处 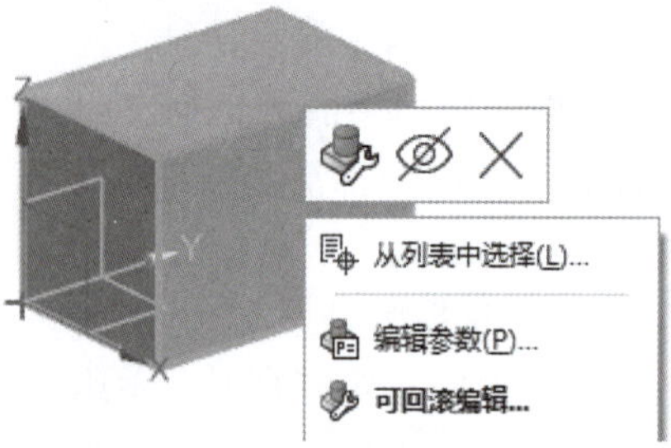　　　　　　　　　（b）右击选定对象

图 1-17　快捷菜单

（3）调用圆盘快捷工具条。

单击并按住鼠标右键后，圆盘快捷工具条即可用。

➤ 右击图形窗口的背景处并按住时，会显示带视图命令的圆盘快捷工具条，如图 1-18（a）所示。

➤ 右击选定的对象并按住时，会显示带特定对象命令的圆盘快捷工具条，如图 1-18（b）所示。

（a）右击背景处并按住时　（b）右击选定对象并按住时

图 1-18　圆盘快捷工具条

（4）观察场景工具条。

场景工具条是一个动态工具条，在特定情况下出现在图形窗口中，并显示在该特定情况下有用的选项或命令。

命令需要在图形窗口中选择点、曲线、面或边等对象时，UG NX 将显示【选择场景】工具条，该工具条可以包含选择控制和选择意图规则，如图 1-19（a）所示。

在新建草图任务环境中工作时，UG NX 将显示【草图场景】工具条，如图 1-19（b）所示。

（a）【选择场景】工具条　　（b）【草图场景】工具条

图 1-19　场景工具条

（5）打开圆柱模型，用 4 种方法编辑圆柱直径由 25 改为 40 并观察。

（6）打开圆锥台模型，用 4 种方法编辑圆锥台大端直径由 25 改为 40 并观察。

（7）打开球模型，用 4 种方法编辑球直径由 25 改为 40 并观察。

模块二 创建草图特征

MODULE 2

草图包含平面中的曲线和点，可用于创建拉伸、旋转和孔等特征。草图与其他特征一起列在部件导航器中。

课题 2.1 创建简单草图

视频讲解

【学习目标】

（1）熟悉草图绘制环境。

（2）熟练使用草图绘制工具。

【工作任务】

创建简单草图实例，如图 2-1 所示。

【任务实施】

1. 新建文件

新建文件并保存为"创建简单草图实例 .prt"。

2. 进入新草图环境

（1）单击【主页】选项卡 | 【构造】组 | 【草图】按钮✍，出现【创建草图】对话框，如图 2-2 所示。

① 从【草图类型】列表中选择【基于平面】选项。

② 在【草图平面】组，激活【选择草图平面或面】，在绘图区选择 ZOY 平面。

③ 在【方位】组，单击【选择水平参考】，在绘图区选择 Y 轴。

④ 在【原点方法】，绘图区选择原点。

完成以上设置，单击【确定】按钮，进入新草图环境，草图生成器自动使视图朝向草图平面。

> 说明：单击鼠标中键以接受默认的草图坐标系和 XOY 平面。

> 提示：关于草图类型

【草图类型】分为【基于平面】或【基于路径】类型。

（2）进入草图绘制环境，如图 2-3 所示。

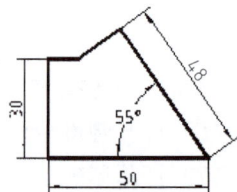

图 2-1 创建简单草图实例

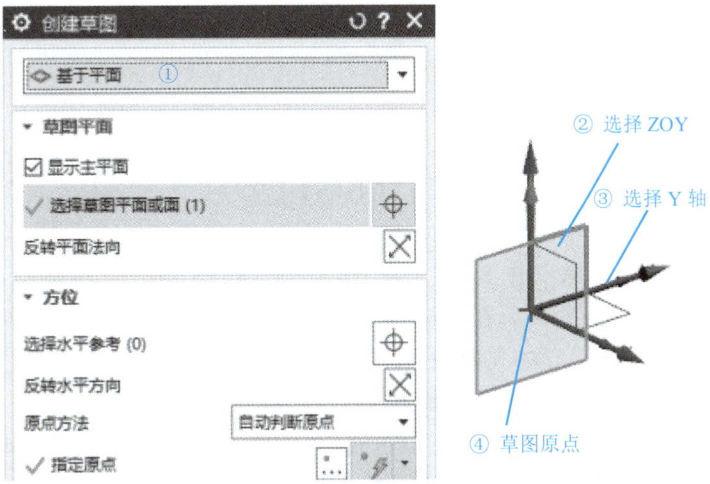

图 2-2　创建草图

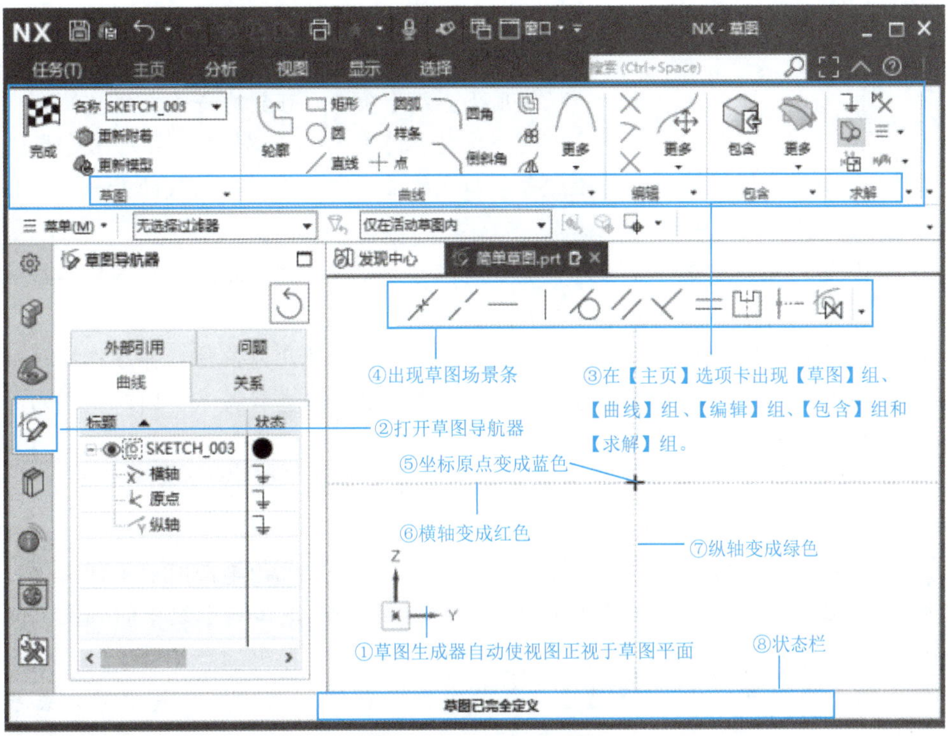

图 2-3　草图绘制环境

📋▍提示：关于进入草图后界面的变化

① 草图生成器自动使视图正视于草图平面。

② 打开草图导航器。

③ 在【主页】选项卡出现【草图】组、【曲线】组、【编辑】组、【包含】组和【求解】组。

④ 出现草图场景条。

⑤ 坐标原点变成蓝色。

⑥ 横轴变成红色。

⑦ 纵轴变成绿色。

⑧ 状态栏的信息变成：草图已完全定义。

3. 绘制大致草图

（1）绘制水平线。

单击【主页】选项卡|【曲线】组|【直线】按钮，移动鼠标指针到图形区，鼠标指针的形状变成，【草图场景条】显示。

① 把光标放到坐标原点并单击。

② 光标向右移动适当距离，在光标中出现一个形状的符号，这表明系统将自动给绘制的直线添加一个"水平"的几何关系。

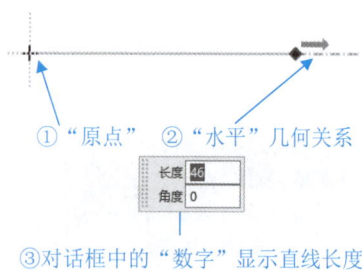

③ 对话框中的"数字"显示直线长度。

① "原点"   ② "水平"几何关系

③对话框中的"数字"显示直线长度

图 2-4　绘制水平线

单击确定水平线的终止点，如图 2-4 所示。

提示 1：关于原点

用户在绘制第一个特征的草图时，应该与草图原点建立定位关系，从而确定模型的空间位置。

提示 2：关于绘制草图直线的两种绘图方法

使用【直线】命令可创建一条直线。

使用【轮廓】命令可创建一系列相连直线和圆弧。每条曲线的末端即为下一条曲线的开始。

提示 3：关于几何关系

几何关系指竖直、水平、垂直、平行、等长、对称等几何条件。UG NX 草图对象的几何关系有两种：找到的关系和持久关系。

找到的关系：草图求解器查找诸如水平、竖直和相切等几何条件，并在选择要编辑的曲线时将这些几何条件显示为找到的关系。由于求解器可以查找关系，因此找到的关系不会与草图存储在一起。

① 选择直线端点，求解器会发现该直线是一条水平线。② 显示蓝色"水平"符号。这种关系属于找到的关系，如图 2-5 所示。

持久关系：与找到的关系不同，持久关系是永久对象，无论草图随后如何变化，默认情况下都会创建持久关系。持久关系包括等长、中点对齐，【曲线】组中的偏置、阵列和镜像等。

① 选择直线端点。② 显示蓝色"等长关系"符号。这种关系属于持久关系，如图 2-6 所示。

彩色图片

②显示蓝色"水平"符号 ① 单击直线端点

水平关系（找到）
单击以松弛

图 2-5　找到的关系

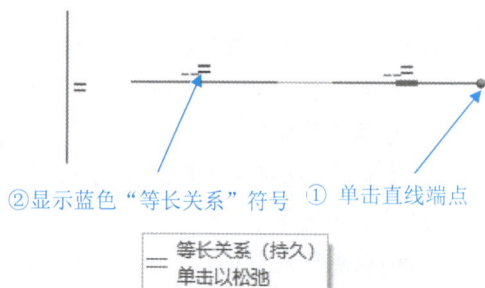

②显示蓝色"等长关系"符号 ① 单击直线端点

等长关系（持久）
单击以松弛

图 2-6　持久关系

📋 提示 4：关于关系查找器设置

单击【主页】选项卡｜【求解】组｜【选项】下拉菜单中的【关系查找器设置】按钮🔍，出现【关系查找器设置】对话框，如图 2-7 所示。

图 2-7　【关系查找器设置】对话框

📝 说明：关系查找器设置一般不需要更改。

（2）绘制具有一定角度的直线。

从终止点开始，绘制一条与水平直线具有一定角度的直线，单击确定斜线的终止点，如图 2-8 所示。

（3）利用辅助线绘制垂直线。

移动光标到与前一条线段垂直的方向，系统将显示出辅助线，单击确定垂直线的终止点，如图 2-9 所示。

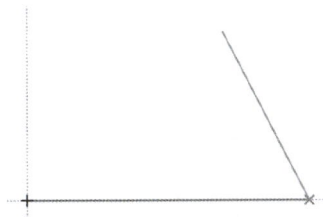

图 2-8　绘制具有一定角度的直线

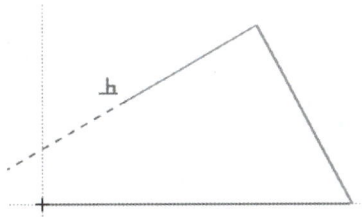

图 2-9　利用辅助线绘制垂直线

📝 说明：这种辅助线用虚线表示，当前所绘制的直线与前一条直线将会自动添加"垂直"找到的关系。

（4）利用作为参考的辅助线绘制直线。

移动光标到与原点重合的位置，系统将显示出辅助线，单击确定垂直线的终止点，如图 2-10 所示。

📝 说明：这种推理线用点线表示，在绘图过程中只起到了参考作用，并没有自动添加找到的关系。

▤ 提示：关于辅助线

点线辅助线显示与其他对象的对齐情况。

虚线辅助线显示与其他对象的自动判断约束，如水平、竖直、垂直和相切约束。

（5）封闭草图。

移动鼠标到原点，单击确定终止点，如图 2-11 所示。

图 2-10　利用作为参考的辅助线绘制直线　　　　图 2-11　封闭草图

4. 添加尺寸关系

单击【主页】选项卡｜【求解】组｜【快速尺寸】按钮，首先标注角度，继续标注水平线、斜线和竖直线，如图 2-12 所示。

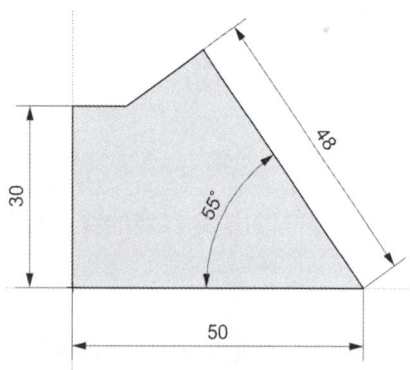

图 2-12　标注尺寸

▤ 提示：关于完全定义

UG NX 会对所有曲线段都端到端连接以形成封闭形状的区域着色，这有助于标识草图包含非预期间隙的地方。可移动曲线默认显示为褐色。拖动可移动曲线或其端点之一，可以查看尺寸缺失的位置。当整个草图被完全定义后，所有曲线颜色将从褐色变为黑色，并且状态栏将显示【草图已完全定义】。

5. 结束草图绘制

单击【主页】选项卡｜【草图】组｜【完成】按钮。

6. 存盘

选择【文件】｜【保存】命令，保存文件。

【任务拓展】

创建简单草图拓展练习，如图 2-13 所示。

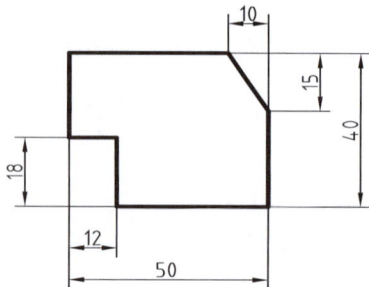

（a）拓展练习 1

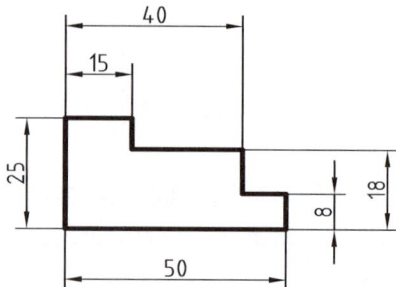

（b）拓展练习 2

图 2-13　创建简单草图拓展练习

课题 2.2　创建对称草图

【学习目标】

（1）掌握绘制对称线的方法。

（2）熟练使用【镜像曲线】命令。

（3）熟练使用【设为对称】添加对称关系。

【工作任务】

创建对称草图实例，如图 2-14 所示。

【任务实施】

1. 新建文件

新建文件并保存为"创建对称草图实例 .prt"。

2. 进入新草图环境

在绘图区选择 ZOY 平面绘制草图。

3. 绘制水平对称线和竖直对称线

（1）绘制水平对称线。

① 单击【主页】选项卡 |【曲线】组 |【直线】按钮 ╱，绘制水平对称线，如图 2-15（a）所示。

② 单击水平线，在快捷工具条中单击【转为参考】按钮，将水平对称线转换为参考曲线，如图 2-15（b）所示。

📝 说明：有些草图对象是作为基准、定位、约束使用的，并不作为草图曲线，此时应将这些曲线转换为参考曲线。

③ 单击水平线参考曲线，线上出现控制点，如图 2-15（c）所示。

④ 将中心控制点拖动到草图原点，如图 2-15（d）所示。

图 2-14　创建对称草图实例

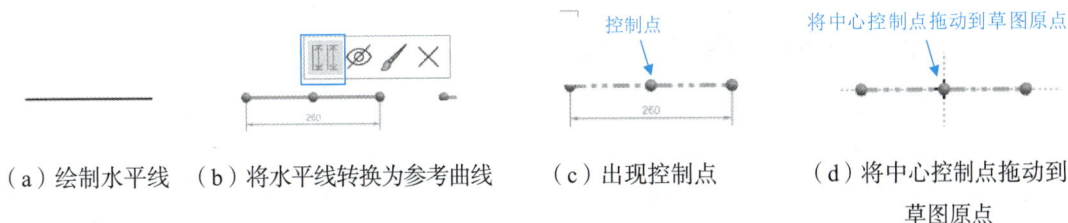

（a）绘制水平线　（b）将水平线转换为参考曲线　（c）出现控制点　（d）将中心控制点拖动到草图原点

图 2-15　绘制水平对称线

📝 说明：曲线控制点包括直线端点和中点、圆弧端点以及圆弧和圆的中心点。

（2）同样方法绘制竖直对称线，如图 2-16 所示。

4. 绘制边界

1）画圆

① 单击【主页】选项卡 |【曲线】组 |【圆】按钮 ◯，捕捉圆心绘制圆。

② 标注直径尺寸。

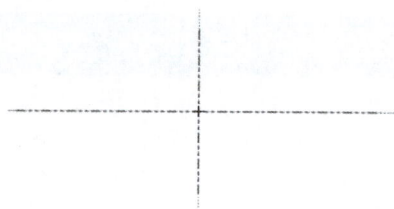

图 2-16　绘制竖直对称线

③ 右击尺寸，从快捷菜单选择【转换为半径】命令，如图 2-17 所示。

图 2-17　绘制圆并标注半径

2）画两侧直线

① 绘制直线。

② 添加对称几何关系。

在【草图场景条】选择【设为对称】🔲 按钮，出现【设为对称】对话框，如图 2-18 所示。

➢ 在【主对象】组，激活【选择对象】，在图形区选择直线一端点。

➢ 在【次对象】组，激活【选择对象】，在图形区选择直线另一端点。

➢ 在【对称中心线】组，激活【选择中心线】，在图形区选择水平对称线。

完成以上设置，单击【确定】按钮。

图 2-18　绘制对称直线

③ 标注直线尺寸。

④ 镜像直线。

单击【主页】选项卡|【曲线】组|【镜像曲线】⚮按钮，出现【镜像曲线】对话框，如图 2-19 所示。

➢ 在【要镜像的曲线】组，激活【选择曲线（1）】，在图形区选择新建的竖直直线。

➢ 在【中心线】组，激活【选择中心线（1）】，在图形区选择竖直对称线。

图 2-19 镜像直线

完成以上设置，单击【确定】按钮。

⑤ 标注两直线距离。

📝 说明：镜像曲线，然后标注两侧之间的尺寸，而不是标注"一半"尺寸。

3）画切线

① 捕捉直线端点，选择圆自动捕捉相切点绘制相切线，如图 2-20 所示。

② 绘制其余相切线。

③ 单击【主页】选项卡 |【曲线】组 |【快速修剪】按钮×，在图形区选择要剪切的部分，如图 2-21 所示。

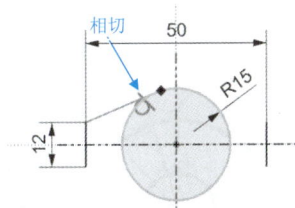

图 2-20 画切线

图 2-21 修剪

5. 绘制槽口

（1）绘制左槽口，如图 2-22 所示。

（2）镜像右槽口，如图 2-23 所示。

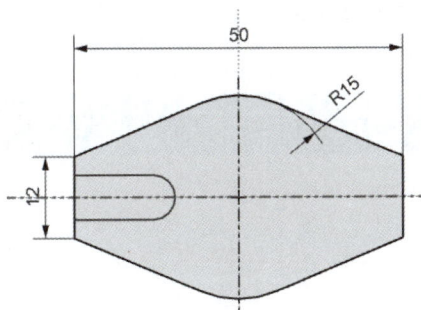

图 2-22 绘制左槽口

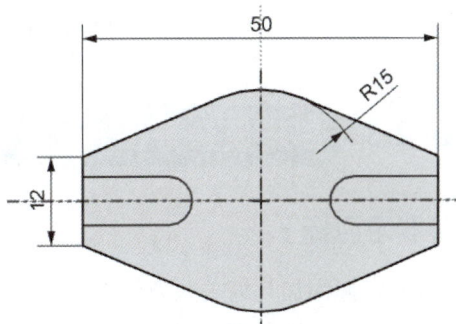

图 2-23 镜像右槽口

（3）修剪并标注尺寸，如图 2-24 所示。

6. 绘制中心圆

绘制中心圆并标注尺寸，如图 2-25 所示。

图 2-24   修剪并标注尺寸

图 2-25   绘制中心圆并标注尺寸

7. 结束草图绘制

单击【主页】选项卡 |【草图】组 |【完成】按钮 🏁。

8. 存盘

选择【文件】|【保存】命令，保存文件。

【任务拓展】

创建对称草图拓展练习，如图 2-26 所示。

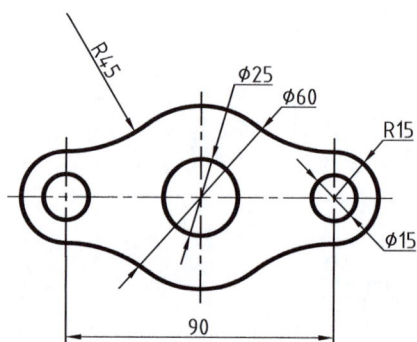

（a）拓展练习 1

（b）拓展练习 2

图 2-26   创建对称草图拓展练习

课题 2.3   创建复杂草图

视频讲解

【学习目标】

（1）掌握添加几何关系方法。

（2）熟练使用草图导航器。

【工作任务】

创建复杂草图实例，如图 2-27 所示。

图 2-27　创建复杂草图实例

【任务实施】

1. 新建文件

新建文件并保存为"创建复杂草图实例.prt"。

2. 进入新草图环境

在绘图区选择 ZOY 平面绘制草图。

3. 绘制基准线

① 在图形中绘制直线和圆弧，用于定位。

② 标注这些曲线的尺寸，确保草图已完全定义：所有曲线均为黑色，且状态行报告草图已完全定义，如图 2-28 所示。

图 2-28　绘制基准线

③ 将这些曲线转换为参考曲线，如图 2-29 所示。

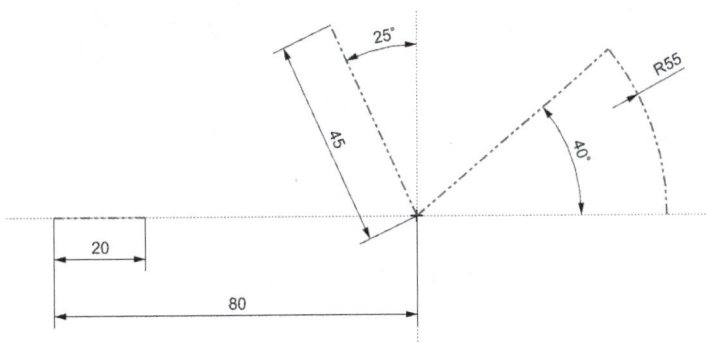

图 2-29　转换为参考曲线

注意：草图仍保持完全定义。

4. 绘制圆和槽

绘制 4 个圆和两个弯曲槽、两个直槽，标注尺寸，确保草图已完全定义，如图 2-30 所示。

5. 绘制边界

绘制直线和圆弧以完成外边界，标注尺寸，确保草图已完全定义，如图 2-31 所示。

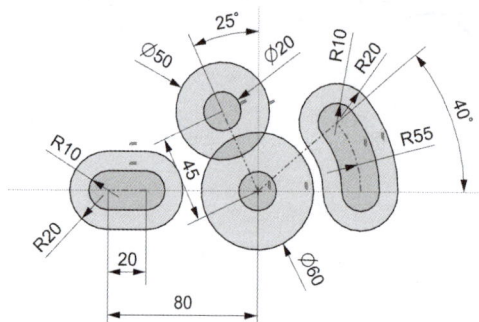

图 2-30　绘制 4 个圆和 4 个槽

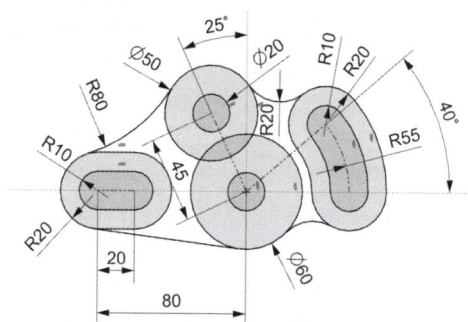

图 2-31　绘制边界

提示：

使用【三点定圆弧】方法创建圆弧，首先创建一个有相切关系的圆，再使用【设为相切】创建与另一个有相切关系的圆。

6. 修剪

修剪边界曲线上未使用的分段，经过正确修剪后，边界曲线首尾相连，这时封闭区域着色，如图 2-32 所示。

7. 尺寸整理

① 重定位尺寸以创建整齐的草图。

② 将某些直径尺寸转换为半径。

③ 删除某些重复尺寸并替换为文本，如"2X"等。其中，关系包含相同的信息，如图 2-33 所示。

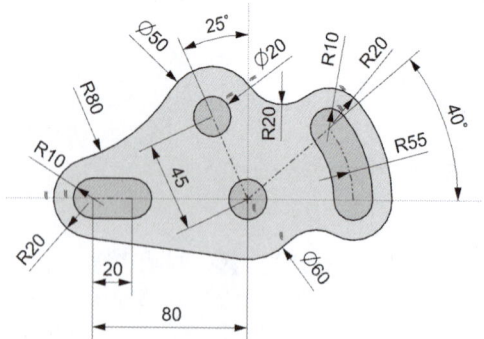

图 2-32　修剪

图 2-33　尺寸整理

8. 结束草图绘制

单击【主页】选项卡 |【草图】组 |【完成】按钮。

9. 存盘

选择【文件】|【保存】命令，保存文件。

■ 相关知识——添加几何关系

手工施加几何关系是对所选草图对象指定某种约束的方法。单击【草图场景条】选项卡上的【几何关系】按钮，可以添加相应的几何关系。

各种约束类型及其代表含义见表 2-1。

表 2-1 各种约束类型及其代表含义

约 束 类 型	表 示 含 义
⊥ 固定曲线	将草图对象固定在某个位置，点固定其所在位置；线固定其角度；圆和圆弧固定其圆心或半径
✗ 设为重合	移动所选对象与上一个所选对象成重合、同心或点在曲线上的关系
╱ 设为共线	移动所选对象与上一个所选对象成共线
— 设为水平	移动所选对象与上一个所选对象水平或水平对齐
│ 设为竖直	移动所选对象与上一个所选对象竖直或竖直对齐
○ 设为相切	移动所选对象与上一个所选对象相切（选择直线、圆弧）
╱╱ 设为平行	移动所选直线与上一个所选直线平行
✓ 设为垂直	移动所选直线与上一个所选直线垂直
═ 设为相等	移动所选曲线与上一个所选曲线等半径或等长度
⊡ 设为对称	移动所选对象以通过对称线与第二个对象成对称关系
┼ 设为中点对齐	将点移至与直线中点对齐的位置。此命令会创建持久关系
⌐ 设为点在线串上	移动选定的点以与曲线的关联线串重合，并创建持久关系
⌐ 设为与线串相切	移动选定的曲线，使其与曲线的关联线串相切，并创建持久关系
⌐ 设为垂直于线串	移动选定的曲线，使其垂直于曲线的关联线串，并创建持久关系
∿ 设为均匀比例	使样条均匀缩放，并创建持久关系

■ 相关知识——草图导航器

UG NX 2406 版本在进入草图环境后，在【资源条】出现【草图导航器】图标，如同部件导航器一样，以一种树形格式（特征树）可视化地显示草图中图线与图线之间的关系，并可以对图线实施编辑操作，其操作结果可通过图形窗口中模型的更新显示出来，如图 2-34 所示。

曲线：列出草图曲线。

关系：列出尺寸、持久关系和找到的关系。

外部引用：列出具有表达式的对象、具有外部引用的对象和草图放置。

问题：列出所有失效、失败和冲突的对象。

在【状态】栏中，实心圆●表示不可移动曲线，空心圆○表示可移动曲线，⊥表示固定曲线，✓表示为最新状态，表示持久关系，表示找到的关系，✗表示冲突的状态。

图 2-34　草图导航器

【任务拓展】

创建复杂草图拓展练习如图 2-35 所示。

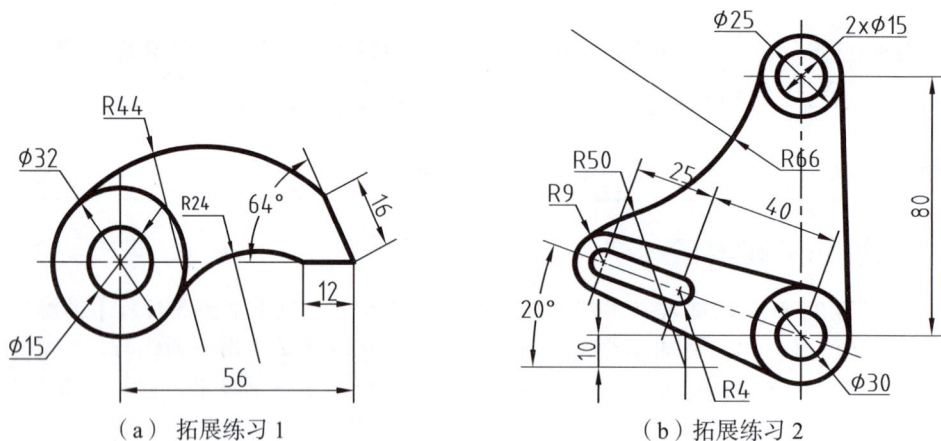

（a）拓展练习 1　　　　　　　　（b）拓展练习 2

图 2-35　创建复杂草图拓展练习

课题 2.4　提高练习

绘制草图，如图 2-36 所示。

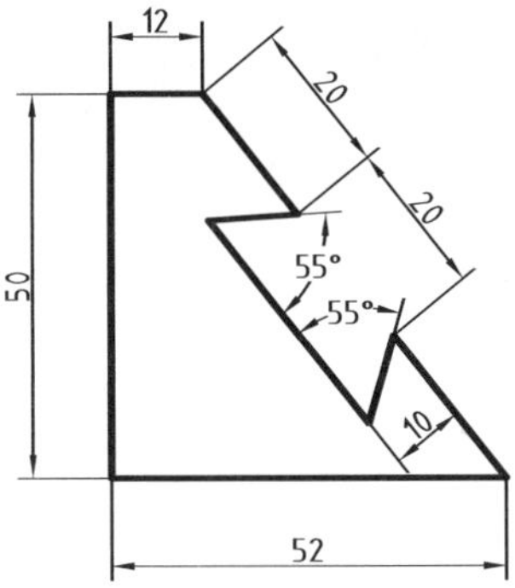

（a）练习 1 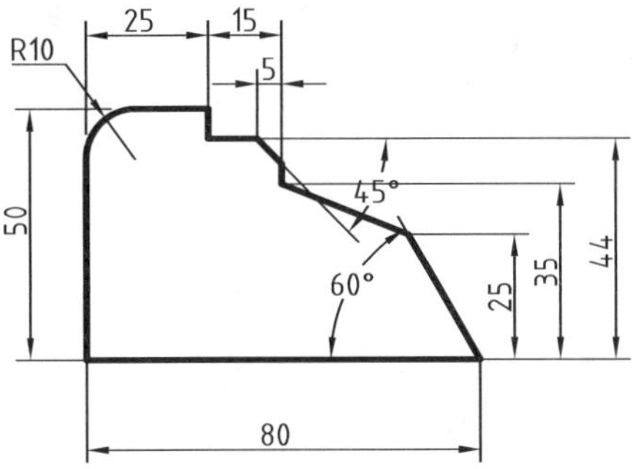　　　　　（b）练习 2 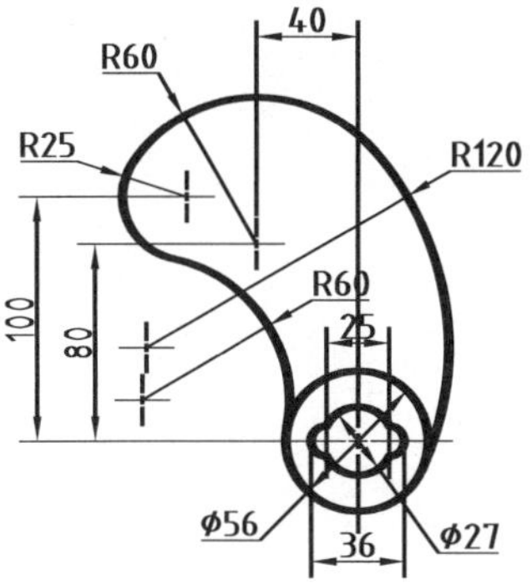　　　　　（c）练习 3

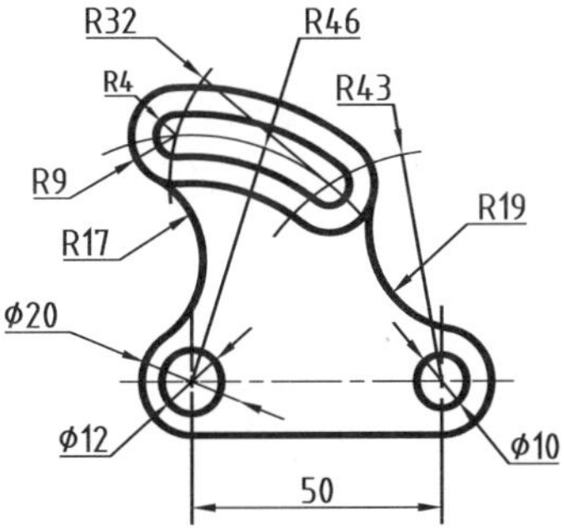

（d）练习 4 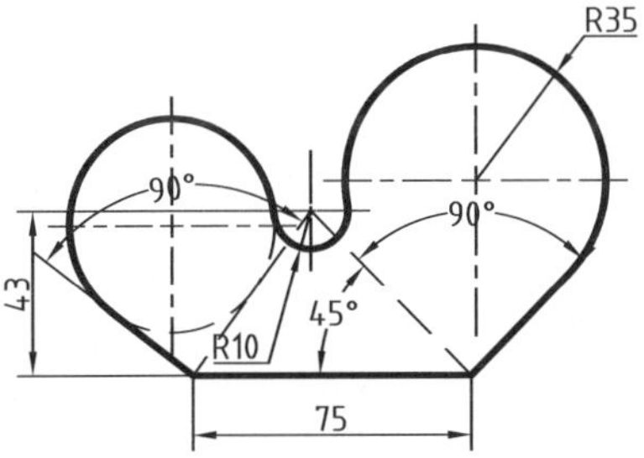　　　　　（e）练习 5 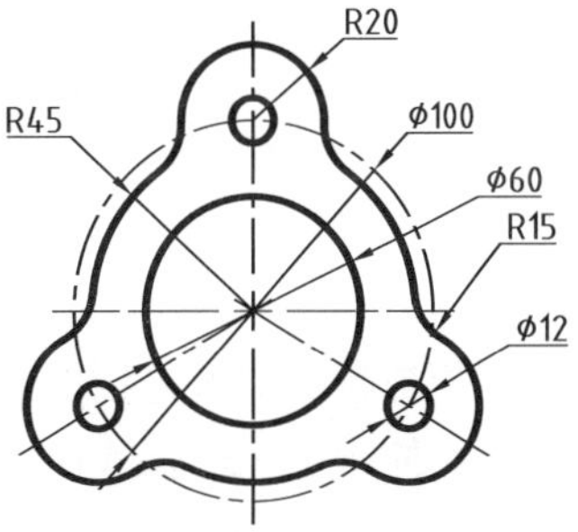　　　　　（f）练习 6

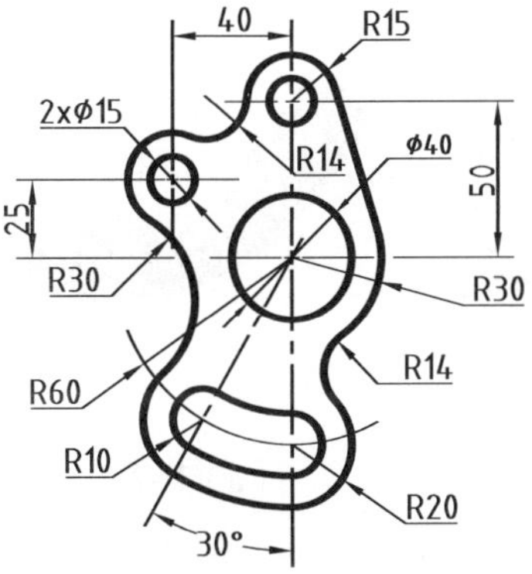

（g）练习 7 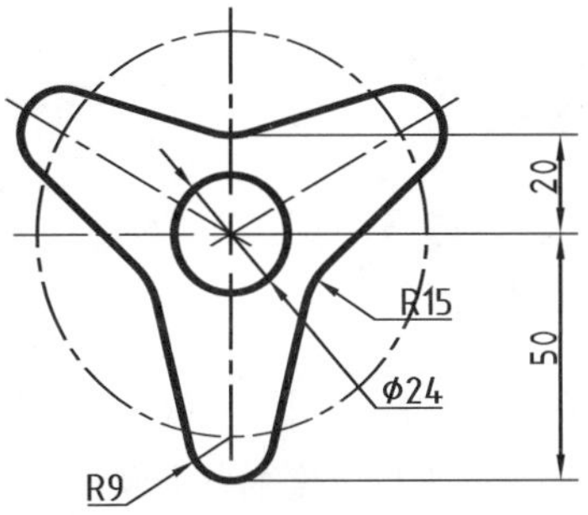　　　　　（h）练习 8 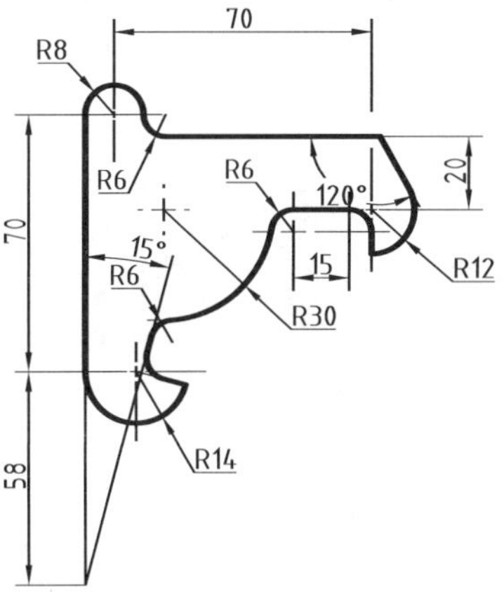　　　　　（i）练习 9

图 2-36　提高练习

扫掠特征是一截面线串移动所扫掠过的区域构成的实体，扫掠特征与截面线串和引导线串具有相关性，通过编辑截面线串和引导线串，扫掠特征自动更新，扫掠特征与已存在的实体可以进行布尔操作。作为截面线串和引导线串的曲线可以是实体边缘、二维曲线或草图等。

扫掠特征类型包括以下几种。

拉伸特征——在线性方向和规定距离扫掠，如图 3-1（a）所示。

旋转特征——绕一规定的轴旋转，如图 3-1（b）所示。

沿引导线扫掠——沿一引导线扫掠，如图 3-1（c）所示。

管道——指定内外直径沿指定引导线串的扫掠，如图 3-1（d）所示。

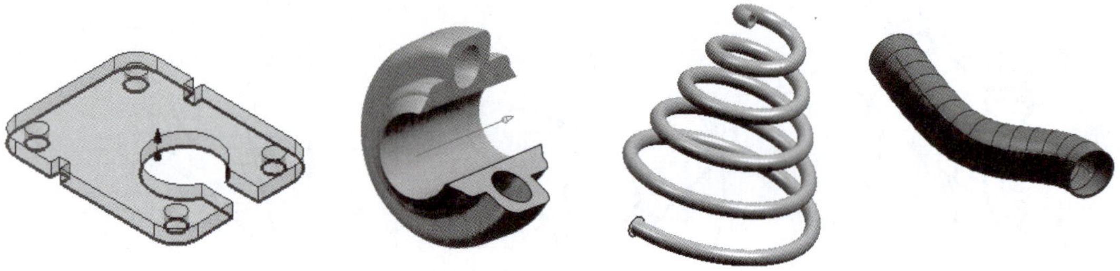

（a）拉伸特征　　　　　（b）旋转特征　　　　（c）沿引导线扫掠　　　　（d）管道

图 3-1　扫掠特征类型

课题 3.1　创建拉伸特征

视频讲解

【学习目标】

（1）理解零件建模的基本规则。

（2）掌握创建拉伸特征的方法。

【工作任务】

创建拉伸特征实例，如图 3-2 所示。

【任务实施】

1. 新建文件

新建文件并保存为"创建拉伸特征实例.prt"。

2. 建立拉伸基体

（1）在 ZOY 平面绘制草图，如图 3-3 所示。

图 3-2　创建拉伸特征实例

图 3-3　绘制草图

提示：关于选择最佳轮廓和选择草图平面

1）选择最佳轮廓

分析模型，选择最佳建模轮廓，如图 3-4 所示。

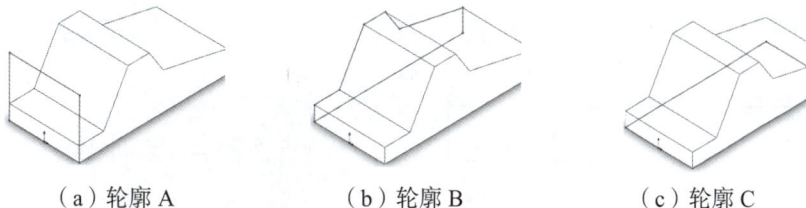

（a）轮廓 A　　　　　　　（b）轮廓 B　　　　　　　（c）轮廓 C

图 3-4　分析选择最佳建模轮廓

轮廓 A 是矩形的，拉伸后，需要很多的切除才能完成毛坯建模。

轮廓 B 只需添加两个凸台，就可以完成毛坯建模。

轮廓 C 是矩形的，拉伸后，需要很多的切除才能完成毛坯建模。

本实例选择轮廓 B。

2）选择草图平面

分析模型，选择最佳建模轮廓放置基准面，如图 3-5 所示。

（a）在 ZOX 面建立的模型　　（b）在 XOY 面建立的模型　　（c）在 ZOY 面建立的模型

图 3-5　草图方位

第一种放置方法是：最佳建模轮廓放置在 ZOX 面。

第二种放置方法是：最佳建模轮廓放置在 XOY 面。

第三种放置方法是：最佳建模轮廓放置在 ZOY 面。

根据模型放置方法进行分析。

① 考虑零件本身的显示方位。零件本身的显示方位决定模型怎样放置在标准视图中，如轴测图。

② 考虑零件在装配图中的方位。装配图中固定零件的方位决定了整个装配模型怎样放置在标准视图中，如轴测图。

③ 考虑零件在工程图中的方位。建模时应该使模型的右视图与工程图的主视图完全一致。

从上面 3 种分析来看，第三种放置方法最佳。

（2）单击【主页】选项卡｜【基本】组｜【拉伸】按钮，出现【拉伸】对话框。

① 设置选择意图规则：相连曲线。

② 在【截面】组，激活【选择曲线（8）】，选择曲线。

③ 在【限制】组，从【宽度】列表中选择【Symmetric Value】选项，在【距离】文本框输入 50。

④ 在【布尔】组，从【布尔】列表中选择【无】选项。

如图 3-6 所示，完成以上设置，单击【确定】按钮。

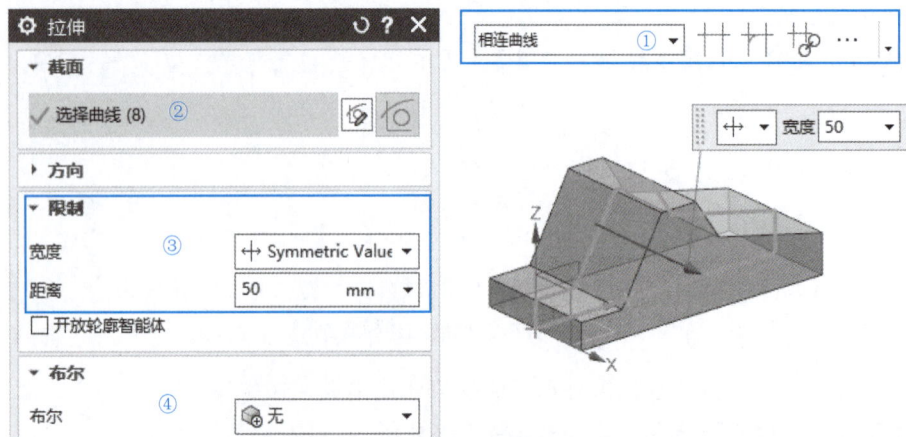

图 3-6　拉伸基体

📑 **提示 1：拉伸特征创建流程**

生成拉伸特征：

① 生成草图。

② 单击【主页】选项卡 | 【基本】组 | 【拉伸】按钮🐚，出现【拉伸】对话框。

③ 设定【拉伸】对话框。

完成以上设置，单击【确定】按钮。

📑 **提示 2：关于选择曲线规则和意图选项**

曲线可以是基本二维曲线、草图曲线、实体边缘、实体表面或片体等，将鼠标选择球指向所要选择的对象，系统自动判断出用户的选择意图，或通过选择过滤器设置要选择对象的类型。当创建拉伸、回转、沿引导线扫描时，自动出现【曲线选择场景】工具条，如图 3-7 所示。

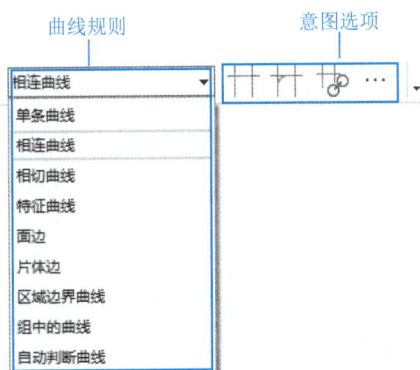

图 3-7 【曲线选择场景】工具条

常用意图选项：

①【在相交处停止】⊞：在成链曲线的构建中不但在端点处停止，而且在交点处停止。

②【跟随圆角】⊞：在成链曲线的构建中跟随或离开圆角。

📑 **提示 3：关于拉伸限制**

拉伸限制。

终止：确定拉伸的开始和终点位置，如图 3-8 所示。

图 3-8 确定拉伸的开始和终点位置

① 值——设置值，确定拉伸的开始或终点位置。在截面上方的值为正，在截面下方的值为负。

② Symmetric Value（对称值）——从截面开始，沿正、负两个方向。

③ 直至下一个——终点位置沿箭头方向、开始位置沿箭头反方向，拉伸到最近的实体表面。

④ 直至选定——开始、终点位置位于选定对象。

⑤ Until Extended（直到被延伸）——拉伸到选定面的延伸位置。

⑥ 偏离所选项——可以将拉伸的起点或终点定义为偏离选定面或体。

⑦ Through All（贯通）——沿指定方向的路径延伸拉伸特征，使其完全贯通所有的可选体。

【距离】——在文本框输入的值。当开始和终点选项中的任何一个设置为值或对称值时出现。

📝 说明：选择【两侧对称】形式为终止条件时，若拉伸距离为 10mm，建模后以基准面为中心，正、负两个方向的拉伸距离各自为 5mm，即总的拉伸距离为 10mm。

📋 提示 4：关于对称零件的建模思路

此零件为对称零件，下面总结对称零件的设计方法。

① 草图层次：利用原点设定为草图中点或者对称约束。

② 特征层次：利用对称拉伸或镜像。

3. 拉伸到选定对象

（1）在左端面绘制草图，如图 3-9 所示。

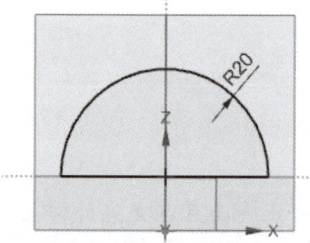

图 3-9　在左端面绘制草图

（2）单击【主页】选项卡 | 【基本】组 | 【拉伸】按钮🗔，出现【拉伸】对话框，如图 3-10 所示。

① 设置选择意图选项：相连曲线。

② 在【截面】组，激活【选择曲线（2）】，选择曲线。

③ 在【限制】组，从【终止】列表中选择【直至选定】选项，在图形区选择斜面。

④ 在【布尔】组，从【布尔】列表中选择【合并】选项。完成以上设置，单击【确定】按钮。

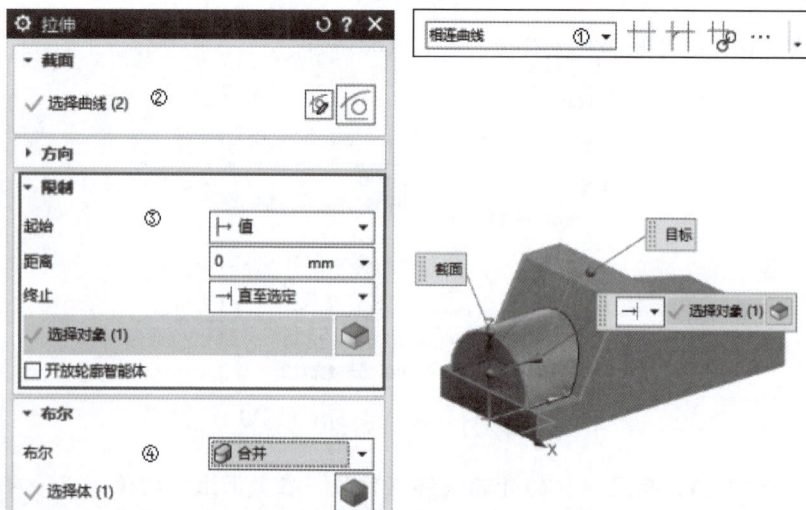

图 3-10　拉伸实体

提示：关于布尔运算

布尔：用于指定拉伸特征及其所接触的体之间的交互方式，如图 3-11 所示。

① 无——创建独立的拉伸实体。

② 合并——将拉伸体与目标体合并为单个体。

③ 减去——从目标体移除拉伸体。

④ 相交——创建一个体，其中包含由拉伸特征和与它相交的现有体共享的体积。

⑤ 自动判断——根据拉伸的方向矢量及正在拉伸的对象位置来确定概率最高的布尔运算。

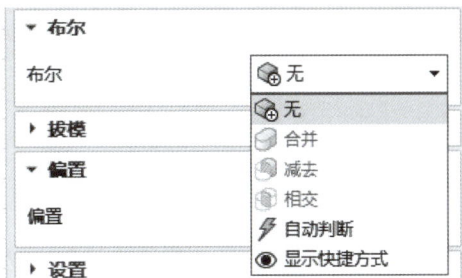

图 3-11　布尔

4. 定值拉伸

（1）在底面绘制草图，如图 3-12 所示。

（2）单击【主页】选项卡 |【基本】组 |【拉伸】按钮，出现【拉伸】对话框，如图 3-13 所示。

① 设置选择意图规则：相连曲线。

② 在【截面】组，激活【选择曲线（4）】，选择曲线。

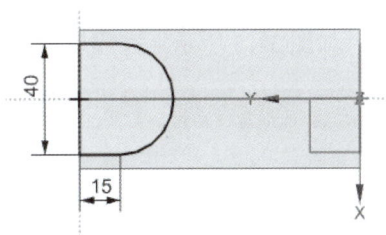

图 3-12　在底面绘制草图

③ 在【限制】组，从【终止】列表中选择【值】选项，在【距离】文本框输入 25。

④ 在【布尔】组，从【布尔】列表中选择【合并】选项。

完成以上设置，单击【确定】按钮。

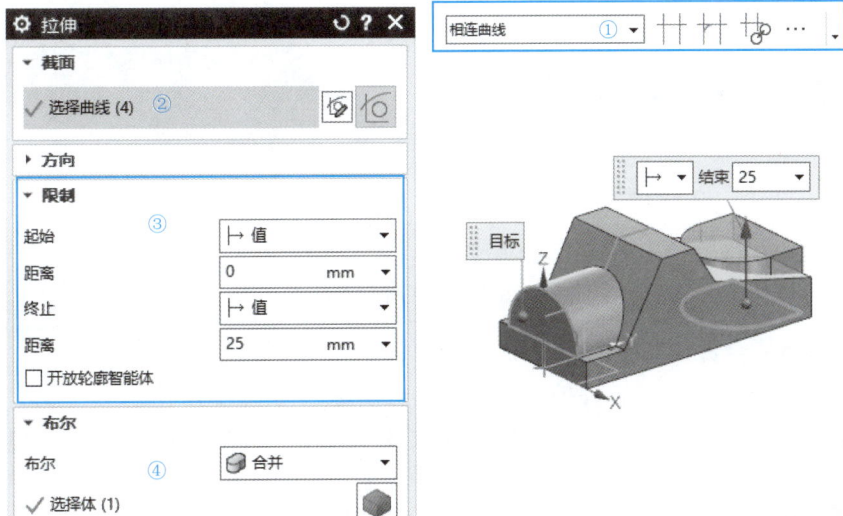

图 3-13　拉伸实体

5. 拉伸切除完全贯穿（右上面）

（1）在右上面绘制草图，如图 3-14 所示。

（2）单击【主页】选项卡 |【基本】组 |【拉伸】按钮，出现【拉伸】对话框。

① 设置选择意图规则：相连曲线。

图 3-14　在右上面绘制草图

② 在【截面】组，激活【选择曲线（4）】，选择曲线。

③ 在【限制】组，从【终止】列表中选择【Through All】选项。

④ 在【布尔】组，从【布尔】列表中选择【减去】选项。

如图 3-15 所示，完成以上设置，单击【确定】按钮。

图 3-15　拉伸切除

6. 拉伸切除完全贯穿（左端面）

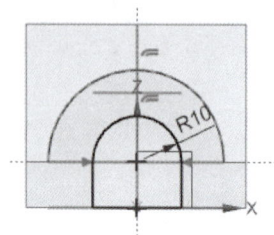

图 3-16　在左端面绘制草图

（1）在左端面绘制草图，如图 3-16 所示。

（2）单击【视图】选项卡 |【基本】组 |【拉伸】按钮，出现【拉伸】对话框。

① 设置选择意图规则：相连曲线。

② 在【截面】组，激活【选择曲线（4）】，选择曲线。

③ 在【限制】组，从【终止】列表中选择【Through All】选项。

④ 在【布尔】组，从【布尔】列表中选择【减去】选项。

拉伸切除如图 3-17 所示，完成以上设置，单击【确定】按钮。

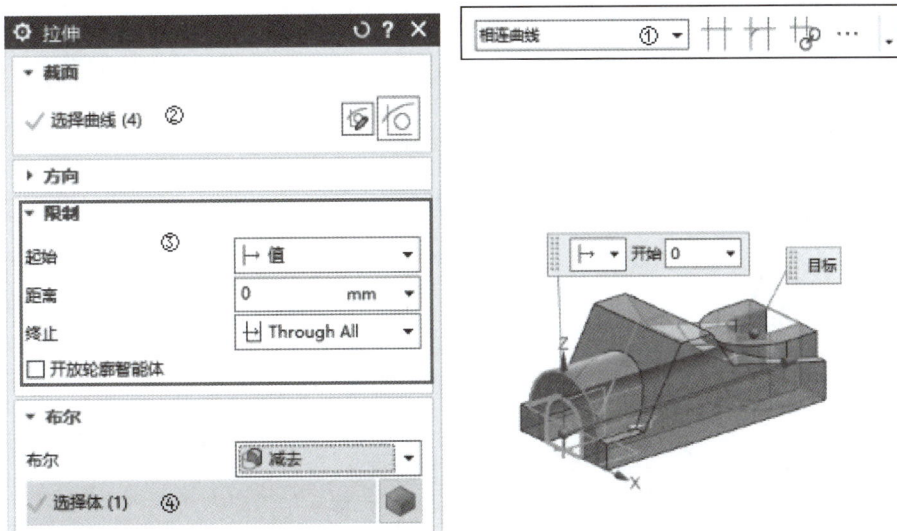

图 3-17　拉伸切除

7. 移动层

（1）将草图移到 21 层。

（2）将 21 层、61 层设为【不可见】。

完成建模，如图 3-18 所示。

8. 存盘

选择【文件】|【保存】命令，保存文件。

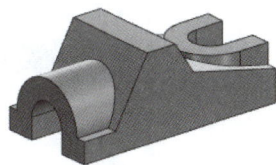

图 3-18　完成建模

【任务拓展】

创建拉伸特征拓展练习如图 3-19 所示。

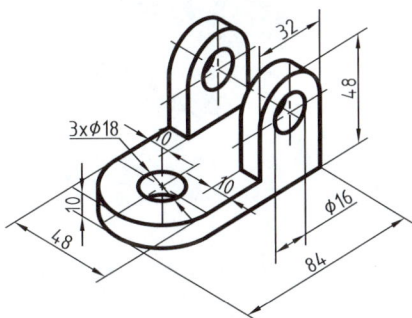

（a）拓展练习 1

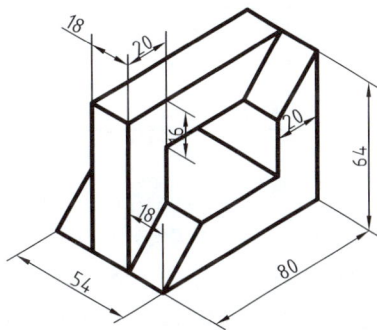

（b）拓展练习 2

图 3-19　创建拉伸特征拓展练习

课题 3.2　创建沿指定方向拉伸特征

视频讲解

【学习目标】

（1）掌握创建沿指定方向拉伸特征的方法。

（2）掌握使用矢量管理器。

【工作任务】

创建沿指定方向拉伸特征实例，如图 3-20 所示。

图 3-20　创建沿指定方向拉伸特征实例

【任务实施】

1. 新建文件

新建文件并保存为"创建沿指定方向拉伸特征实例.prt"。

2. 建立长方体

选择【插入】|【设计特征】|【块】命令，出现【块】对话框。

① 默认指定点为原点。

② 在【长度（XC）】文本框输入 40，在【宽度（YC）】文本框输入 40，在【高度（ZC）】文本框输入 40，完成以上设置，单击【确定】按钮，在坐标系原点（0，0，0）处创建一个块，如图 3-21 所示。

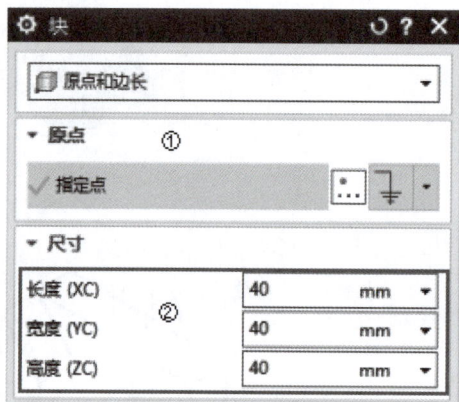

图 3-21　创建一个块

📃 提示 1：关于体素特征

所谓体素特征，指的是可以独立存在的规则实体，它可以用作实体建模初期的基本形状。具体包括长方体、圆柱、圆锥和球 4 种。

1）长方体

长方体——允许用户通过指定方位、大小和位置创建长方体体素。

2）圆柱

圆柱——允许用户通过指定方位、大小和位置创建圆柱体素。

3）圆锥

圆锥——允许用户通过指定方位、大小和位置创建圆锥体素。

4）球

球——允许用户通过指定方位、大小和位置创建球体素。

按 UG NX 建模传统，体素特征用于建模第一个特征，而且只用一次。

3. 沿指定方向拉伸切除

（1）在左端面绘制草图。

① 选择左端面为草图面，进入草图绘图环境。

② 单击【主页】|【包含】|【包含】按钮，出现【包含】对话框。选择两边线为要包含的对象，如图 3-22 所示。

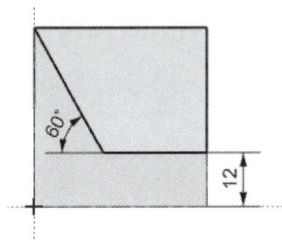

图 3-22　创建包含的曲线

③ 绘制草图，如图 3-23 所示。

▤ 提示：关于草图中【包含】运用

包含：将曲线、边和基准等外部对象包含到草图中，以创建尺寸或将草图曲线移动到几何关系中，如图 3-24 所示。

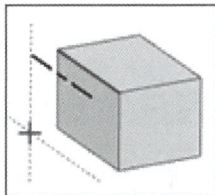

图 3-23　在左端面绘制草图　　　　图 3-24　包含操作示意图

（2）单击【主页】选项卡|【基本】组|【拉伸】按钮，出现【拉伸】对话框。

① 设置选择意图规则：相连曲线，激活【在相交处停止】。

② 在【截面】组，激活【选择曲线（4）】，选择曲线。

③ 在【方向】组，单击【矢量对话框】按钮，出现【矢量】对话框，从【类型】列表中选择【与 XC 成一角度】选项，在【角度】文本框输入 60，完成以上设置，单击【确定】按钮。

④ 在【限制】组，从【终止】列表中选择【Through All】选项。

⑤ 在【布尔】组，从【布尔】列表中选择【减去】选项。

如图 3-25 所示，完成以上设置，单击【确定】按钮。

▤ 提示：关于矢量构造器

很多建模操作要用到矢量，以确定特征或对象的方位。例如，圆柱或圆锥的轴线方向、拉伸特征的拉伸方向、旋转扫描特征的旋转轴线、曲线投影方向、拔斜度方向等。要确定这些矢量，都离不开矢量构造器。

矢量构造器的所有功能都集中体现在【矢量】对话框中，如图 3-26 所示。

▤ 说明：单击【矢量方位】按钮，即可在多个可选择的矢量之间切换。

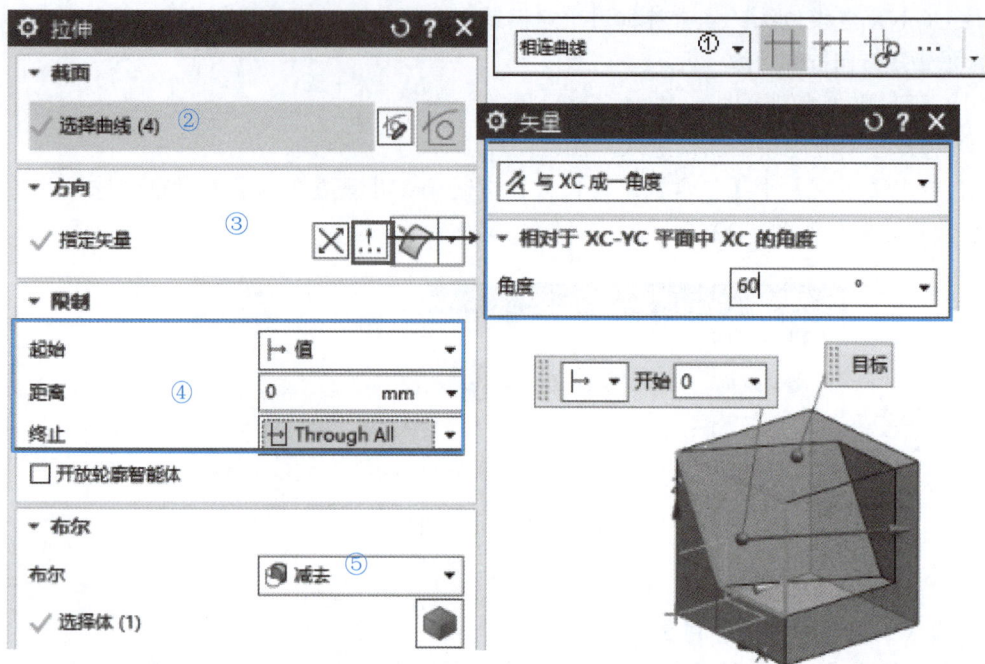

图 3-25　沿指定方向拉伸切除实体

矢量操作通常出现在创建其他特征时需要指定方向时，系统调出矢量构造器创建矢量。

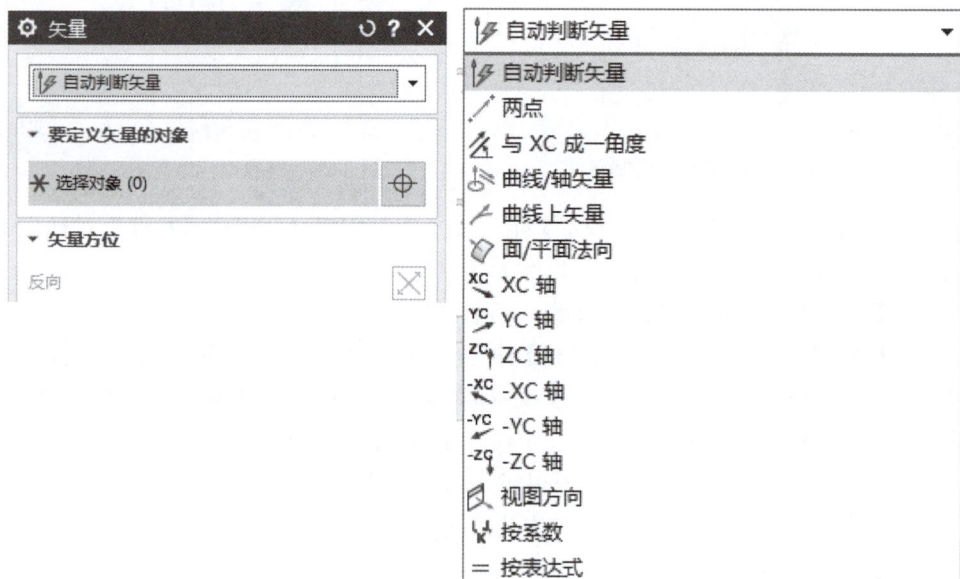

图 3-26　【矢量】对话框

（3）用同样方法创建另一段切除操作，如图 3-27 所示。

4. 拉伸切除完全贯穿

（1）在后上面绘制草图，如图 3-28 所示。

（2）单击【主页】选项卡|【基本】组|【拉伸】按钮，出现【拉伸】对话框。

① 设置选择意图规则：相连曲线，激活【在相交处停止】▦。
② 在【截面】组，激活【选择曲线（4）】，选择曲线。

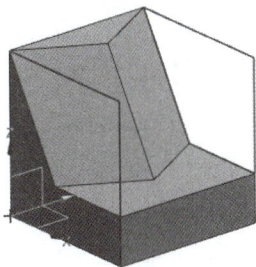

图 3-27　完成两端切除

图 3-28　在后上面绘制草图

③ 在【限制】组，从【终止】列表中选择【Through All】选项。
④ 在【布尔】组，从【布尔】列表中选择【减去】选项。

如图 3-29 所示，完成以上设置，单击【确定】按钮。

图 3-29　拉伸切除

5. 移动层

（1）将草图移到 21 层。

（2）将 21 层、61 层设为【不可见】。

完成建模，如图 3-30 所示。

6. 存盘

选择【文件】｜【保存】命令，保存文件。

【任务拓展】

创建沿指定方向拉伸特征拓展练习如图 3-31 所示。

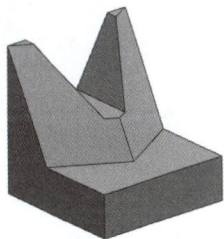

图 3-30　完成建模

（a）拓展练习 1　　　　　　　　　（b）拓展练习 2

图 3-31　创建沿指定方向拉伸特征拓展练习

课题 3.3　创建多实体拉伸特征

视频讲解

【学习目标】

（1）掌握创建偏置拉伸特征的方法。

（2）掌握多实体建模方法。

【工作任务】

创建多实体拉伸特征实例，如图 3-32 所示。

【任务实施】

1. 新建文件

新建文件并保存为"创建多实体拉伸特征实例 .prt"。

2. 建立基体

（1）在 ZOY 平面绘制草图，如图 3-33 所示。

（2）单击【主页】选项卡｜【基本】组｜【拉伸】按钮 🗗，出现【拉伸】对话框。

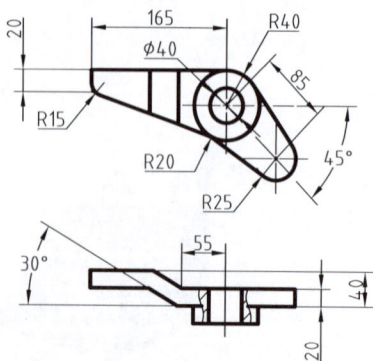

图 3-32　创建多实体拉伸特征实例

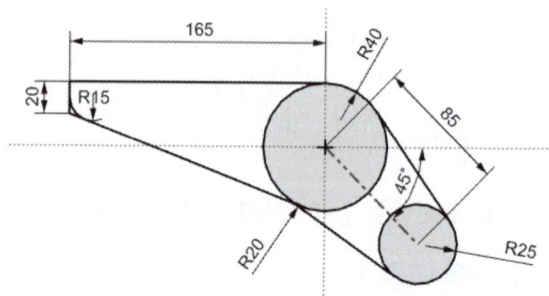

图 3-33　绘制草图

① 设置选择意图规则：相连曲线，激活【在相交处停止】 ⊞ ，激活【跟随圆角】 ⊞ 。

② 在【截面】组，激活【选择曲线（9）】，选择曲线。

③ 在【限制】组，从【宽度】列表中选择【Symmetric Value】选项，在【距离】文本框输入 40。

④ 在【布尔】组，从【布尔】列表中选择【无】选项。

拉伸基体如图 3-34 所示，完成以上设置，单击【确定】按钮。

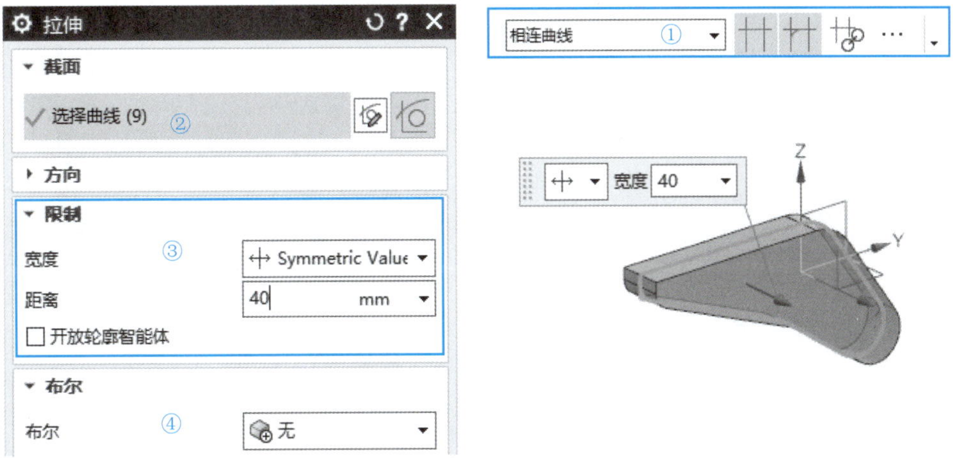

图 3-34　拉伸基体

（3）在上平面绘制草图，如图 3-35 所示。

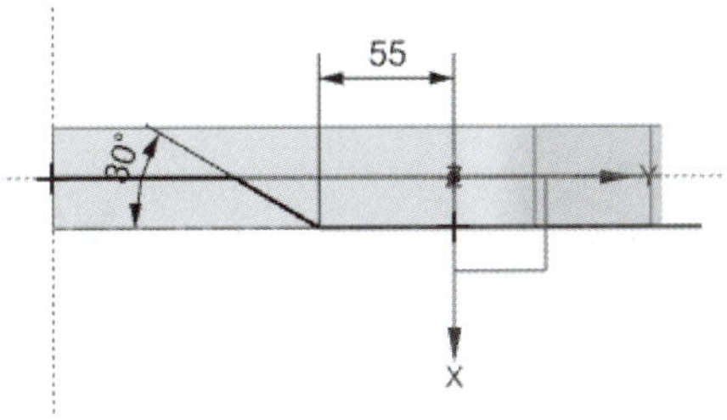

图 3-35　在上平面绘制草图

（4）单击【主页】选项卡 |【基本】组 |【拉伸】按钮 ◈ ，出现【拉伸】对话框。

① 设置选择意图规则：特征曲线。

② 在【截面】组，激活【选择曲线（3）】，选择曲线。

③ 在【限制】组，从【终止】列表中选择【值】选项，在【距离】文本框输入 130。

④ 在【布尔】组，从【布尔】列表中选择【无】选项。

⑤ 在【偏置】组，从【偏置】列表中选择【两侧】选项，在【结束】文本框输入 20。

拉伸基体如图 3-36 所示，完成以上设置，单击【确定】按钮。

📋 提示：关于偏置

通过设置偏置，拉伸后得到薄壁体。

① 单侧——只有封闭、连续的截面曲线，才能使用该项。只有终点偏置值，形成一个偏置的实体，如图 3-37 所示。

② 两侧——偏置为开始、终点两条边。偏置值可以为负值，如图 3-38 所示。

图 3-36　拉伸基体

图 3-37　单侧偏置

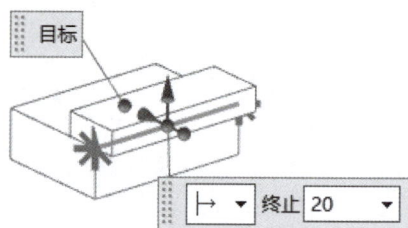

图 3-38　两侧偏置

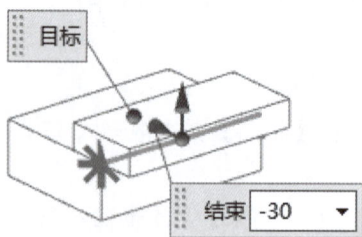

图 3-39　对称偏置

③ 对称——向截面曲线两个方向，偏置值相等，如图 3-39 所示。

（5）选择【插入】|【组合】|【求交】命令，出现【求交】对话框。

① 在【目标】组，激活【选择体（1）】，在图形区选取拉伸基体 1。

② 在【工具】组，激活【选择体（1）】，在图形区选取选择拉伸基体 2。

组合实体如图 3-40 所示，完成以上设置，单击【确定】按钮。

📋 提示：关于多实体建模

① 合并。将所选实体相结合以生成单一实体，如图 3-41（a）所示。

② 减去。将重叠的材料从所选主实体中移除，如图 3-41（b）所示。

③ 求交。移除除了重叠以外的所有材料，如图 3-41（c）所示。

图 3-40　组合实体

（a）合并　　　　　　　　　（b）减去　　　　　　　　　（c）求交

图 3-41　多实体建模

3. 建立凸台

单击【主页】选项卡 |【基本】组 |【拉伸】按钮，出现【拉伸】对话框。

① 设置选择意图规则：相连曲线，激活【在相交处停止】，激活【跟随圆角】。
② 在【截面】组，激活【选择曲线（5）】，选择曲线。
③ 在【限制】组，从【结束】列表中选择【值】选项，在【距离】文本框输入 40。
④ 在【布尔】组，从【布尔】列表中选择【合并】选项。

如图 3-42 所示，完成以上设置，单击【确定】按钮。

4. 打孔

单击【主页】选项卡 |【基本】组 |【拉伸】按钮，出现【拉伸】对话框。

① 设置选择意图规则：相连曲线，激活【在相交处停止】，激活【跟随圆角】。

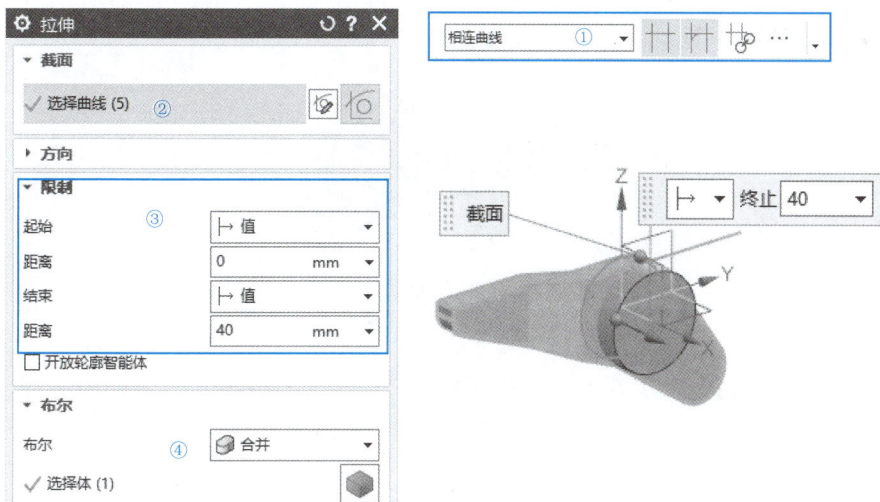

图 3-42　拉伸凸台

② 在【截面】组，激活【选择曲线（5）】，选择曲线。

③ 在【限制】组，从【结束】列表中选择【Through All】选项。

④ 在【布尔】组，从【布尔】列表中选择【减去】选项。

⑤ 在【偏置】组，从【偏置】列表中选择【单侧】选项，在【结束】文本框输入 –20。

拉伸切除如图 3-43 所示，完成以上设置，单击【确定】按钮。

图 3-43　拉伸切除

5. 移动层

（1）将草图移到 21 层。

（2）将 21 层、61 层设为【不可见】。

完成建模，如图 3-44 所示。

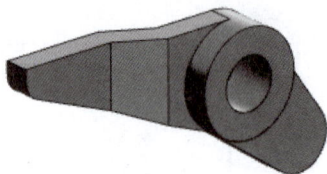

图 3-44　完成建模

6. 存盘

选择【文件】|【保存】命令，保存文件。

【任务拓展】

创建多实体拉伸特征拓展练习如图 3-45 所示。

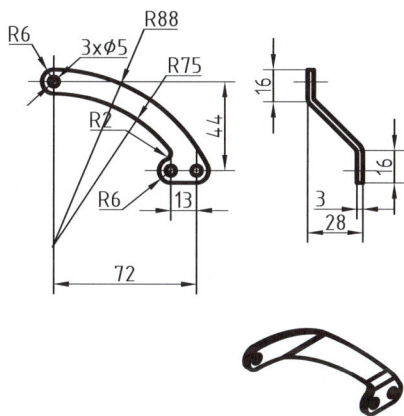

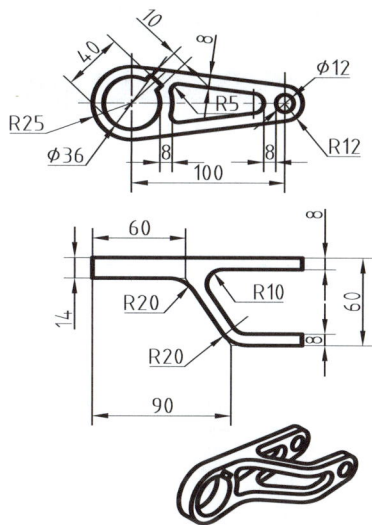

（a）拓展练习 1　　　　　　　（b）拓展练习 2

图 3-45　创建多实体拉伸特征拓展练习

课题 3.4　创建旋转特征

视频讲解

【学习目标】

掌握创建旋转特征的方法。

【工作任务】

创建旋转特征实例，如图 3-46 所示。

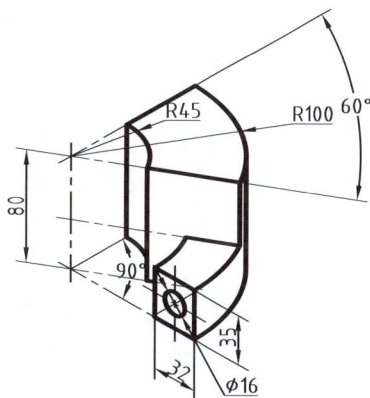

【任务实施】

1. 新建文件

新建文件并保存为"创建旋转特征实例.prt"。

2. 旋转建模

（1）在 ZOX 平面绘制草图，如图 3-47 所示。

（2）单击【主页】选项卡｜【基本】组｜【旋转】按钮◈，出现【旋转】对话框。

① 设置选择意图规则：相连曲线。

② 在【截面】组，激活【选择曲线（4）】，选择曲线。

③ 在【轴】组，激活【指定矢量】，在图形区指定矢量，激活【指定点】，在图形区指定点。

④ 在【限制】组，从【起始】列表中选择【值】选项，在【角度】文本框输入 0，从【结束】列表中选择【值】选项，在【角度】文本框输入 30。

⑤ 在【布尔】组，从【布尔】列表中选择【无】选项。

图 3-46　创建旋转特征实例

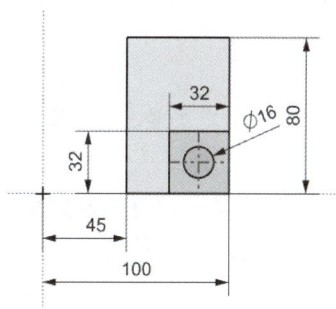

图 3-47　绘制草图

旋转建模如图 3-48 所示，完成以上设置，单击【确定】按钮。

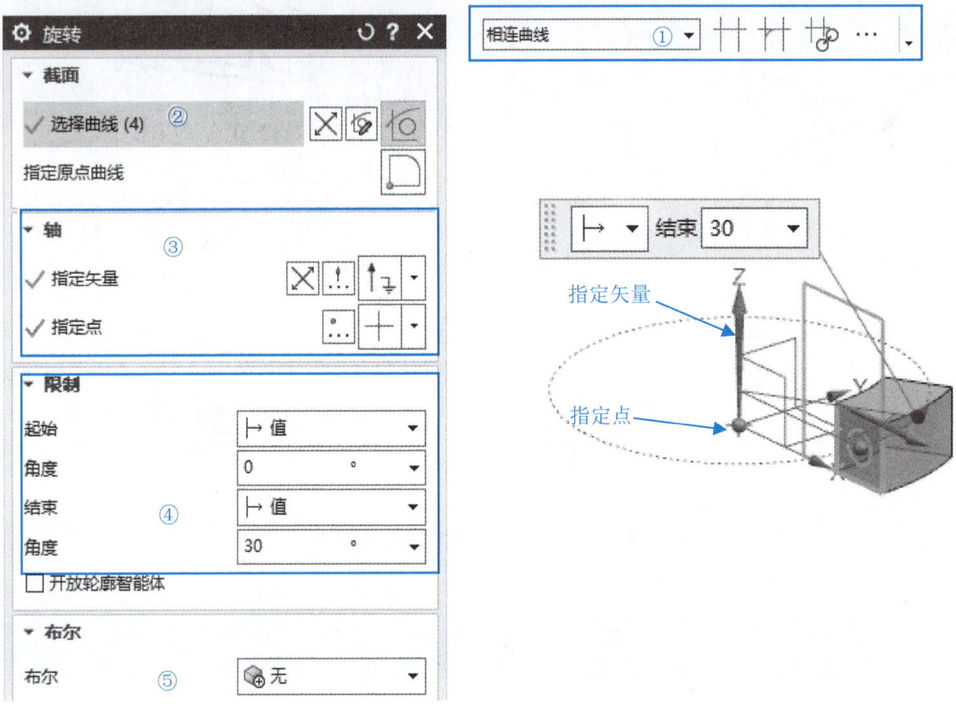

图 3-48　旋转建模

提示 1：关于旋转特征工作流程

生成旋转特征。

① 生成截面草图。

② 单击【主页】选项卡|【基本】组|【旋转】按钮，出现【旋转】对话框。

③ 设定【旋转】对话框。

④ 完成以上设置，单击【确定】按钮。

提示 2：关于旋转轴

规定一旋转轴，如图 3-49 所示。

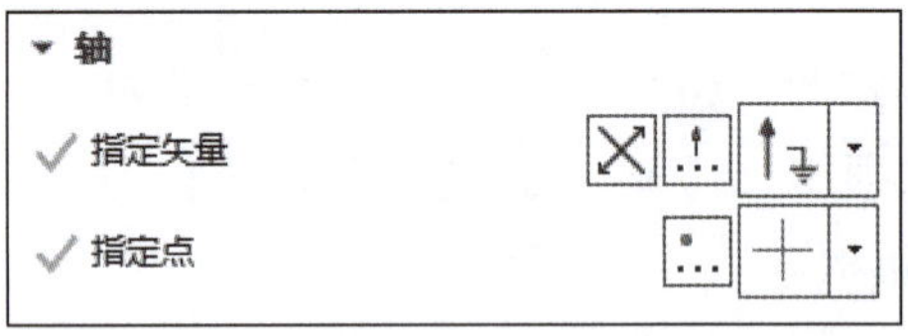

图 3-49　规定一旋转轴

① 指定矢量——可以用曲线、边缘或任一标准矢量方法来规定该轴。

② 指定点——如果用矢量方法规定一旋转轴，要求选择指定点。

旋转轴不得与截面曲线相交。但是可以和一条边重合。

提示 3：旋转限制

极限：起始和结束极限表示旋转体的相对两端，绕旋转轴从 0° 到 360°。

① 值——用于指定旋转角度的值。

② 对称值——用于指定旋转角度的值向两个方向对称旋转。

③ 直至选定对象——用于指定作为旋转的起始或终止位置的面、实体、片体或相对基准平面。

（3）单击【主页】选项卡｜【基本】组｜【旋转】按钮，出现【旋转】对话框。

① 设置选择意图规则：相连曲线。

② 在【截面】组，激活【选择曲线（4）】，选择曲线。

③ 在【轴】组，激活【指定矢量】，在图形区指定矢量，激活【指定点】，在图形区指定点。

④ 在【限制】组，从【起始】列表中选择【值】选项，在【角度】文本框输入 30，从【终点】列表中选择【值】选项，在【角度】文本框输入 90。

⑤ 在【布尔】组，从【布尔】列表中选择【合并】选项。

如图 3-50 所示，完成以上设置，单击【确定】按钮。

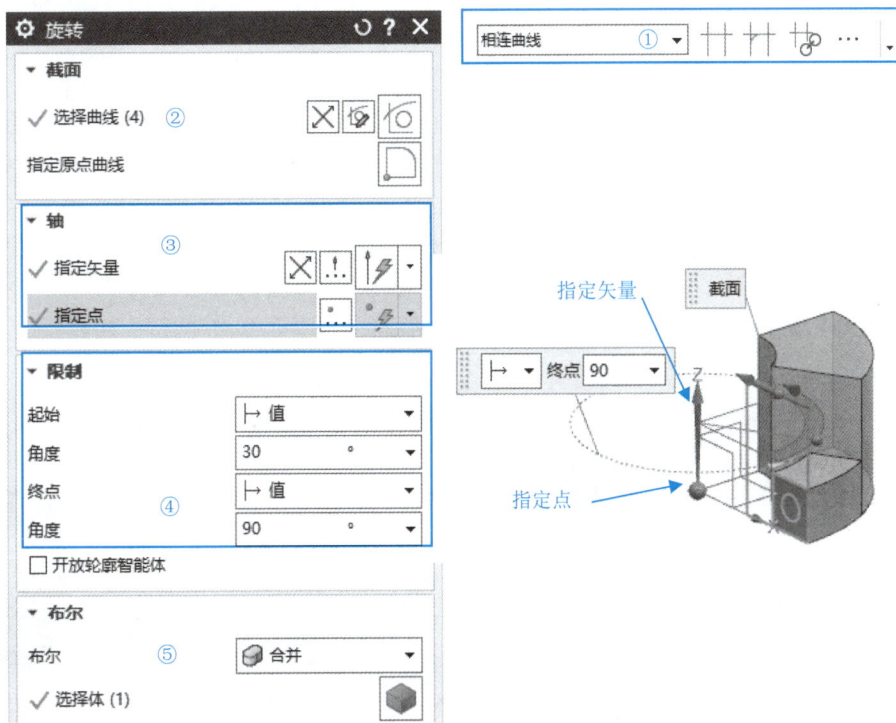

图 3-50　旋转建模

（4）单击【主页】选项卡｜【基本】组｜【旋转】按钮，出现【旋转】对话框。

① 设置选择意图规则：相连曲线。

② 在【截面】组，激活【选择曲线（1）】，选择曲线。

③ 在【轴】组，激活【指定矢量】，在图形区指定矢量，激活【指定点】，在图形区指定点。

④ 在【限制】组，从【起始】列表中选择【值】选项，在【角度】文本框输入 0，从【终点】列表中选择【值】选项，在【角度】文本框输入 360。

⑤ 在【布尔】组，从【布尔】列表中选择【减去】选项。

如图 3-51 所示，完成以上设置，单击【确定】按钮。

图 3-51　旋转建模

3. 移动层

（1）将草图移到 21 层。

（2）将 21 层、61 层设为【不可见】。

完成建模，如图 3-52 所示。

4. 存盘

选择【文件】|【保存】命令，保存文件。

【任务拓展】

创建旋转特征拓展练习如图 3-53 所示。

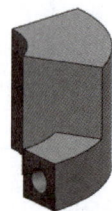

图 3-52　完成建模

（a）拓展练习 1

（b）拓展练习 2

图 3-53　创建旋转特征拓展练习

课题 3.5 创建沿引导线扫掠与管道特征

【学习目标】

（1）掌握创建管扫掠特征的方法。

（2）掌握创建管沿引导线扫掠特征的方法。

【工作任务】

创建沿引导线扫掠与管道特征实例，如图 3-54 所示。

图 3-54　创建沿引导线扫掠与管道特征实例

【任务实施】

1. 新建文件

新建文件并保存为"创建沿引导线扫掠与管道特征实例.prt"。

2. 创建基体

（1）在 YOZ 基准平面绘制草图，在部件导航器中右击【草图 1】，从快捷菜单中选择【重命名】命令，在文本框中输入"引导线"，按 Enter 键确定。如图 3-55 所示。

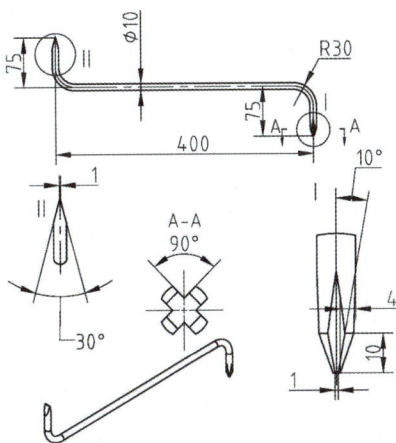

图 3-55　建立引导线草图

（2）选择【插入】|【扫掠】|【管道】命令 ，出现【管】对话框。

①在【路径】组，激活【选择曲线（5）】，在绘图区选择"引导线"草图。

②在【横截面】组，在【外径】文本框输入 10。

如图 3-56 所示，完成以上设置，单击【确定】按钮，生成管道特征。

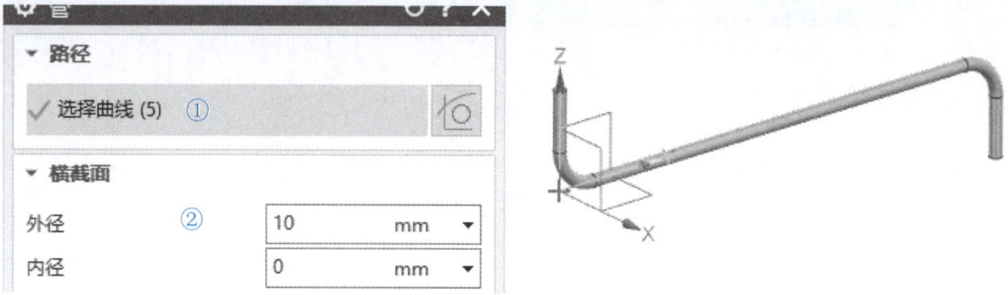

图 3-56　管道特征建模

提示：关于管道

使用管道命令可通过沿中心线路径（具有外径及内径选项）扫掠圆形横截面来创建单个实体。可以使用此命令来创建线扎、线束、布管、电缆或管道组件。

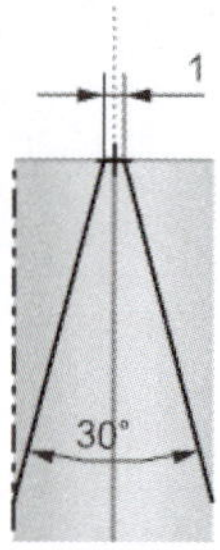

图 3-57　绘制草图

3. 建立平口端

（1）在 YOZ 平面绘制草图，如图 3-57 所示。

（2）单击【主页】选项卡 |【基本】组 |【拉伸】按钮，出现【拉伸】对话框。

① 设置选择意图规则：相连曲线。

② 在【截面】组，激活【选择曲线（3）】，选择曲线。

③ 在【限制】组，从【起始】列表中选择【Through All】选项。

④ 在【布尔】组，从【布尔】列表中选择【减去】选项。

⑤ 在【偏置】组，从【偏置】列表中选择【两侧】选项，在【结束】文本框输入 –5。

如图 3-58 所示，完成以上设置，单击【确定】按钮。

图 3-58　建立平口端

4. 建立十字花端

（1）倒斜角。

单击【主页】选项卡｜【基本】组｜【倒斜角】按钮🍥，出现【倒斜角】对话框。

① 在【边】组，激活【选择边（1）】，在图形区选择实体的边线。

② 从【横截面】列表中选择【非对称】选项，在【距离1】文本框中输入4，在【距离2】文本框内输入10。

如图3-59所示，完成以上设置，单击【确定】按钮。

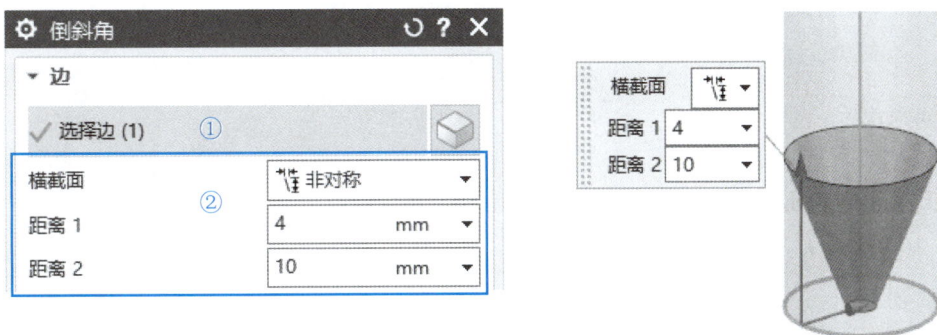

图 3-59 倒斜角

（2）在 YOZ 平面绘制草图，设置名称为"引导线1"，如图3-60所示。

（3）绘制截面，如图3-61所示。

📑 **提示：扫掠截面**

使用草图定义扫掠特征的截面，草图有下面几点要求。

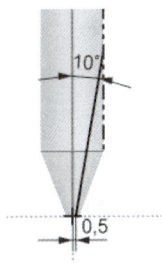

图 3-60 建立"引导线1"草图　　　　图 3-61 绘制截面

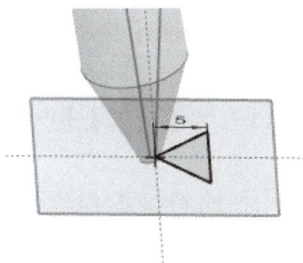

① 基体或凸台扫掠特征的截面应为闭环。曲面扫掠特征的截面可为开环或闭环。任何扫掠特征的截面都不能有自相交叉的情况。

② 草图可以是嵌套或分离的，但不能违背零件和特征的定义。

③ 扫掠截面的截面尺寸不能过大，否则可能导致扫掠特征的交叉。

（4）建立切除-沿引导线扫掠特征。

选择【插入】｜【扫掠】｜【沿引导线扫掠】命令🐾，出现【沿引导线扫掠】对话框。

① 在【截面】组，激活【选择曲线（3）】，在图形区域中选择"截面"草图。

② 在【引导】组，激活【选择曲线（1）】，在图形区域中选择"引导线2"草图。

③ 在【布尔】组，从【布尔】下拉列表中选择【减去】选项，默认选择管道。

如图3-62所示，完成以上设置，单击【确定】按钮，生成沿引导线扫掠特征。

📋 **提示：创建沿引导线扫掠特征流程**

① 生成引导线草图。

② 生成截面草图。

③ 选择【插入】｜【扫掠】｜【沿引导线扫掠】命令 🔧，出现【沿引导线扫掠】对话框。

图 3-62　生成切除 - 沿引导线扫掠特征

● 在【截面】组，激活【选择曲线】，在图形区域中选择"截面"草图。

● 在【引导】组，激活【选择曲线】，在图形区域中选择"引导线"草图。

④ 设定【偏置】【布尔】和【设置】等选项。

完成以上设置，单击【确定】按钮。

（5）创建圆周阵列。

单击【主页】选项卡｜【基本】组｜【阵列特征】按钮 🔧，出现【阵列特征】对话框。

① 在【要形成阵列的特征】组，激活【选择特征（1）】，在图形区选择"扫掠（8）"。

② 在【阵列定义】组，从【布局】列表中选择【圆形】选项。

③ 在【旋转轴】组，激活【指定矢量】，在图形区域设置方向，激活【指定点】，在图形区域选择圆心。

④ 在【斜角方向】组，从【间距】列表中选择【数量和间隔】选项，在【数量】文本框输入 4，在【间隔角】文本框输入 90。

如图 3-63 所示，完成以上设置，单击【确定】按钮。

5. 移动层

（1）将草图移到 21 层。

（2）将 21 层、61 层设为【不可见】。

完成建模，如图 3-64 所示。

6. 存盘

选择【文件】｜【保存】命令，保存文件。

【任务拓展】

创建圆周阵列如图 3-65 所示。

图 3-63 创建圆周阵列

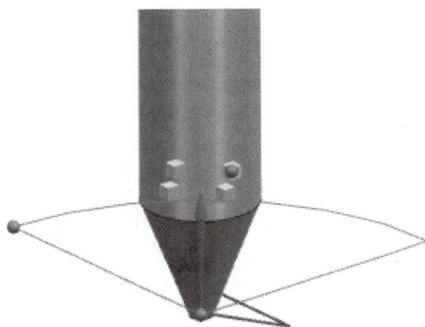

图 3-64 完成建模

（a）拓展练习 1 　　　　　（b）拓展练习 2

图 3-65 创建沿引导线扫掠与管道特征拓展练习

课题 3.6 提高练习

建立模型，如图 3-66 所示。

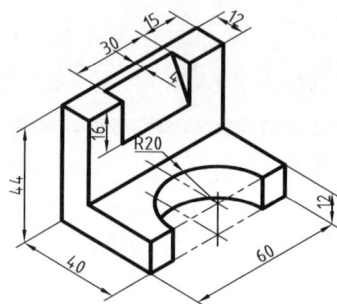

（a）练习 1　　　　　　　（b）练习 2

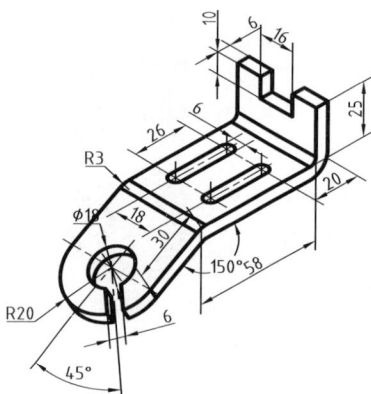

（c）练习 3　　　　　　　（d）练习 4

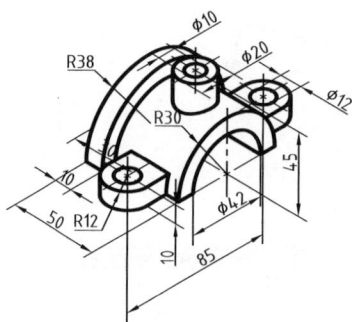
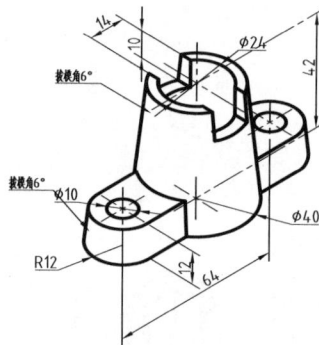

（e）练习 5　　　　　　　（f）练习 6

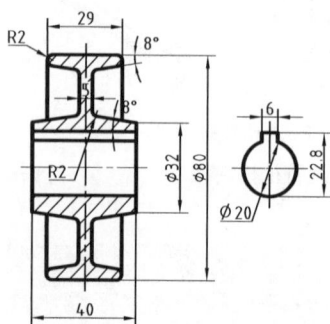
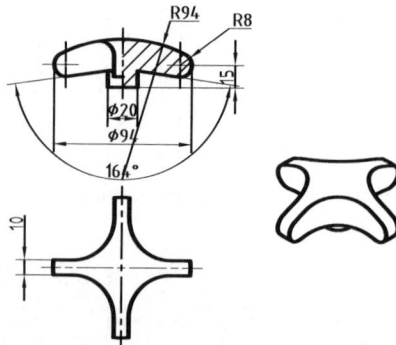

（g）练习 7　　　　　　　（h）练习 8

图 3-66　提高练习

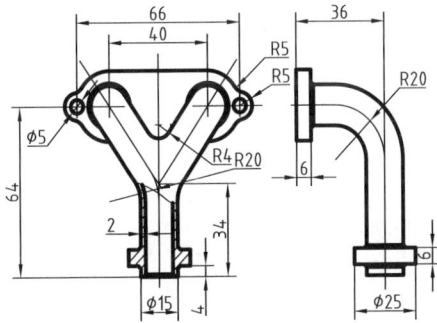

（i）练习 9

（j）练习 10

（k）练习 11

（l）练习 12

图 3-66　（续）

基准特征是零件建模的参考特征，它的主要用途是为实体造型提供参考，也可以作为绘制草图时的参考面。基准特征有相对基准与固定基准之分。

一般尽量使用相对基准面与相对基准轴。因为相对基准是相关和参数化的特征，与目标实体的表面、边缘、控制点相关。

课题 4.1　创建相对基准面特征

视频讲解

【学习目标】

（1）理解基准面的概念。

（2）掌握创建相对基准面的方法。

【工作任务】

按下列要求创建相对基准面特征实例，如图 4-1 所示。

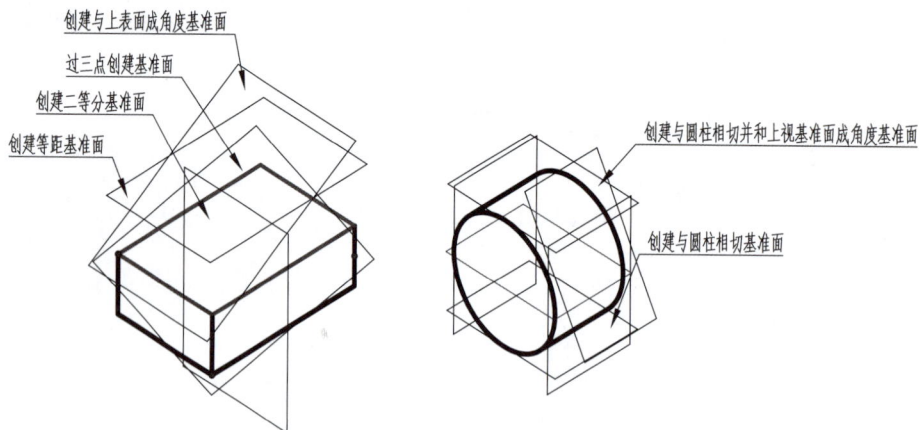

图 4-1　创建相对基准面特征实例

（1）按某一距离创建基准面 1。

（2）过三点建基准面 2。

（3）二等分基准面 3。

（4）与上表面成角度基准面 4。

（5）与圆柱相切基准面 5~8。

（6）与圆柱相切和基准面 1 成 60°角基准面 9。

【任务实施】

1. 新建文件

新建文件并保存为"创建相对基准面特征实例.prt"。

2. 创建块和柱

（1）建立块模型长度=40mm，宽度=60mm，高度=20mm，位置位于 XC=0，YC=0，ZC=0 处。

（2）建立圆柱模型直径=60mm，高度=40mm，位置位于 XC=0，YC=200，ZC=30 处，方向为 X 轴。

如图 4-2 所示。

3. 按某一距离创建基准面 1

单击【主页】选项卡 | 【构造】组 | 【基准平面】按钮◈，出现【基准平面】对话框。

图 4-2　创建块和圆柱

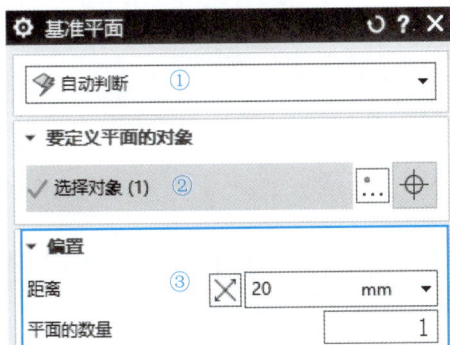

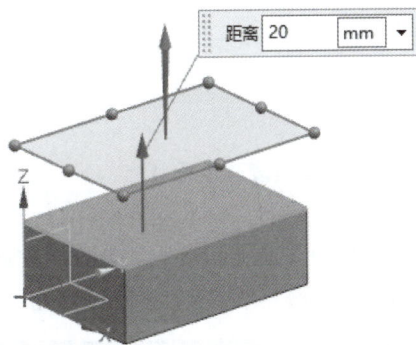

① 从【类型】列表中选择【自动判断】选项。

② 在【要定义平面的对象】组，激活【选择对象（1）】，在图形区选择实体模型的平面或基准面，系统将自动推断为【按某一距离】创建基准面◐。

③ 在【偏置】组，在【距离】文本框中输入偏移距离 20（偏置箭头方向为偏置正值方向、箭头反方向为负值方向）。

如图 4-3 所示，单击【应用】按钮，建立基准面 1。

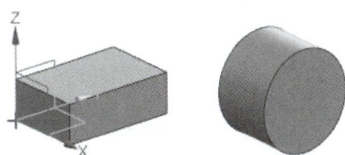

图 4-3　建立基准面 1

> 📋 **提示：调整基准面大小**

双击已建立的基准面，拖动调整大小手柄，调整基准平面的大小，如图 4-4 所示。

4. 过三点建基准面 2

选择二端点和一个中点建立一个基准面，如图 4-5 所示，单击【应用】按钮，建立基准面 2。

5. 二等分基准面 3

选择两个面，如图 4-6 所示，单击【应用】按钮，创建两个面的二等分基准面。

图 4-4　调整基准平面的大小

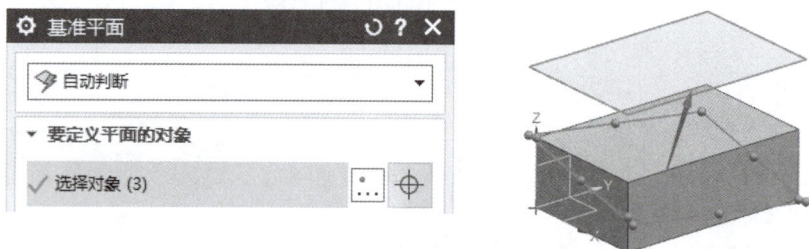

图 4-5　建立基准面 2

图 4-6　二等分基准面 3

6. 与上表面成角度基准面 4

① 在图形区选择实体模型的边和上表面。

② 在角度组，从【角度选项】列表中选择【值】选项，在【角度】文本框中输入 30。

如图 4-7 所示，完成以上设置，单击【确定】按钮，建立基准面 4。

图 4-7　与上表面成角度基准面 4

📖 **提示：角度方向**

根据右手规则确定角度方向，逆时针方向为正方向。

7. 编辑块，检验基准面对块的参数化关系

观察所建基准面，如图4-8所示。

8. 与圆柱相切基准面1

单击【主页】选项卡中【特征】区域的【基准平面】按钮▢，出现【基准平面】对话框。

① 从【类型】列表中选择【自动判断】选项。

② 在【要定义平面的对象】组，激活【选择对象（1）】，选择圆柱表面。

如图4-9所示，单击【应用】按钮，自动建立相切基准面1。

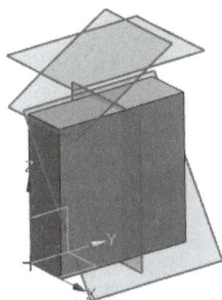

图4-8　编辑块

图4-9　与圆柱相切基准面1

9. 与圆柱相切基准面2

① 选择相切基准面1，选择圆柱表面。

② 在【角度】组，从【角度选项】列表中选择【垂直】选项。

如图4-10所示，单击【应用】按钮，建立相切基准面2。

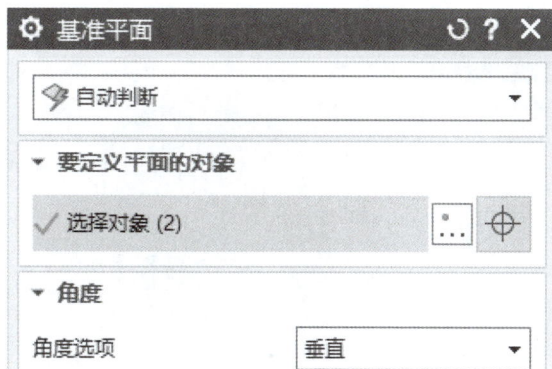

图4-10　与圆柱相切基准面2

📖 **提示：关于基准面的平面方位**

自动判断创建的基准面有多种方案，在【平面方位】组，单击【备选解】按钮，预览所需基准面，如图4-11所示。

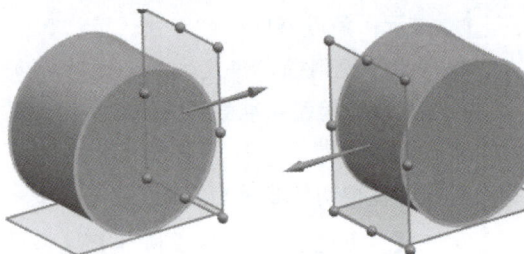

方案 1　　　　　　　　方案 2

图 4-11　基准面的平面方位

10. 与圆柱相切基准面 3

① 选择相切基准面 2，选择圆柱表面。

② 在【角度】组，从【角度选项】列表中选择【垂直】选项。

如图 4-12 所示，单击【应用】按钮，建立相切基准面 3。

图 4-12　与圆柱相切基准面 3

11. 与圆柱相切基准面 4

① 选择相切基准面 3，选择圆柱表面。

② 在【角度】组，从【角度选项】列表中选择【垂直】选项。

如图 4-13 所示，单击【应用】按钮，建立相切基准面 4。

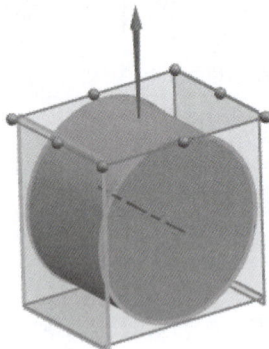

图 4-13　与圆柱相切基准面 4

12. 与圆柱相切和基准面 1 成 60° 角基准面 5

① 选择右侧相切基准面 1，选择圆柱表面。

② 在【角度】组，从【角度选项】列表选择【值】选项，在【角度】文本框输入 60。

如图 4-14 所示，完成以上设置，单击【确定】按钮。

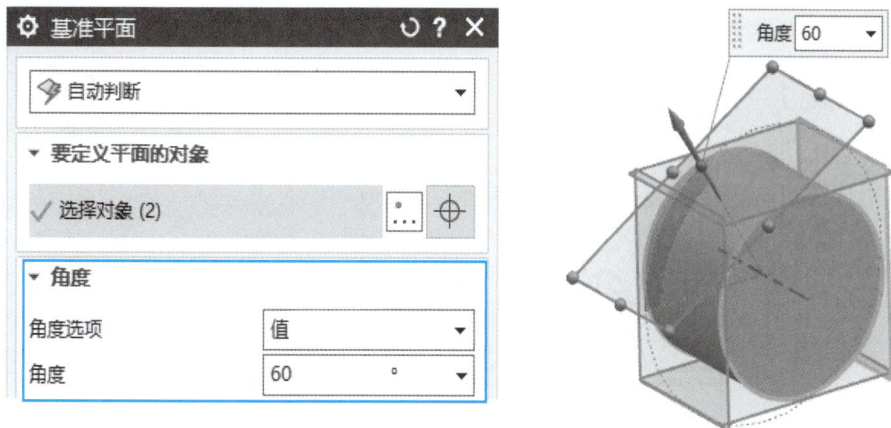

图 4-14 创建相切基准面与一面成角度

13. 编辑圆柱，检验基准面对块的参数化关系

将圆柱方向改变为 OX，完成改变，如图 4-15 所示，观察所建基准面。

14. 存盘

选择【文件】|【保存】命令，保存文件。

【任务拓展】

创建相对基准面特征拓展练习如图 4-16 所示。

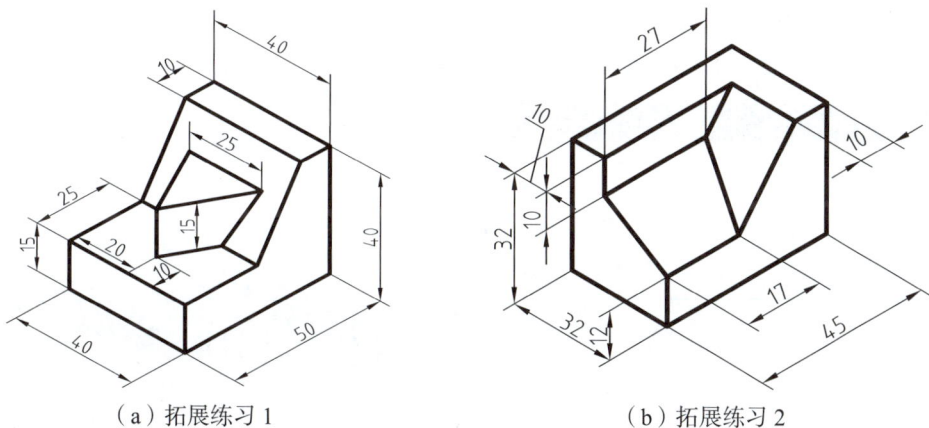

图 4-15 相关改变

（a）拓展练习 1　　　　　（b）拓展练习 2

图 4-16 创建相对基准面特征拓展练习

课题 4.2 创建相对基准轴特征

【学习目标】

（1）理解基准轴的概念。

（2）掌握创建相对基准轴的方法。

【工作任务】

创建相对基准轴特征实例，如图 4-17 所示。

【任务实施】

1. 新建文件

新建文件并保存为"创建相对基准轴特征实例.prt"。

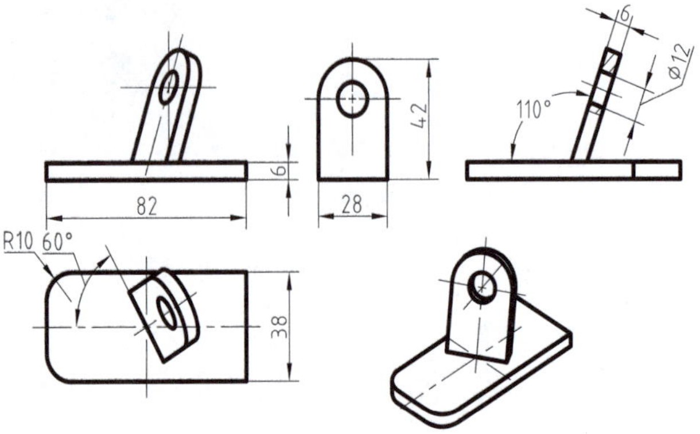

图 4-17　创建相对基准轴特征实例

2. 建立毛坯

选择【插入】|【设计特征】|【块】命令，出现【块】对话框。

① 默认指定点。

② 在【尺寸】组，在【长度（XC）】文本框输入 64，在【宽度（YC）】文本框输入 136，在【高度（ZC）】文本框输入 10。

如图 4-18 所示，完成以上设置，单击【确定】按钮，创建长方体。

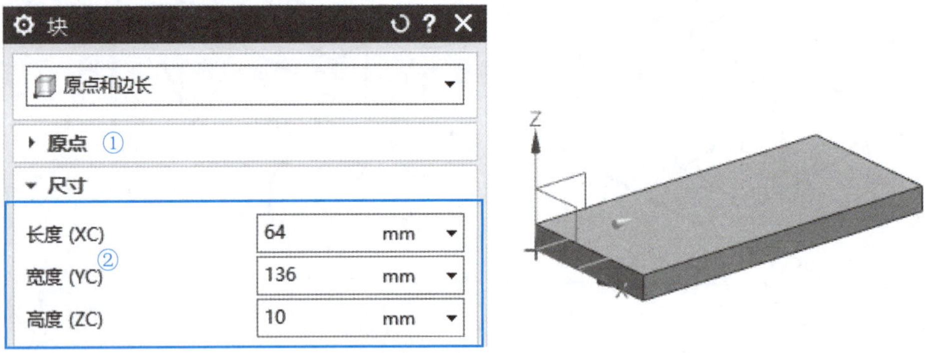

图 4-18　创建长方体

3. 创建基准面

（1）单击【主页】选项卡|【构造】组|【基准平面】按钮◆，出现【基准平面】对话框。

选择实体模型的两个面，创建二等分基准面，如图 4-19 所示，单击【应用】按钮。

（2）选择后表面，在【偏置】组，在【距离】文本框输入 60，创建等距基准面，如图 4-20 所示，完成以上设置，单击【确定】按钮。

图 4-19 创建二等分基准面

（3）单击【主页】选项卡｜【构造】组｜【基准平面】按钮 ✎，出现【基准轴】对话框。选择新建的两基准面，建立基准轴，如图 4-21 所示，完成以上设置，单击【确定】按钮。

图 4-20 创建等距基准面

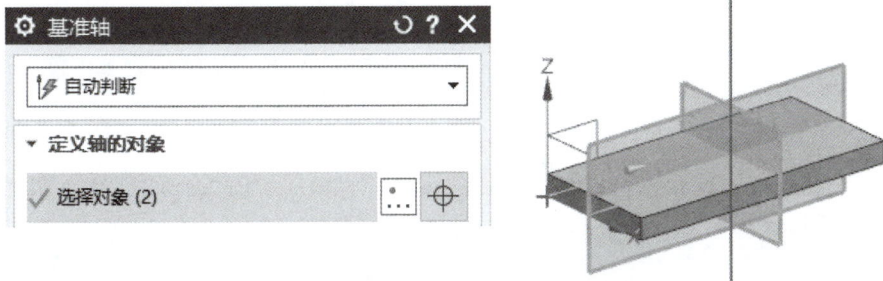

图 4-21 建立基准轴

▤ 提示：关于创建相对基准轴的方法

相对基准轴由创建它的几何对象所约束，一个约束是基准上的一个限制。该基准与对象上的表面、边、点等对象相关。当所约束的对象修改后，相关的基准轴自动更新。

UG NX 提供如下几种方法来创建相对基准轴。

① 过两点，如图 4-22（a）所示。

② 过一边，如图 4-22（b）所示。

③ 过一圆柱、圆锥、圆环或旋转特征轴，过一旋转特征轴如图 4-22（c）所示。

④ 过两个表面或基准面的交线，过两个表面的交线如图 4-22（d）所示。

⑤ 过曲线上一点。曲线可以是草图曲线、边或其他类型曲线，如图 4-22（e）所示。

（a）过两点　　　（b）过一边　　（c）过一旋转特征轴　（d）过两个表面的交线　（e）过曲线上一点

图 4-22　建立相对基准轴

（4）单击【主页】选项卡｜【构造】组｜【基准平面】按钮 ◆，出现【基准平面】对话框。

① 选择基准轴和新建等距基准面。

② 在【角度】组，从【角度选项】列表中选择【值】选项，在【角度】文本框输入 –30。如图 4-23 所示，完成以上设置，单击【确定】按钮。

图 4-23　建立斜基准面

（5）单击【主页】选项卡｜【构造】组｜【基准平面】按钮 ✎，出现【基准轴】对话框。选择新建基准面和上表面，建立基准轴，如图 4-24 所示，完成以上设置，单击【确定】按钮。

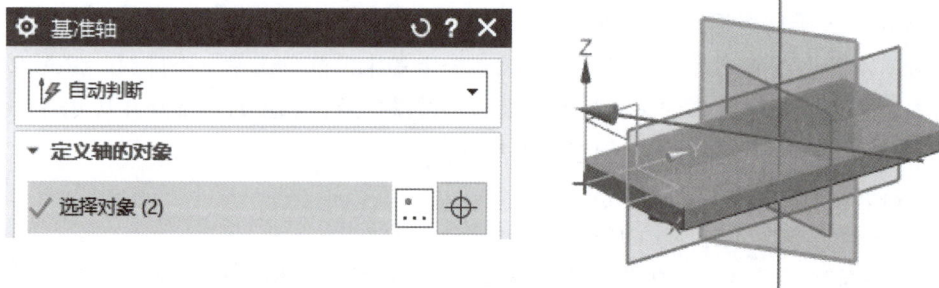

图 4-24　建立基准轴

（6）单击【主页】选项卡 |【构造】组 |【基准平面】按钮◈，出现【基准平面】对话框。

① 选择基准轴和上表面。

② 在【角度】组，从【角度选项】列表中选择【值】选项，在【角度】文本框输入 70。

建立倾斜基准面，如图 4-25 所示，完成以上设置，单击【确定】按钮。

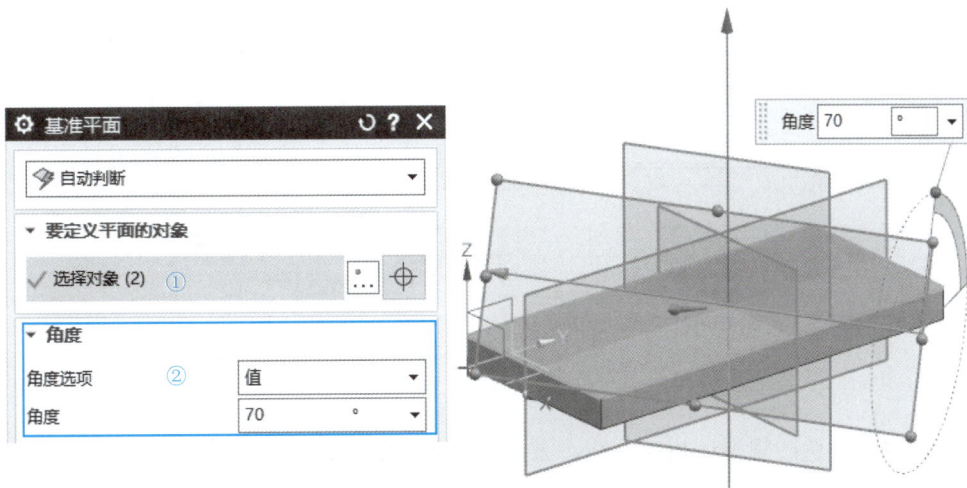

图 4-25 建立倾斜基准面

（7）将所建辅助基准面移到 61 层，并隐藏 61 层，如图 4-26 所示。

4. 建立斜支承

（1）选择基准面，绘制草图，如图 4-27 所示。

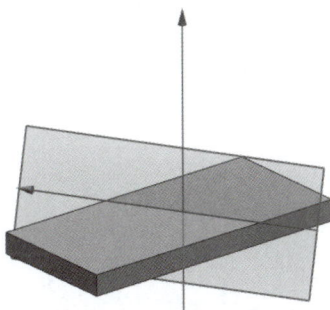

图 4-26 隐藏基准面　　　　图 4-27 绘制草图

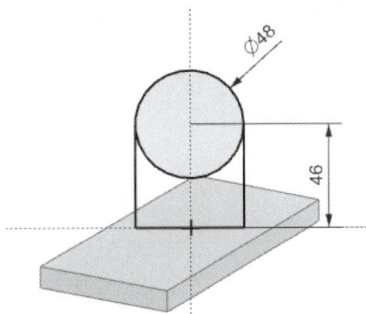

（2）单击【主页】选项卡 |【基本】组 |【拉伸】按钮◈，出现【拉伸】对话框。

① 设置选择意图规则：相连曲线，激活【在相交处停止】⊞，激活【跟随圆角】⊞。

② 在【截面】组，激活【选择曲线（4）】，选择曲线。

③ 在【限制】组，从【终止】列表中选择【值】选项，在【距离】文本框输入 10。

④ 在【布尔】组，从【布尔】列表中选择【合并】选项。

创建斜支承如图 4-28 所示，完成以上设置，单击【确定】按钮。

5. 打孔

单击【主页】选项卡 |【基本】组 |【拉伸】按钮◈，出现【拉伸】对话框。

图 4-28　创建斜支承

① 设置选择意图规则：相连曲线，激活【在相交处停止】Ⅱ，激活【跟随圆角】Ⅱ。
② 在【截面】组，激活【选择曲线（2）】，选择曲线。
③ 在【限制】组，从【结束】列表中选择【Through All】选项。
④ 在【布尔】组，从【布尔】列表中选择【减去】选项。
⑤ 在【偏置】组，从【偏置】列表中选择【单侧】选项，在【结束】文本框输入 –14。
创建孔如图 4-29 所示，完成以上设置，单击【确定】按钮。

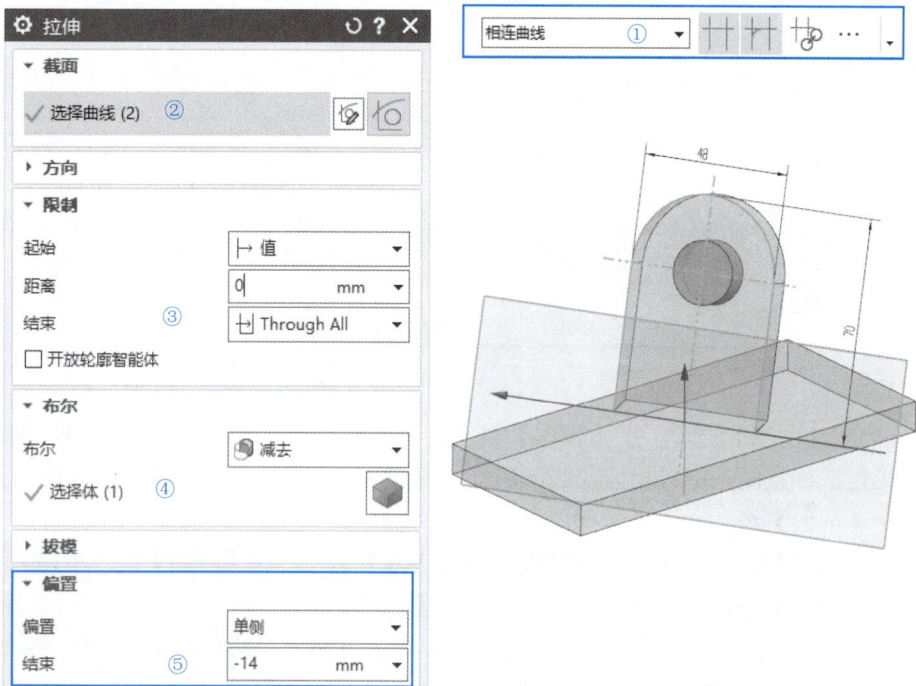

图 4-29　创建孔

6. 创建圆角

单击【主页】选项卡|【基本】组|【边倒圆】按钮◈，出现【边倒圆】对话框。

①在【边】组，激活【选择边】，在图形区选择 2 边。

②在【半径 1】文本框中输入 10。

创建圆角如图 4-30 所示，单击【确定】按钮，完成倒角。

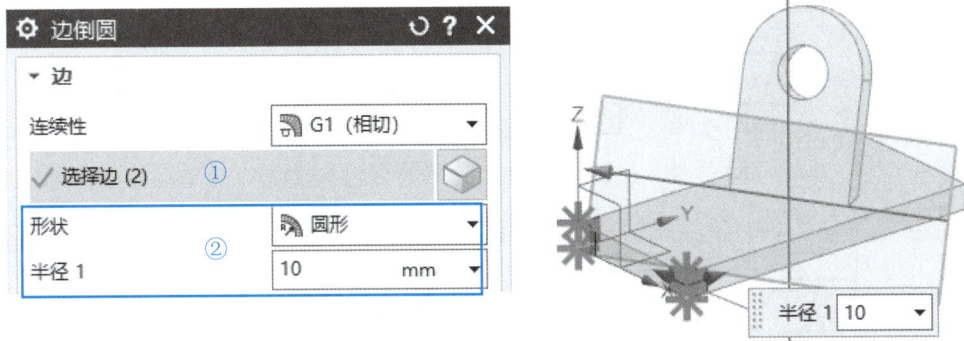

图 4-30 创建圆角

7. 移动层

（1）将草图移到 21 层。

（2）将 21 层、61 层设为【不可见】。

完成建模，如图 4-31 所示。

8. 存盘

选择【文件】|【保存】命令，保存文件。

图 4-31 完成建模

【任务拓展】

创建相对基准轴特征拓展练习如图 4-32 所示。

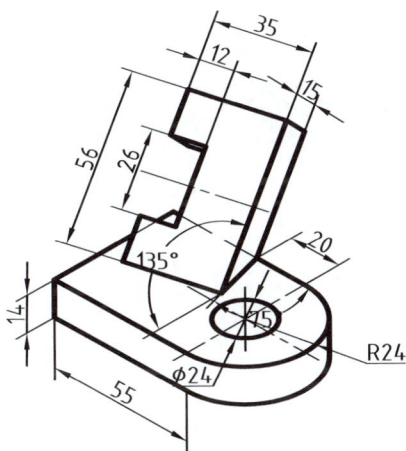

（a）拓展练习 1

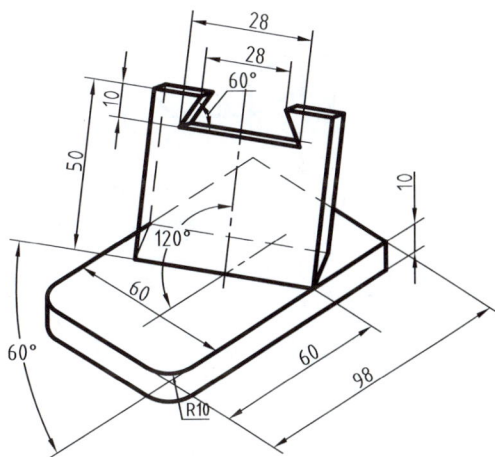

（b）拓展练习 2

图 4-32 创建相对基准轴特征拓展练习

建立模型，如图 4-33 所示。

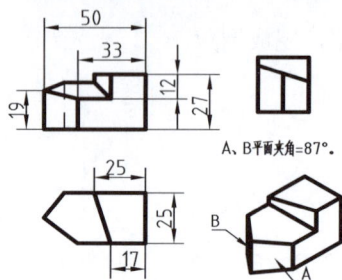

（a）练习 1

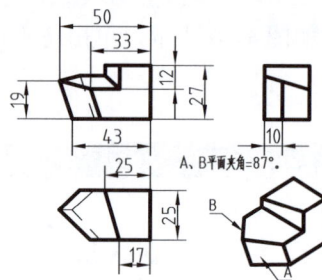

（b）练习 2

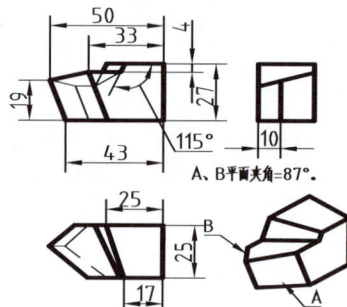

（c）练习 3 （d）练习 4

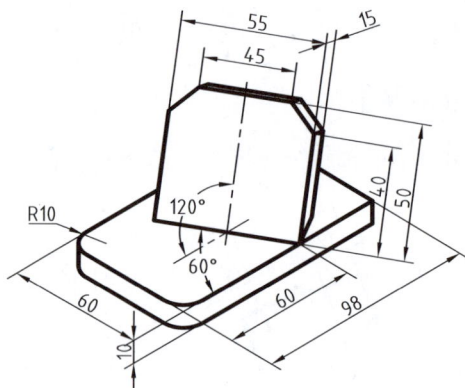

（e）练习 5 （f）练习 6

图 4-33 提高练习

附加特征是对已有的基体特征进行的附加操作，主要包括如下内容。

（1）设计特征：孔、筋、槽和螺纹。

（2）细节特征：边倒圆、倒斜角和拔模。

（3）关联复制：阵列特征和镜像特征。

（4）偏置/缩放：抽壳和加厚。

课题 5.1　创建边倒圆、倒斜角、筋、孔与镜像特征

视频讲解

【学习目标】

（1）掌握创建边倒圆特征的方法。

（2）掌握创建倒斜角特征的方法。

（3）掌握创建筋特征的方法。

（4）掌握创建孔特征的方法。

（5）掌握创建镜像特征的方法。

【工作任务】

创建边倒圆、倒斜角、筋、孔与镜像特征实例，如图 5-1 所示。

【任务实施】

1. 新建文件

新建文件并保存为"边倒圆 - 倒斜角 - 筋 - 孔与镜像特征实例.prt"。

2. 建立基体

（1）选择【插入】|【设计特征】|【圆柱】命令，出现【圆柱】对话框，如图 5-2 所示。

① 在【轴】组，激活【指定矢量】，在图形区选择 OZ 轴。

② 在【尺寸】组，在【直径】文本框输入 24，在

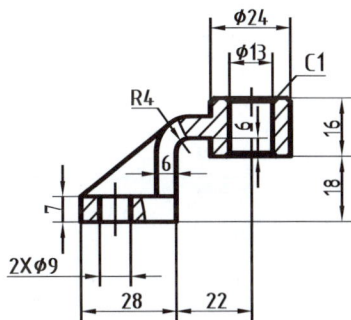

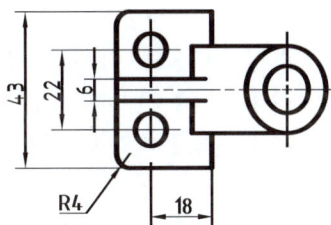

图 5-1　创建边倒圆、倒斜角、筋、
　　　　孔与镜像特征实例

【高度】文本框输入 16。

完成以上设置，单击【确定】按钮。

（2）在 ZOY 平面绘制草图，如图 5-3 所示。

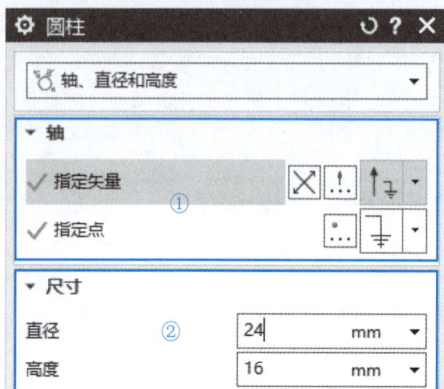

图 5-2　建立圆柱体

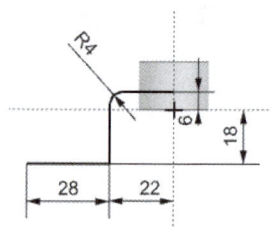

图 5-3　建立草图

（3）单击【主页】选项卡 |【基本】组 |【拉伸】按钮，出现【拉伸】对话框，如图 5-4 所示。

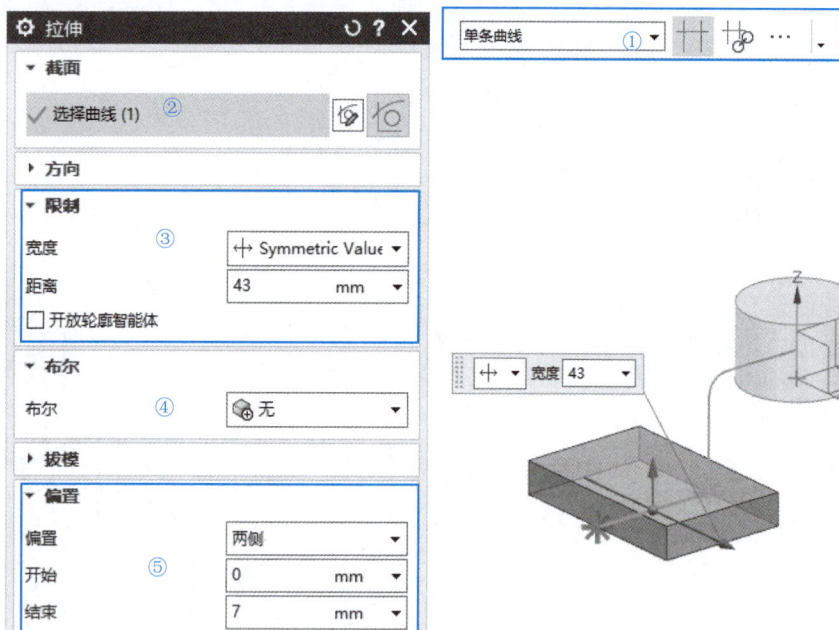

图 5-4　拉伸底座

① 设置选择意图规则：单条曲线。

② 在【截面】组，激活【选择曲线（1）】，选择单条曲线。

③ 在【限制】组，从【宽度】列表中选择【Symmetric Value】选项，在【距离】文本框输入 43。

④ 在【布尔】组，从【布尔】列表中选择【无】选项。

⑤ 在【偏置】组，从【偏置】列表中选择【两侧】选项，在【结束】文本框输入 7。

完成以上设置，单击【确定】按钮。

（4）单击【主页】选项卡|【基本】组|【拉伸】按钮 🏠，出现【拉伸】对话框，如图 5-5 所示。

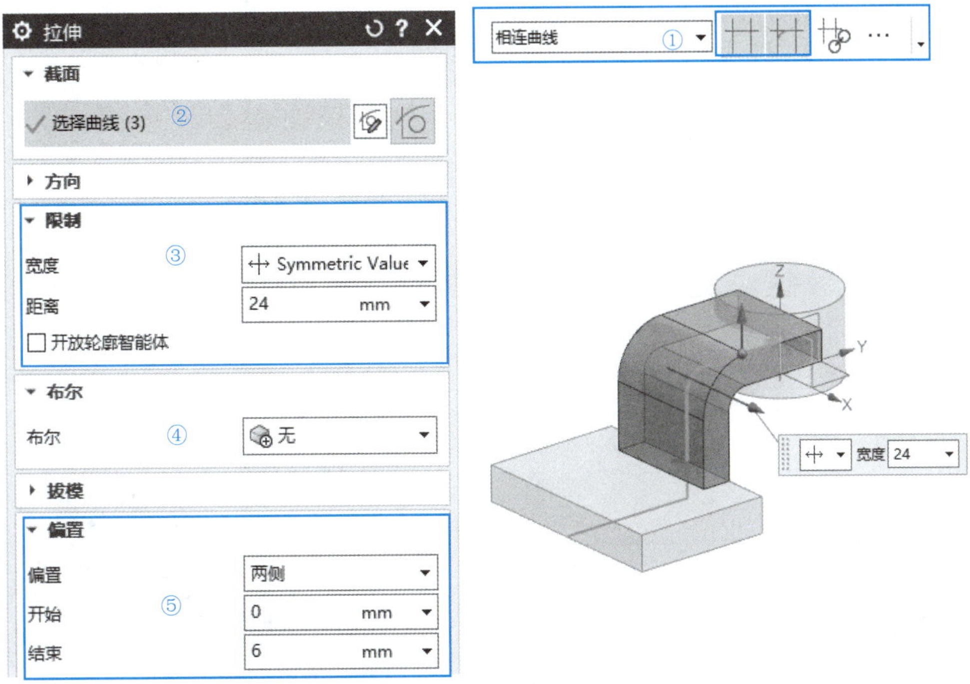

图 5-5　建立连接体

① 设置选择意图规则：相连曲线，激活【在相交处停止】 ⊞，激活【跟随圆角】 ⊞。

② 在【截面】组，激活【选择曲线（3）】，选择曲线。

③ 在【限制】组，从【宽度】列表中选择【Symmetric Value】选项，在【距离】文本框输入 24。

④ 在【布尔】组，从【布尔】列表中选择【无】选项。

⑤ 在【偏置】组，从【偏置】列表中选择【两侧】选项，在【结束】文本框输入 6。

完成以上设置，单击【确定】按钮。

（5）单击【主页】选项卡|【基本】组|【合并】命令 🗇，出现【合并】对话框，如图 5-6 所示。

① 在【目标】组，激活【选择体（1）】，在图形区选取连接体。

② 在【工具】组，激活【选择体（2）】，在图形区选取圆柱和底座。

完成以上设置，单击【确定】按钮。

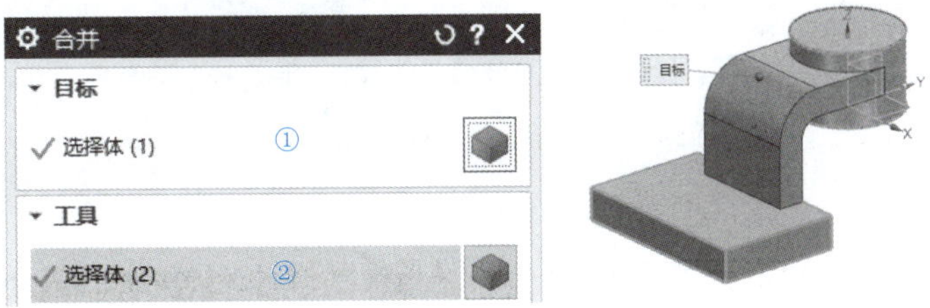

图 5-6　合并实体

3. 建立筋

（1）在 ZOY 平面绘制草图，如图 5-7 所示。

（2）选择【插入】|【设计特征】|【筋板】命令，出现【筋板】对话框，如图 5-8 所示。

① 在【截面】组，从图形区选择新建草图曲线。

② 在【壁】组，选中【平行于剖切平面】单选按钮，从【维度】列表中选择【对称】，在【厚度】文本框输入 6。

③ 选中【合并筋板和目标】复选框。

完成以上设置，单击【确定】按钮。

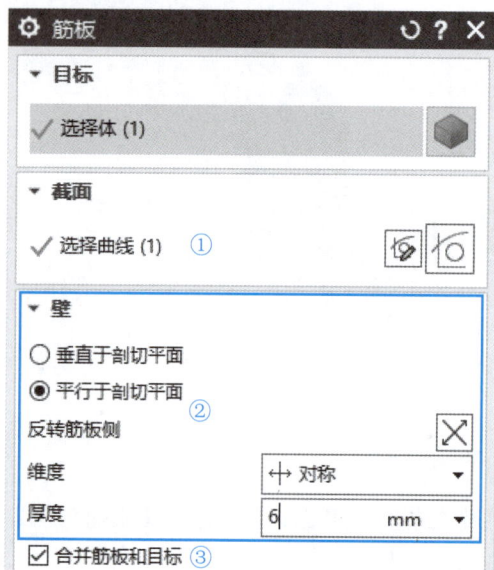

图 5-7　绘制草图

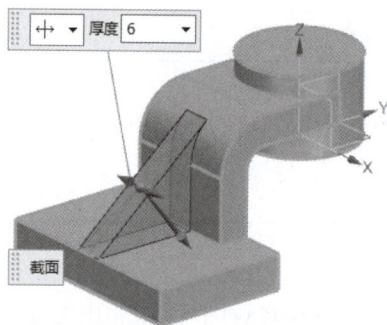

图 5-8　建立筋

📋 **提示：关于筋**

筋给实体添加薄壁支撑。筋是从开环或闭环绘制的轮廓中生成的特殊类型拉伸特征。

1）筋的厚度方向

筋的厚度方向有两种形式，分别为对称和非对称。

（1）对称：按截面曲线对称偏置筋板厚度，如图 5-9（a）所示。

（2）非对称：将筋板厚度偏置到截面曲线的一侧，如图 5-9（b）所示。

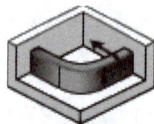

（a）对称　　　　　（b）非对称

图 5-9 【筋的厚度方向】的两种形式

2）筋的拉伸方向

筋的拉伸方向可以分为垂直于剖切平面，如图 5-10（a）所示；及平行于剖切平面，如图 5-10（b）所示。

（a）垂直于剖切平面　（b）平行于剖切平面

图 5-10　筋的拉伸方向的两种形式

4. 建立孔

（1）单击【主页】选项卡｜【基本】组｜【孔】按钮 🔷，出现【孔】对话框，如图 5-11 所示。

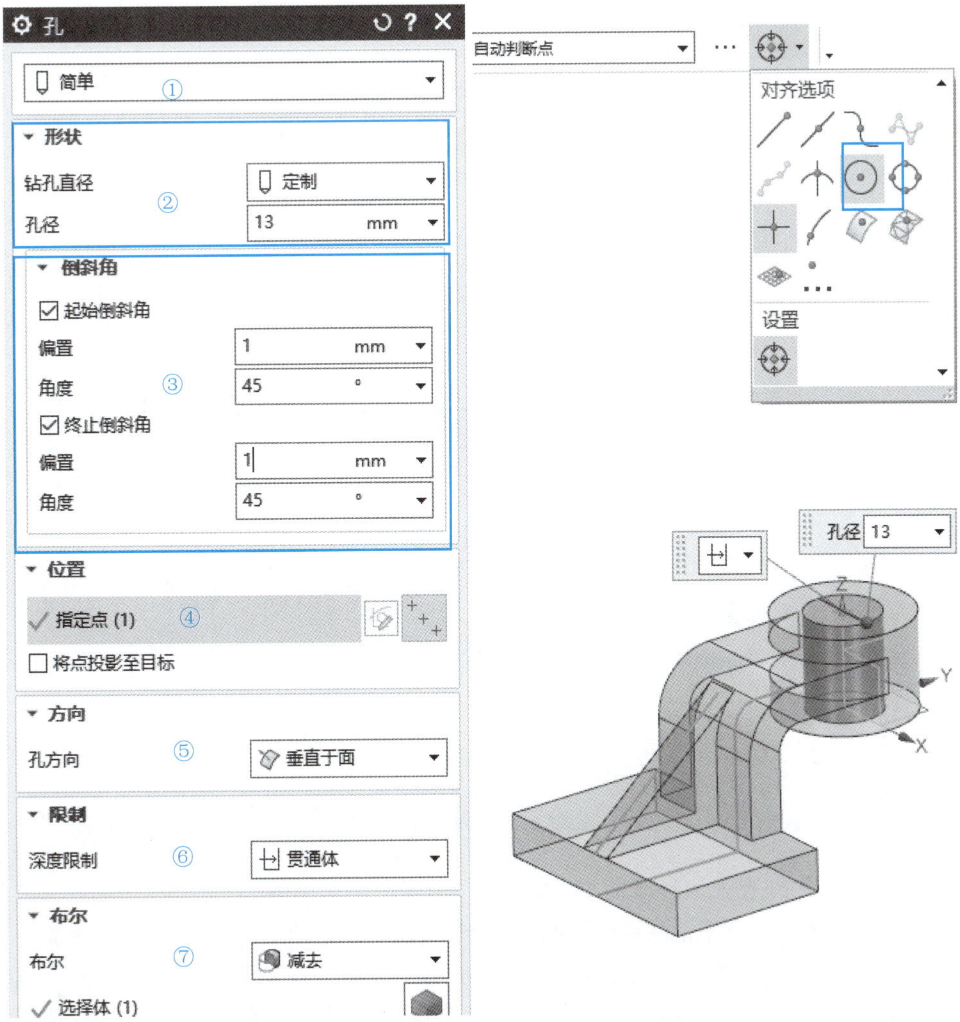

图 5-11　打孔

① 从【类型】列表中选择【简单】选项。

② 在【形状】组，从【钻孔直径】列表中选择【定制】选项，在【孔径】文本框输入 13。

③ 在【倒斜角】组，勾选【起始倒斜角】选项，在【偏置】文本框输入 1，在【角度】文本框输入 45；勾选【终止倒斜角】选项，在【偏置】文本框输入 1，在【角度】文本框输入 45。

④ 在【位置】组，激活【指定点（1）】，提示行提示：在平的面上指定点，或选择基准平面进行草绘，或按"绘制截面"进行草绘。单击【点】🔛按钮，在图形区域选择面圆心点为孔的中心。

⑤ 在【方向】组，从【孔方向】列表中选择【垂直于面】选项。

⑥ 在【限制】组，从【深度限制】列表中选择【贯通体】选项。

⑦ 在【布尔】组，从【布尔】列表中选择【减去】选项。

完成以上设置，单击【确定】按钮。

（2）单击【主页】选项卡｜【基本】组｜【孔】按钮💠，出现【孔】对话框，如图 5-12 所示。

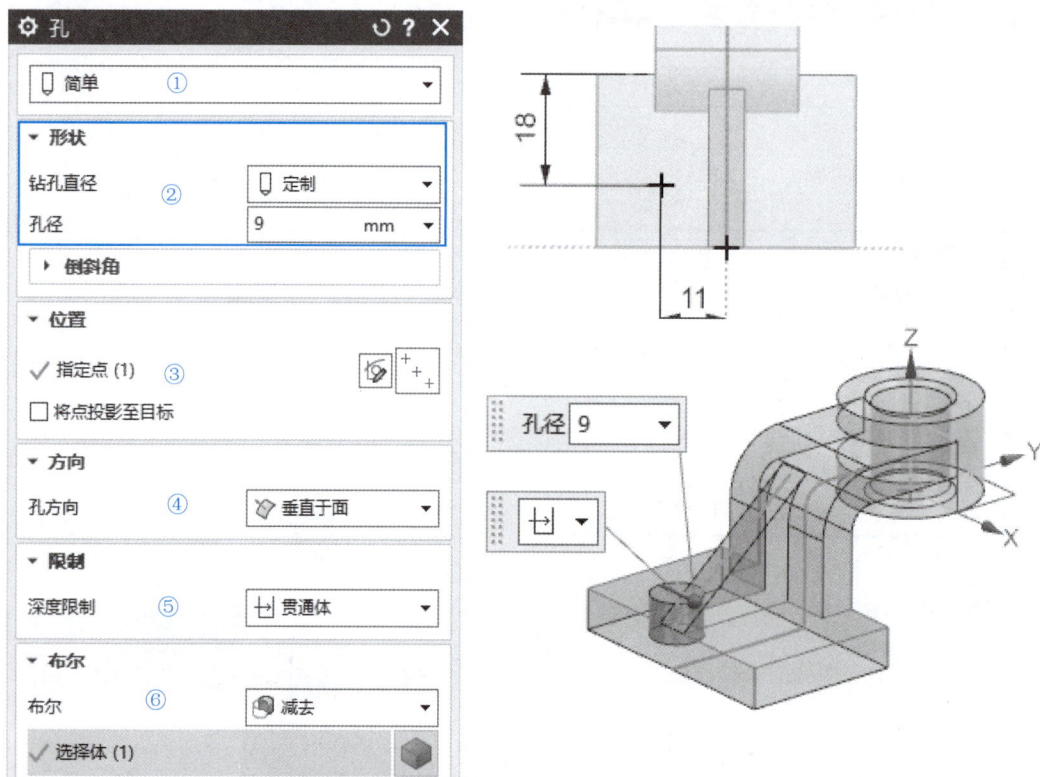

图 5-12　打底孔

① 从【类型】列表中选择【简单】选项。

② 在【形状】组，从【钻孔直径】列表中选择【定制】选项，在【孔径】文本框输入 9。

③ 在【位置】组，激活【指定点（1）】，提示行提示：在平的面上指定点，或选择基准平面进行草绘，或按"绘制截面"进行草绘。单击【点】🔛按钮，在图形区域选择底面绘制圆心点草图。

④ 在【方向】组，从【孔方向】列表中选择【垂直于面】选项。

⑤ 在【限制】组，从【深度限制】列表中选择【贯通体】选项。

⑥ 在【布尔】组，从【布尔】列表中选择【减去】选项。

完成以上设置，单击【确定】按钮。

▤▎提示：关于孔特征

使用孔命令可在部件或装配中添加以下类型的孔特征：简单孔、沉头孔或埋头孔、锥孔、钻形孔、螺钉间隙孔（简单孔、沉头孔或埋头孔类型）、螺纹孔。

根据孔类型，可以为孔指定大小，或根据标准钻和螺钉间隙孔选择尺寸和拟合。

可以在平面或非平面上创建孔，或穿过多个实体作为单个特征来创建孔。

1）定义孔特征中心

方法一：

利用已存在点，定义孔特征中心。可以使用场景工具条上可用的捕捉点选项来指定孔的位置。

方法二：

进入【草图】环境，在草图中建立一个点，定义孔特征中心。

2）孔特征方向

孔特征方向——指定孔方向。可用选项有：

① 垂直于面——沿着每个指定点的面向的反向定义孔方向。

② 沿矢量——沿指定的矢量定义孔方向。

3）孔特征深度限制

深度限制——指定孔深度限制。可用选项有：

① 值——创建指定深度的孔。

② 直至选定对象——创建一个直至选定对象的孔。

③ 直至下一个——对孔进行扩展，直至孔到达下一个面。

④ 贯通体——创建一个通孔。

5. 镜像孔

单击【主页】选项卡 |【基本】组 |【镜像特征】按钮 ，出现【镜像特征】对话框，如图 5-13 所示。

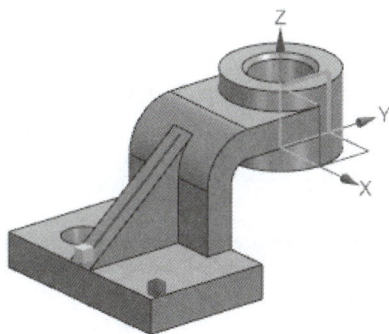

图 5-13　镜像孔

① 在【要镜像的特征】组，激活【选择特征（1）】，在图形区选择"φ9 孔"。

② 在【镜像平面】组，从【平面】列表选择【现有平面】选项，选取 ZOY 为镜像平面。

完成以上设置，单击【确定】按钮，建立镜像特征。

▤▎提示：关于镜像

镜像特征是将一个或多个特征沿指定的平面复制，生成平面另一侧的特征。镜像所生成的特征是与源特征相关的，源特征的修改会影响镜像的特征。

6. 倒斜角

单击【主页】选项卡│【基本】组│【倒斜角】按钮 🌑，出现【倒斜角】对话框，如图 5-14 所示。

图 5-14　倒斜角

① 在【边】组，激活【选择边（1）】，在图形区选择边。

② 从【横截面】列表中选择【对称】选项，在【距离】文本框中输入 1。

完成以上设置，单击【确定】按钮，完成倒斜角。

📋 提示：关于倒斜角

使用【倒斜角】命令可斜接一个或多个体的边。

倒斜角的横截面。

① 一个对称偏置距离 🔲。

② 两个非对称偏置距离 🔲。

③ 一个偏置距离和一个角度 🔲。

7. 倒圆角

单击【主页】选项卡│【基本】组│【边倒圆】按钮 🌑，出现【边倒圆】对话框，如图 5-15 所示。

① 在【边】组，激活【选择边（2）】，在图形区选择 2 边。

② 在【半径 1】文本框中输入 5。

完成以上设置，单击【确定】按钮，完成倒圆角。

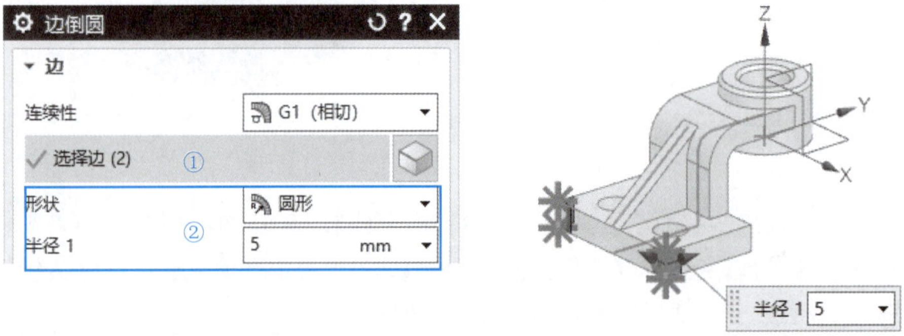

图 5-15　倒圆角

📄 提示：关于边倒圆

圆角用于在零件上生成一个内圆角或外圆角面，还可以为一个面的所有边线、所选的多组面、所选的边线或边线环生成圆角。

8. 移动层

（1）将草图移到 21 层。

（2）将 21 层、61 层设为【不可见】。

如图 5-16 所示。

9. 存盘

选择【文件】|【保存】命令，保存文件。

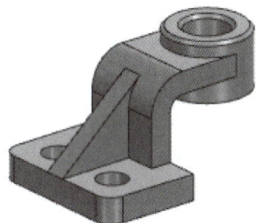

图 5-16　完成建模

【任务拓展】

创建边倒圆、倒斜角、筋、孔与镜像特征拓展练习如图 5-17 所示。

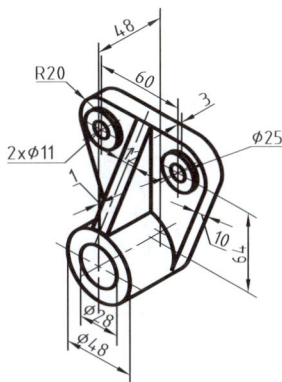

（a）拓展练习 1　　　　（b）拓展练习 2

图 5-17　创建边倒圆、倒斜角、筋、孔与镜像特征拓展练习

课题 5.2　创建可变半径倒圆角特征

视频讲解

【学习目标】

掌握创建可变半径倒圆角特征的方法。

【工作任务】

创建可变半径倒圆角特征实例，如图 5-18 所示。

【任务实施】

1. 新建文件

新建文件并保存为"创建可变半径倒圆角特征实例.prt"。

2. 建立基体

（1）在 ZOY 基准面绘制草图，如图 5-19 所示。

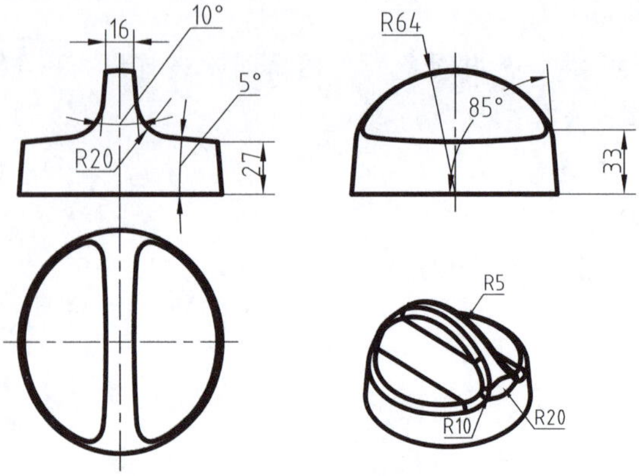

图 5-18　创建可变半径倒圆角特征实例

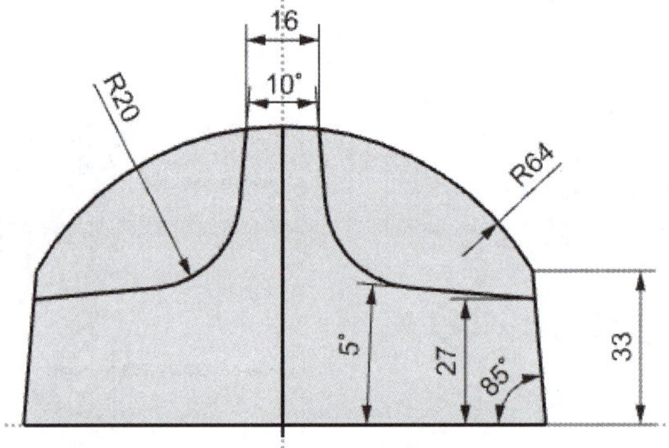

图 5-19　在 ZOY 基准面绘制草图

单击【主页】选项卡｜【基本】组｜【旋转】按钮，出现【旋转】对话框，如图 5-20 所示。

① 设置选择意图规则：相连曲线。

② 在【截面】组，激活【选择曲线（6）】，选择曲线。

③ 在【轴】组，激活【指定矢量】，在图形区指定矢量，激活【指定点】，在图形区指定点。

④ 在【限制】组，从【起始】列表中选择【值】选项，在【角度】文本框输入 0，从【结束】列表中选择【值】选项，在【角度】文本框输入 360。

⑤ 在【布尔】组，从【布尔】列表中选择【无】选项。

完成以上设置，单击【确定】按钮。

（2）单击【主页】选项卡｜【基本】组｜【拉伸】按钮，出现【拉伸】对话框，如图 5-21 所示。

① 设置选择意图规则：相连曲线。

② 在【截面】组，激活【选择曲线（10）】，选择曲线。

③ 在【限制】组，从【起始】列表中选择【Through All】选项，从【结束】列表中选择【Through All】选项。

④ 在【布尔】组，从【布尔】列表中选择【减去】选项。

完成以上设置，单击【确定】按钮。

图 5-20 旋转建模

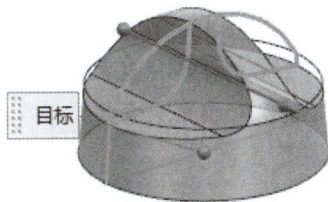

图 5-21 拉伸切除

3. 创建倒变半径圆角

（1）单击【主页】选项卡中【特征】区域的【边倒圆】按钮，出现【边倒圆】对话框，如图 5-22 所示。

① 设置选择意图规则：单边。

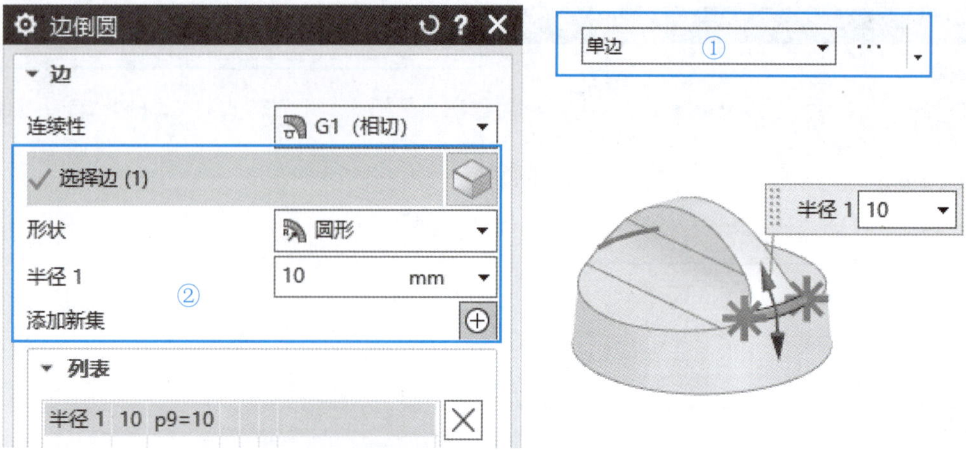

图 5-22　选择倒角边

② 在【边】组，激活【选择边（1）】，在图形区域选择倒角边，在【半径1】文本框中输入半径值 10。

③ 在【变半径】组，激活【指定半径点】，在所选的边上建立 3 个可变半径点，所添加的每个可变半径点将显示拖动手柄和点手柄，如图 5-23 所示。可变半径点将标识为 V 半径 1、V 半径 2 和 V 半径 3，并且同样出现在对话框和动态输入框中。

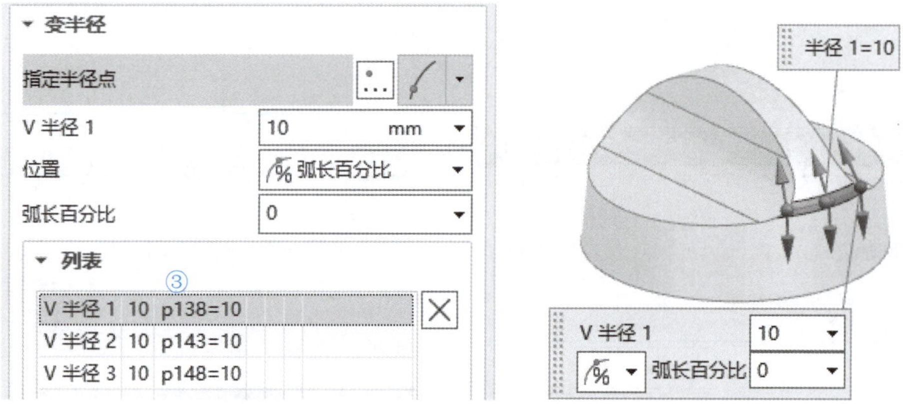

图 5-23　3 个可变半径点的手柄

④ 为可变半径点指定新的半径值，如图 5-24 所示。

➢ 选择第 1 个可变半径点，在【V 半径 1】文本框输入 10，在【位置】下拉列表中选择【弧长百分比】选项，在【弧长百分比】文本框输入 0。

➢ 选择第 2 个可变半径点，在【V 半径 2】文本框输入 20，在【位置】下拉列表中选择【弧长百分比】选项，在【弧长百分比】文本框输入 50。

➢ 选择第 3 个可变半径点，在【V 半径 3】文本框输入 10，在【位置】下拉列表中选择【弧长百分比】选项，在【弧长百分比】文本框输入 100。

完成以上设置，单击【确定】按钮。

（2）按同样方法完成另一端可变半径点的圆角，如图 5-25 所示。

📑 提示：关于变半径

变半径：通过规定在边缘上的点和在每一个点上输入不同的半径值，沿边缘的长度改变倒角半径。

变半径倒圆角的技巧：首先设定恒定半径倒圆角，再设定变半径点，最后修改半径。

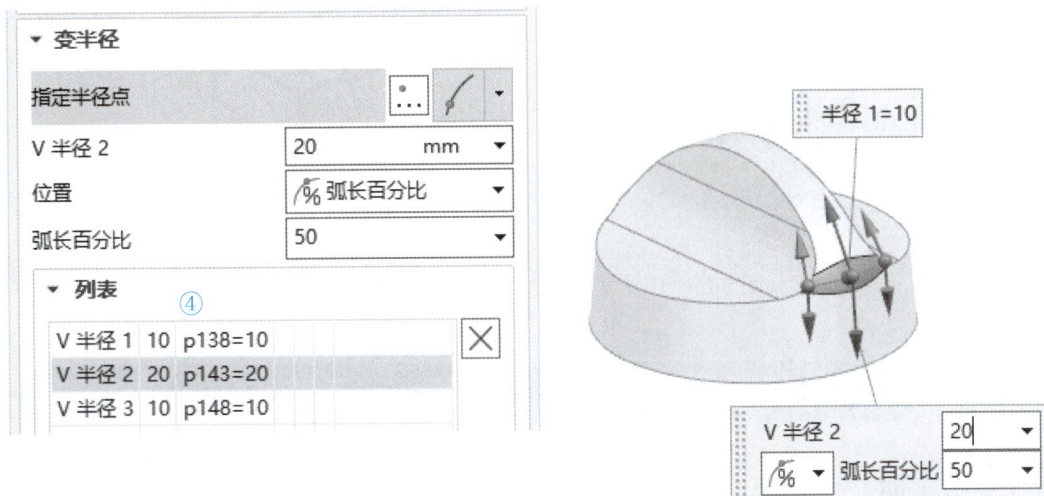

图 5-24 设置边变半径值

4. 倒圆角

单击【主页】选项卡 |【基本】组 |【边倒圆】按钮，出现【边倒圆】对话框，如图 5-26 所示。

① 在【边】组，激活【选择边（16）】，在图形区选择2边。

② 在【半径 1】文本框中输入 5。

完成以上设置，单击【确定】按钮，完成倒角。

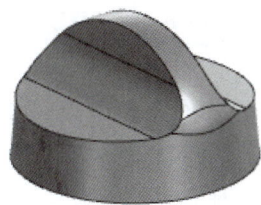

图 5-25 可变半径点的圆角

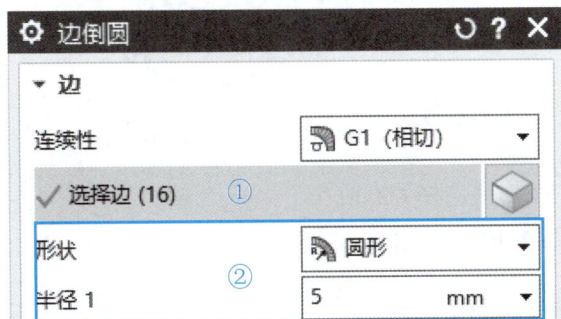

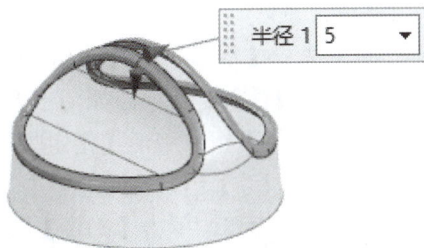

图 5-26 倒圆角

5. 存盘

选择【文件】|【保存】命令，保存文件。

【任务拓展】

创建可变半径倒圆角特征拓展练习如图 5-27 所示。

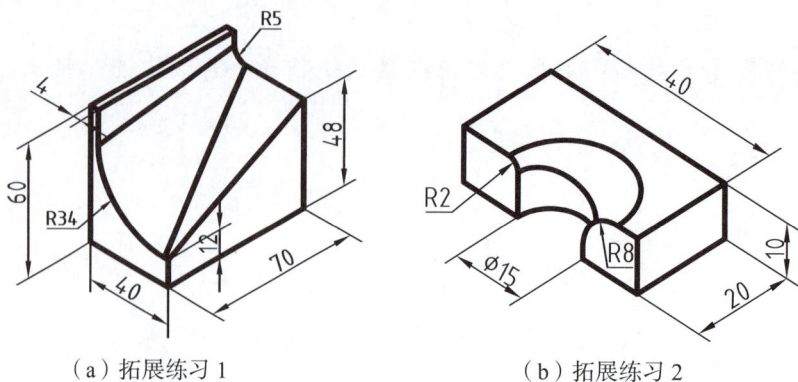

（a）拓展练习 1　　　　　　　　　　（b）拓展练习 2

图 5-27　创建可变半径倒圆角特征拓展练习

课题 5.3　创建孔与圆周阵列特征

视频讲解

【学习目标】

（1）掌握创建孔特征定位的 3 种方法。

（2）掌握创建圆周阵列特征方法。

【工作任务】

创建孔与圆周阵列特征实例，如图 5-28 所示。

【任务实施】

1. 新建文件

新建文件并保存为"创建孔与圆周阵列特征实例.prt"。

2. 建立基体

（1）选择【插入】|【设计特征】|【圆柱】命令，出现【圆柱】对话框，如图 5-29 所示。

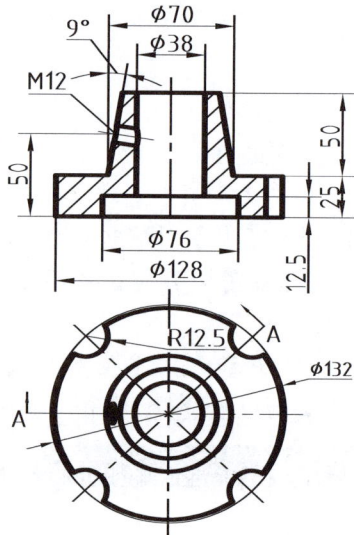

图 5-28　创建孔与圆周阵列特征实例

① 在【轴】组，激活【指定矢量】，在图形区选择 OZ 轴。

② 在【尺寸】组，在【直径】文本框输入 128，在【高度】文本框输入 25。

完成以上设置，单击【确定】按钮。

（2）单击【主页】选项卡 |【基本】组 |【拉伸】按钮 🔷，出现【拉伸】对话框，如图 5-30 所示。

① 设置选择意图规则：相连曲线。

② 在【截面】组，激活【选择曲线（1）】，选择曲线。

③ 在【限制】组，从【终止】列表中选择【值】选项，在【距离】文本框输入 50。

④ 在【布尔】组，从【布尔】列表中选择【合并】选项。

⑤ 在【拔模】组，从【拔模】列表中选择【从起始限制】选项，在【角度】文本框输入 9。

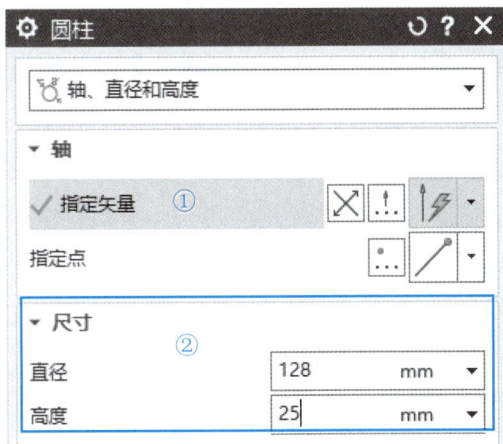

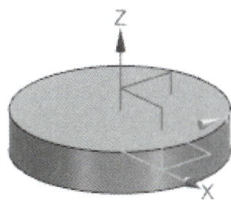

图 5-29 创建圆柱体

⑥ 在【偏置】组，从【偏置】列表中选择【单侧】选项，在【结束】文本框输入 –24。完成以上设置，单击【确定】按钮。

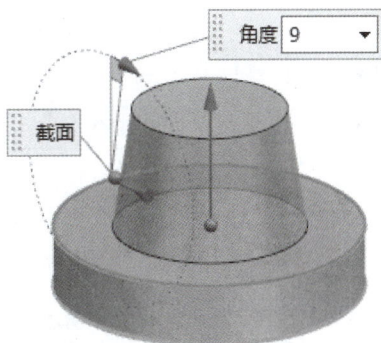

图 5-30 拉伸凸台

3. 打底孔

单击【主页】选项卡｜【基本】组｜【孔】按钮 ◈ ，出现【孔】对话框，如图 5-31 所示。

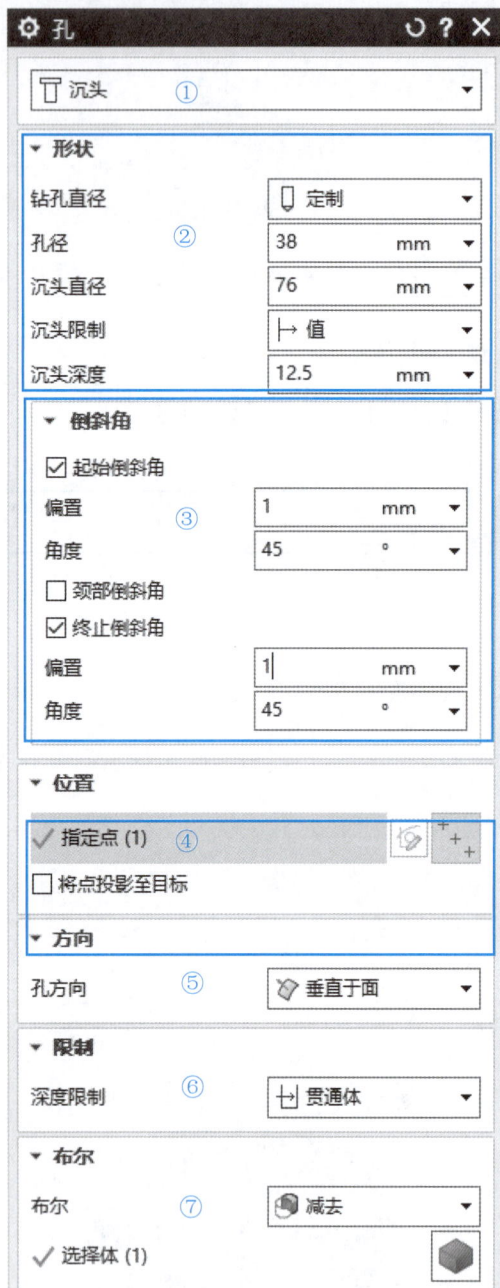

图 5-31　打底孔

① 从【类型】列表中选择【沉头】选项。

② 在【形状】组，从【钻孔直径】列表中选择【定制】选项；在【孔径】文本框输入 38，在【沉头直径】文本框输入 76，从【沉头限制】列表中选择【值】选项，在【沉头深度】文本框输入 12.5。

③ 在【倒斜角】组，勾选【起始倒斜角】选项；在【偏置】文本框输入 1，在【角度】文本框输入 45；勾选【终止倒斜角】选项；在【偏置】文本框输入 1，在【角度】文本框输入 45。

④ 在【位置】组，激活【指定点（1）】，提示行提示：在平的面上指定点，或选择基准平面进行草绘，或按"绘制截面"进行草绘。单击【点】⊞按钮，在图形区域选择面圆心点为孔的中心。

⑤ 在【方向】组，从【孔方向】列表中选择【垂直于面】选项。

⑥ 在【限制】组，从【深度限制】列表中选择【贯通体】选项。

⑦ 在【布尔】组，从【布尔】列表中选择【减去】选项。

完成以上设置，单击【确定】按钮。

4. 打四周孔

（1）单击【主页】选项卡 |【基本】组 |【孔】按钮 ⬛，出现【孔】对话框，如图 5-32 所示。

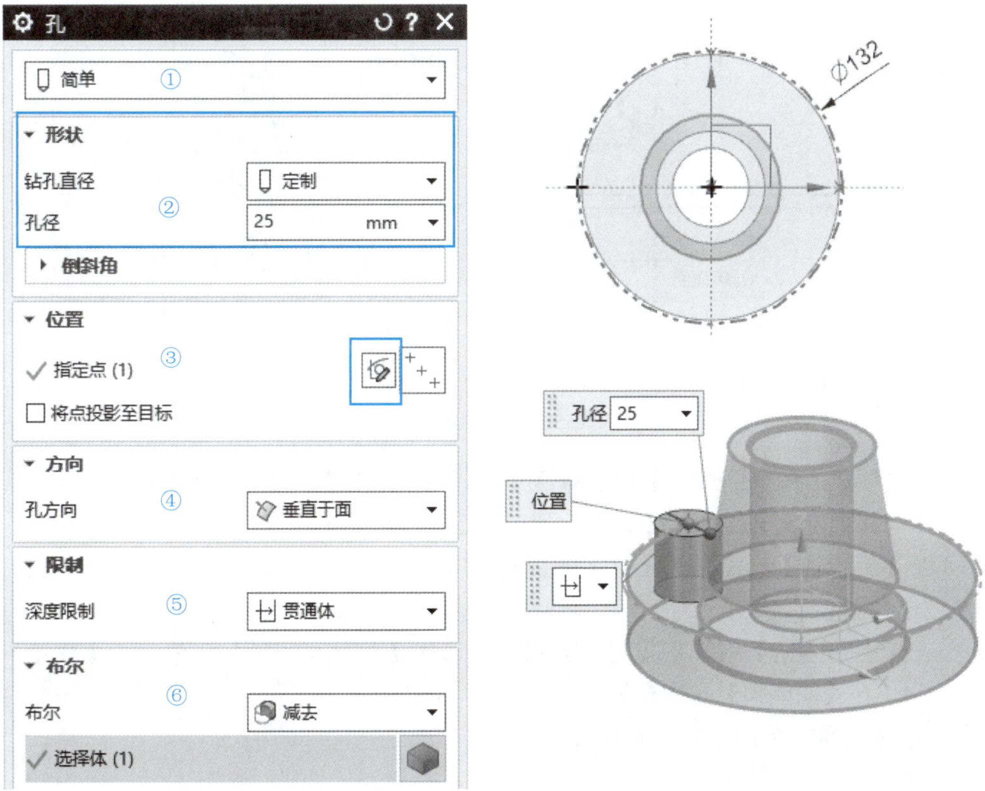

图 5-32　打孔

① 从【类型】列表中选择【简单】选项。

② 在【形状】组，从【钻孔直径】列表中选择【定制】选项；在【孔径】文本框输入 25。

③ 在【位置】组，激活【指定点（1）】，提示行提示：在平的面上指定点，或选择基准平面进行草绘，或按"绘制截面"进行草绘。单击【点】⊞按钮，在图形区域选择底面绘制圆心点草图。

④ 在【方向】组，从【孔方向】列表中选择【垂直于面】选项。

⑤ 在【限制】组，从【深度限制】列表中选择【贯通体】选项。

⑥ 在【布尔】组，从【布尔】列表中选择【减去】选项。

完成以上设置，单击【确定】按钮。

（2）单击【主页】选项卡｜【基本】组｜【阵列特征】按钮🔘，出现【阵列特征】对话框，如图 5-33 所示。

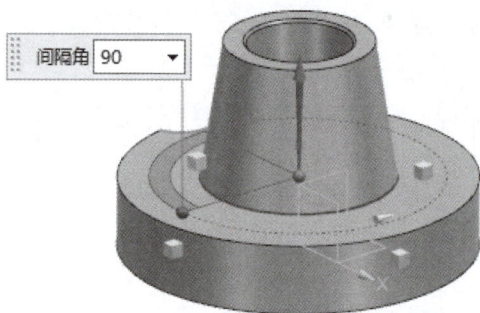

图 5-33　打四周孔

① 在【要形成阵列的特征】组，激活【选择特征（1）】，在图形区选择孔。

② 在【阵列定义】组，从【布局】列表中选择【圆形】选项。

③ 在【旋转轴】组，激活【指定矢量】，在图形区域设置方向，激活【指定点】，在图形区域选择圆心。

④ 在【斜角方向】组，从【间距】列表中选择【数量和间隔】选项，在【数量】文本框输入 4，在【间隔角】文本框输入 90。

完成以上设置，单击【确定】按钮。

📋 提示 1：关于圆周阵列

圆周阵列是将一个或多个特征、实体、面，通过绕一轴心的方式阵列图形。可以在图形区域中选取以下任一实体作为阵列轴：轴、圆形边线或草图直线、线性边线或草图直线、圆柱面或曲面、旋转面或曲面、角度尺寸。

阵列绕此轴生成。单击【反向】按钮🔄来改变圆周阵列的方向。

📋 提示 2：关于参数化设计思想

如需建立本例中的圆周均布孔，根据参数化建模思想，应采用圆周阵列，不宜在草图中建立圆周阵列点。

5. 打侧孔

单击【主页】选项卡|【基本】组|【孔】按钮 ，出现【孔】对话框，如图 5-34 所示。

① 从【类型】列表中选择【有螺纹】选项。

② 在【形状】组，从【标准】列表中选择【GB193】选项；从【大小】列表中选择【M12×1.5】选项；从【螺纹深度类型】列表中选择【全长】选项。

③ 在【位置】组，激活【指定点（1）】，提示行提示：在平的面上指定点，或选择基准平面进行草绘，或按"绘制截面"进行草绘。单击【点】 按钮，在图形区域选择 ZOX 基准面，绘制圆心点草图，勾选【将点投影至目标】。

④ 在【方向】组，从【孔方向】列表中选择【沿矢量】选项；激活【指定矢量】，单击【面/平面法线】按钮 ，在图形区选择圆锥曲面。

⑤ 在【限制】组，从【深度限制】列表中选择【贯通体】选项。

⑥ 在【布尔】组，从【布尔】列表中选择【减去】选项。

完成以上设置，单击【确定】按钮。

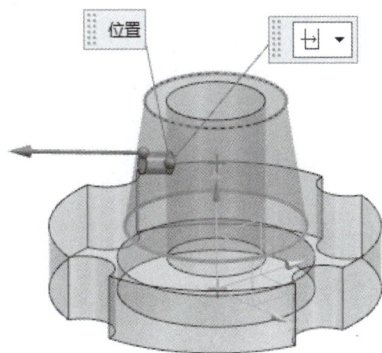

图 5-34　打侧孔

📑 **提示：关于【将点投影至目标】**

采用此方法为曲面定义孔特征中心。

6. 移动层

（1）将草图移到 21 层。

（2）将 21 层、61 层设为【不可见】。

完成建模，如图 5-35 所示。

7. 存盘

选择【文件】|【保存】命令，保存文件。

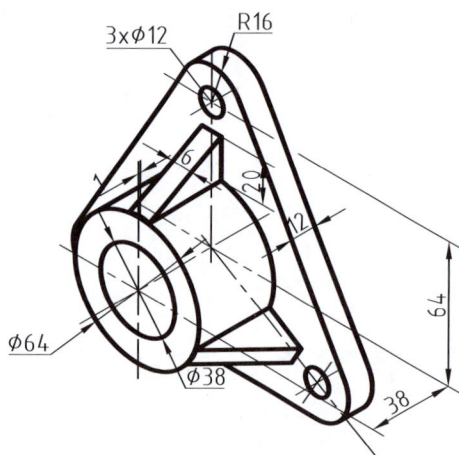

图 5-35 完成建模

【任务拓展】

创建孔与圆周阵列特征拓展练习如图 5-36 所示。

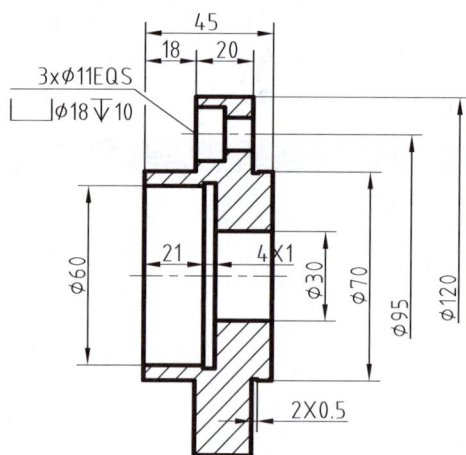

（a）拓展练习 1

（b）拓展练习 2

图 5-36 创建孔与圆周阵列特征拓展练习

课题 5.4 创建抽壳与线性阵列特征

视频讲解

【学习目标】

（1）掌握创建抽壳特征的方法。

（2）掌握创建线性阵列特征的方法。

【工作任务】

创建抽壳与线性阵列特征实例，如图 5-37 所示。

【任务实施】

1. 新建文件

新建文件并保存为"创建抽壳与线性阵列特征实例.prt"。

图 5-37　创建抽壳与线性阵列特征实例

2. 建立基体

（1）选择【插入】|【设计特征】|【块】命令，出现【块】对话框，如图 5-38 所示。

① 默认指定点。

② 在【尺寸】组，在【长度（XC）】文本框输入 60，在【宽度（YC）】文本框输入 100，在【高度（ZC）】文本框输入 10。

完成以上设置，单击【确定】按钮，创建长方体。

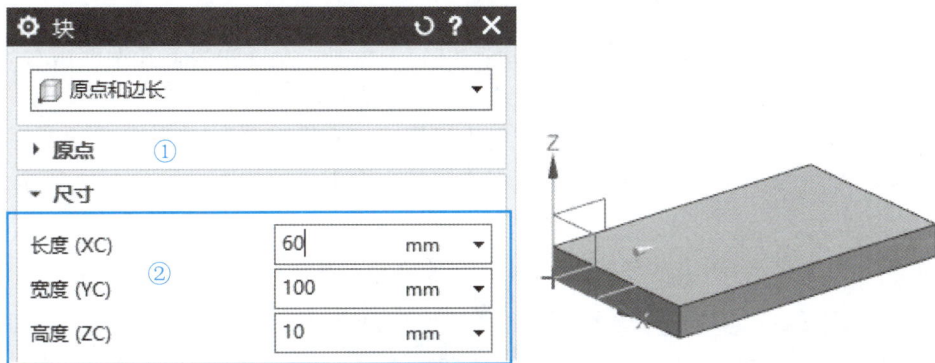

图 5-38　创建基体

（2）建立两个二等分基准面，如图 5-39 所示。

（3）在上平面绘制草图，如图 5-40 所示。

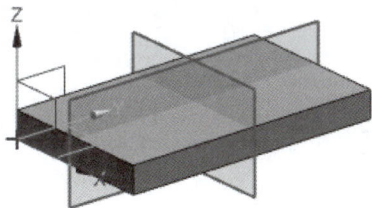

图 5-39　二等分基准面

图 5-40　在上平面绘制草图

（4）单击【主页】选项卡｜【基本】组｜【拉伸】按钮🐾，出现【拉伸】对话框，如图 5-41 所示。

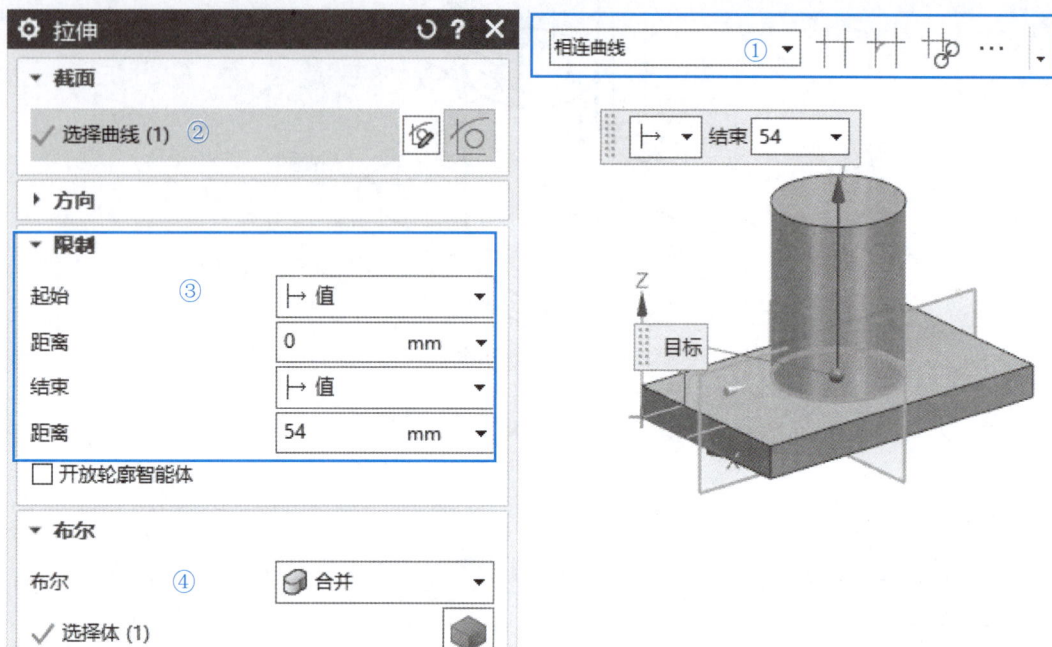

图 5-41　拉伸基体

① 设置选择意图规则：相连曲线。

② 在【截面】组，激活【选择曲线（1）】，选择曲线。

③ 在【限制】组，从【结束】列表中选择【值】选项，在【距离】文本框输入 54。

④ 在【布尔】组，从【布尔】列表中选择【合并】选项。

图 5-42　在中间基准面上绘制草图

完成以上设置，单击【确定】按钮。

（5）在中间基准面上绘制草图，如图 5-42 所示。

（6）单击【主页】选项卡｜【基本】组｜【拉伸】按钮🐾，出现【拉伸】对话框，如图 5-43 所示。

① 设置选择意图规则：相连曲线。

② 在【截面】组，激活【选择曲线（1）】，选择曲线。

③ 在【限制】组，从【终止】列表中选择【值】选项，在【距离】文本框输入 35。

④ 在【布尔】组，从【布尔】列表中选择【合并】选项。

完成以上设置，单击【确定】按钮。

（7）在圆柱端面上绘制草图，如图 5-44 所示。

（8）单击【主页】选项卡｜【基本】组｜【拉伸】按钮🐾，出现【拉伸】对话框，如图 5-45 所示。

① 设置选择意图规则：相连曲线。

图 5-43 拉伸基体

② 在【截面】组，激活【选择曲线（8）】，选择曲线。

③ 在【限制】组，从【结束】列表中选择【值】选项，在【距离】文本框输入 6。

④ 在【布尔】组，从【布尔】列表中选择【合并】选项。

完成以上设置，单击【确定】按钮。

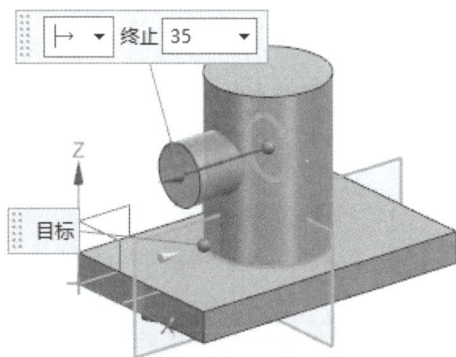

图 5-44 在圆柱端面上绘制草图

图 5-45 拉伸基体

3. 抽壳腔体

单击【主页】选项卡｜【基本】组｜【抽壳】按钮🔘，出现【抽壳】对话框，如图 5-46 所示。

① 从【类型】列表中选择【开放】选项。

② 在【面】组，激活【选择面（3）】，选择上表面，在【厚度】组，在【厚度】文本框中输入 8。

③ 在【交变厚度】组，激活【选择面（1）】，选择下表面，在【厚度 1】文本框中输入 10。

单击【添加新集】按钮◎，新建【厚度 2】，选择法兰背面，在【厚度 2】文本框中输入 6。

单击【添加新集】按钮◎，新建【厚度 3】，选择法兰管面，在【厚度 3】文本框中输入 4。

完成以上设置，单击【确定】按钮。

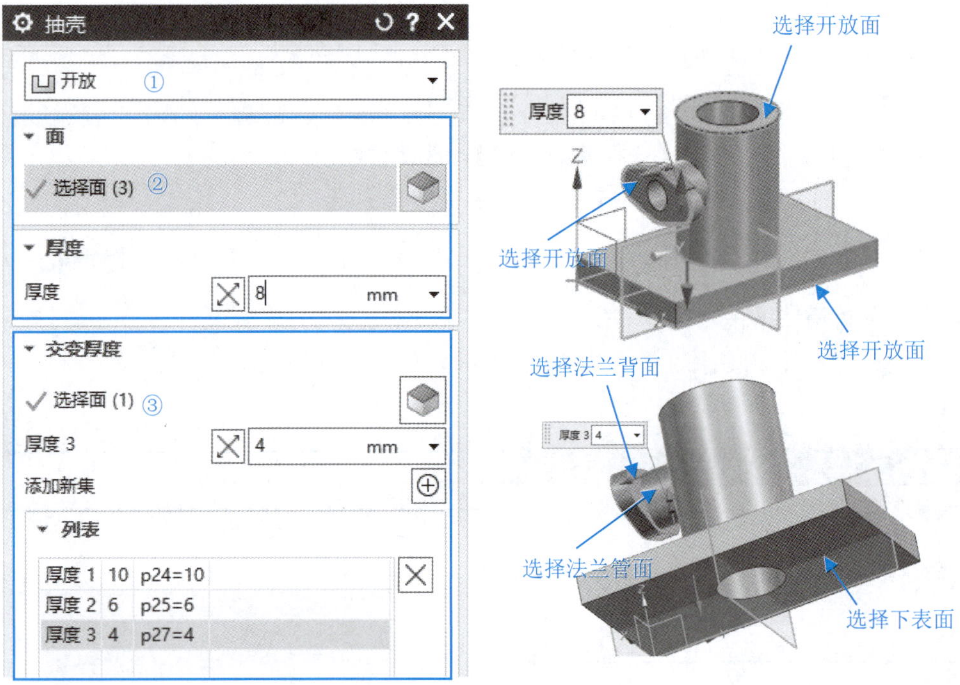

图 5-46　抽壳腔体

📋 **提示：关于抽壳**

使用抽壳命令🔘可根据壁厚指定的值抽空实体。

基本操作步骤：

① 选择抽壳类型；

② 确定要穿透的面；

③ 确定壳厚度。

单击【应用】或【确定】按钮。

改变抽壳壁厚，查看效果。

4. 法兰面打孔

单击【主页】选项卡|【基本】组|【孔】按钮 🔮，出现【孔】对话框，如图 5-47 所示。

① 从【类型】列表中选择【简单】选项。

② 在【形状】组，从【钻孔直径】列表中选择【定制】选项；在【孔径】文本框输入 6。

③ 在【位置】组，激活【指定点（2）】，提示行提示：在平的面上指定点，或选择基准平面进行草绘，或按"绘制截面"进行草绘。单击【点】🔃按钮，在图形区域选择边中心点为孔的中心（两个点）。

④ 在【方向】组，从【孔方向】列表中选择【垂直于面】选项。

⑤ 在【限制】组，从【深度限制】列表中选择【直至选定】选项，选择法兰背面。

⑥ 在【布尔】组，从【布尔】列表中选择【减去】选项。

完成以上设置，单击【确定】按钮。

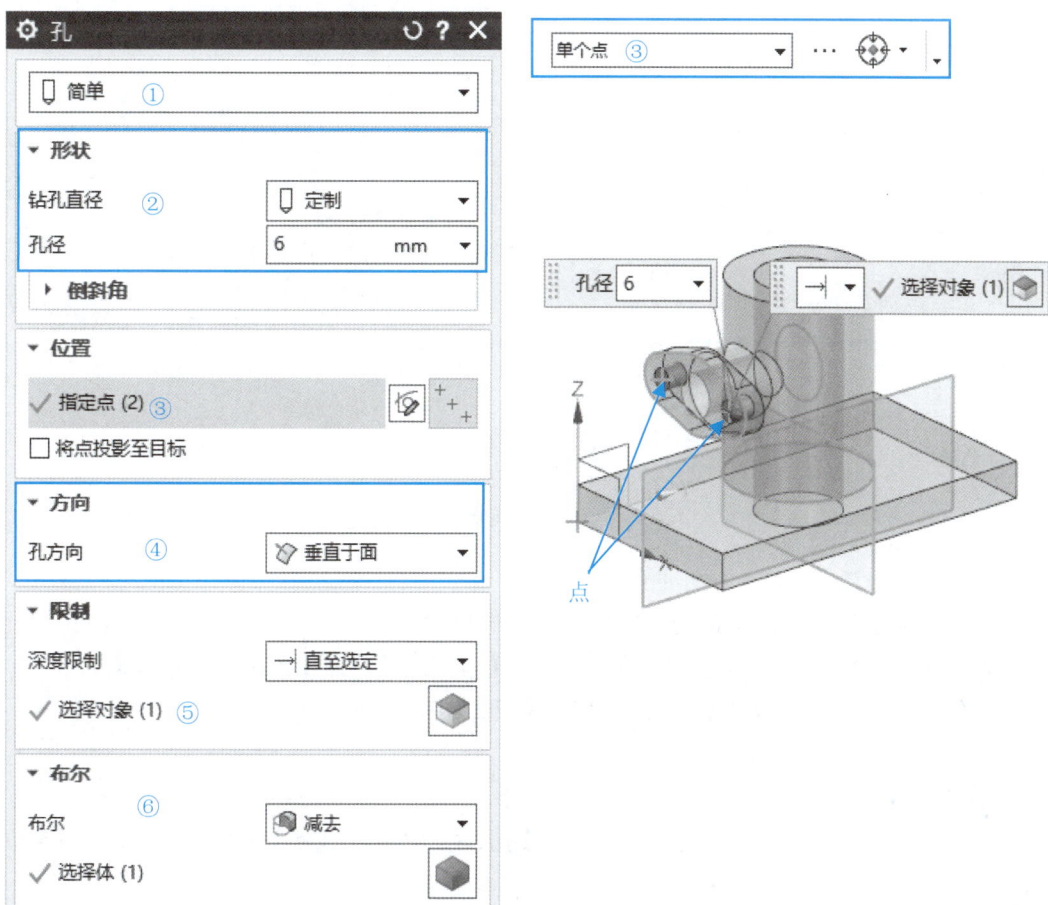

图 5-47 法兰面打孔

5. 侧面打孔

（1）在中间基准面上绘制草图，如图 5-48 所示。

（2）单击【主页】选项卡|【基本】组|【拉伸】按钮 🔮，出现【拉伸】对话框，如图 5-49 所示。

图 5-48　在中间基准面上绘制草图

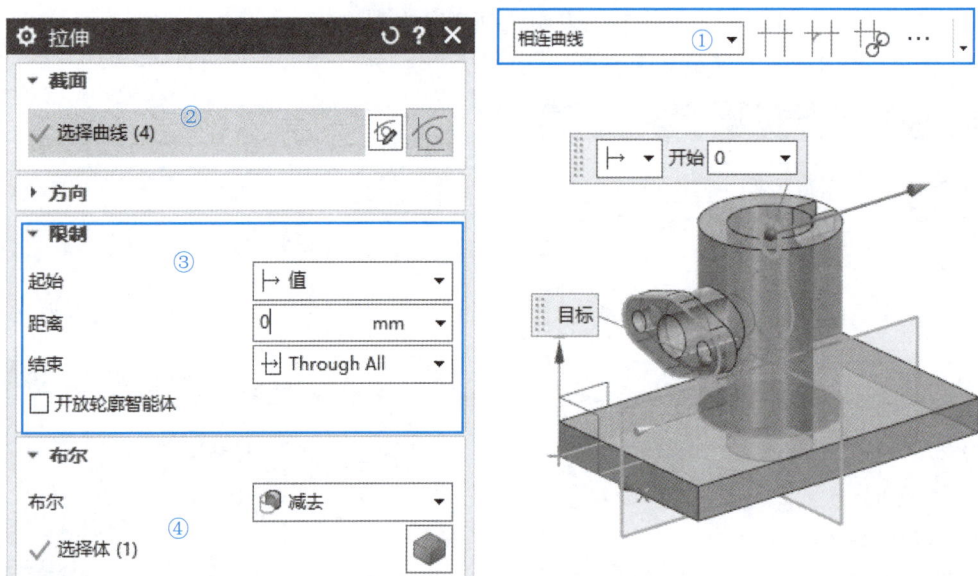

图 5-49　拉伸基体

① 设置选择意图规则：相连曲线。

② 在【截面】组，激活【选择曲线（4）】，选择曲线。

③ 在【限制】组，从【起始】列表中选择【值】选项，在【距离】文本框输入 0。

④ 在【布尔】组，从【布尔】列表中选择【减去】选项。

完成以上设置，单击【确定】按钮。

6. 底面打孔

（1）单击【主页】选项卡｜【基本】组｜【孔】按钮 🔷，出现【孔】对话框，如图 5-50 所示。

① 从【类型】列表中选择【简单】选项。

② 在【形状】组，从【钻孔直径】列表中选择【定制】选项；在【孔径】文本框输入 8。

③ 在【位置】组，激活【指定点（1）】，提示行提示：在平的面上指定点，或选择基准平面进行草绘，或按"绘制截面"进行草绘。单击【点】🔩按钮，在图形区域选择底面绘制圆心点草图。

④ 在【方向】组，从【孔方向】列表中选择【垂直于面】选项。

⑤ 在【限制】组，从【深度限制】列表中选择【贯通体】选项。

⑥ 在【布尔】组，从【布尔】列表中选择【减去】选项。

完成以上设置，单击【确定】按钮。

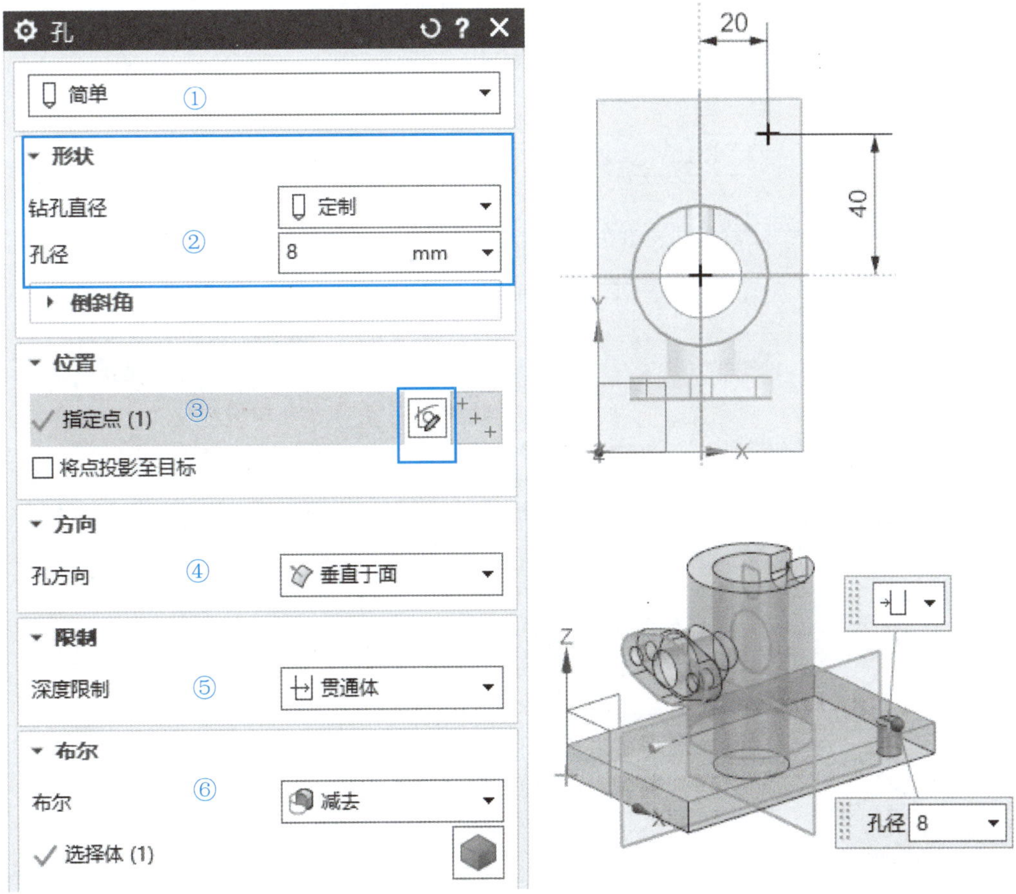

图 5-50 打孔

（2）单击【主页】选项卡|【基本】组|【阵列特征】按钮 ，出现【阵列特征】对话框，如图 5-51 所示。

① 在【要形成阵列的特征】组，激活【选择特征（1）】，在图形区选择孔。

② 在【阵列定义】组，从【布局】列表中选择【线性】选项。

③ 在【方向 1】组，激活【指定矢量】，在图形区域设置方向，从【间距】列表中选择【数量和间隔】选项，在【数量】文本框输入 2，在【间隔】文本框输入 80。

④ 在【方向 2】组，激活【指定矢量】，在图形区域设置方向，从【间距】列表中选择【数量和间隔】选项，在【数量】文本框输入 2，在【间隔】文本框输入 40。

完成以上设置，单击【确定】按钮。

📋 提示：关于线性阵列

线性阵列是将一个或多个特征、实体、面，沿一个或多个方向阵列图形。

可以选择线性边线、直线、轴、尺寸、平面的面和曲面、圆锥面和曲面、圆形边线和参考平面作为阵列方向。如有必要，单击【反向】按钮 来反转变形方向。

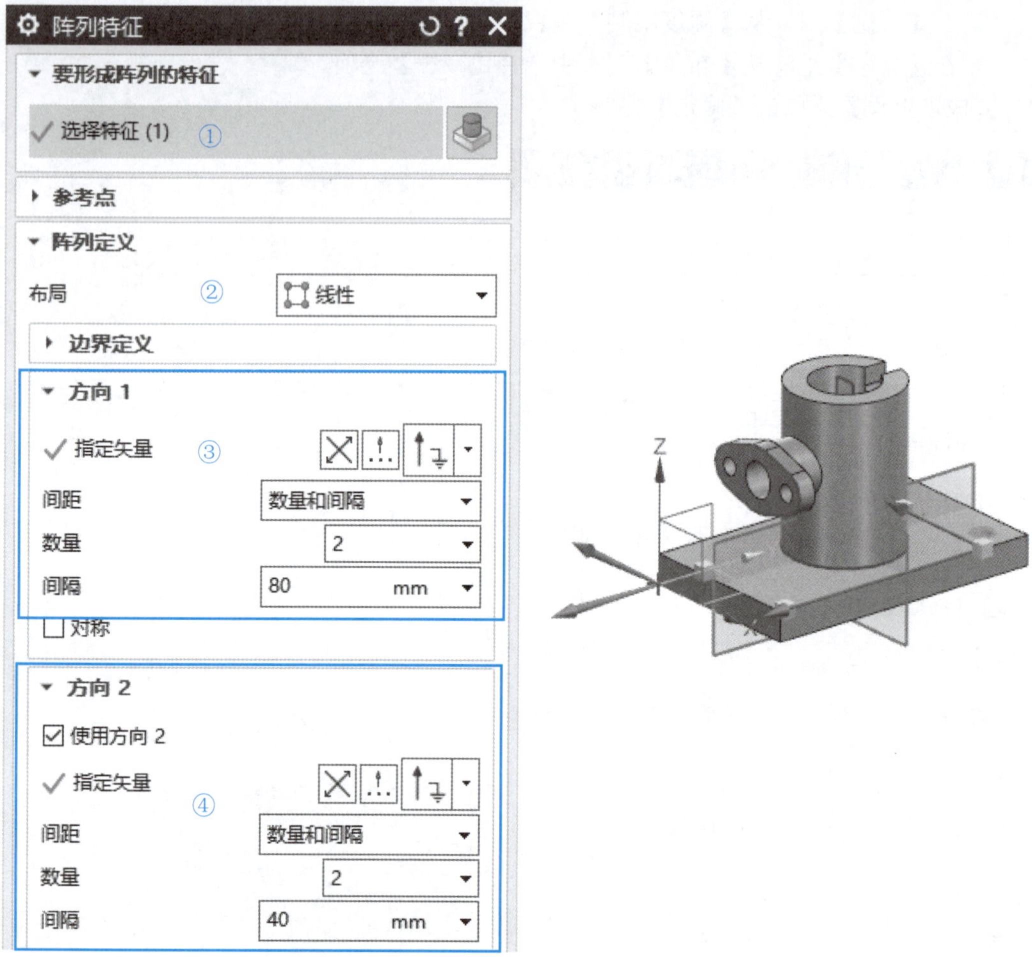

图 5-51　打底孔

7. 倒圆角

单击【主页】选项卡 |【基本】组 |【边倒圆】按钮 ◈，出现【边倒圆】对话框，如图 5-52 所示。

① 设置选择意图规则：单边。

② 在【边】组，激活【选择边（4）】，在图形区选择边单边。单击【选择预测的对象】按钮 ◈，自动选择另 3 边。

③ 在【半径 1】文本框中输入 10。

完成以上设置，单击【确定】按钮。

8. 移动层

（1）将草图移到 21 层。

（2）将 21 层、61 层设为【不可见】。

完成建模，如图 5-53 所示。

9. 存盘

选择【文件】|【保存】命令，保存文件。

图 5-52 倒圆角

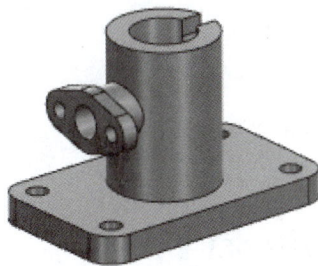

图 5-53 完成建模

【任务拓展】

创建抽壳与线性阵列特征拓展练习如图 5-54 所示。

（a）拓展练习 1

图 5-54 创建抽壳与线性阵列特征拓展练习

（b）拓展练习 2

图 5-54　（续）

课题 5.5　创建拔模与抽壳特征

【学习目标】

（1）掌握创建拔模特征的方法。
（2）掌握创建抽壳特征的方法。

【工作任务】

创建拔模与抽壳特征实例，如图 5-55 所示。

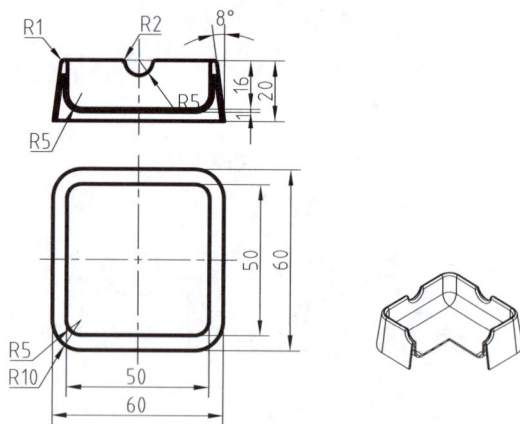

图 5-55　创建拔模与抽壳特征实例

【任务实施】

1. 新建文件

新建文件并保存为"创建拔模与抽壳特征实例.prt"。

2. 建立基体

（1）选择【插入】|【设计特征】|【块】命令，出现【块】对话框，如图 5-56 所示。

① 默认指定点。

② 在【尺寸】组，在【长度（XC）】文本框输入 60，在【宽度（YC）】文本框输入 60，在【高度（ZC）】文本框输入 20。

完成以上设置，单击【确定】按钮。

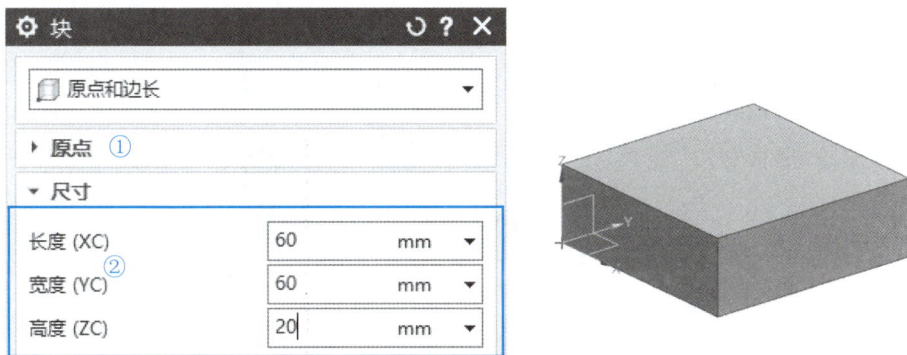

图 5-56 创建基体

（2）单击【主页】选项卡|【基本】组|【抽壳】按钮◉，出现【抽壳】对话框，如图 5-57 所示。

① 从【类型】列表中选择【开放】选项。

② 在【面】组，激活【选择面（1）】，选择上表面，在【厚度】组中，在【厚度】文本框中输入 5。

③ 在【交变厚度】组，激活【选择面（1）】，选择下表面，在【厚度 1】文本框中输入 4。

完成以上设置，单击【确定】按钮。

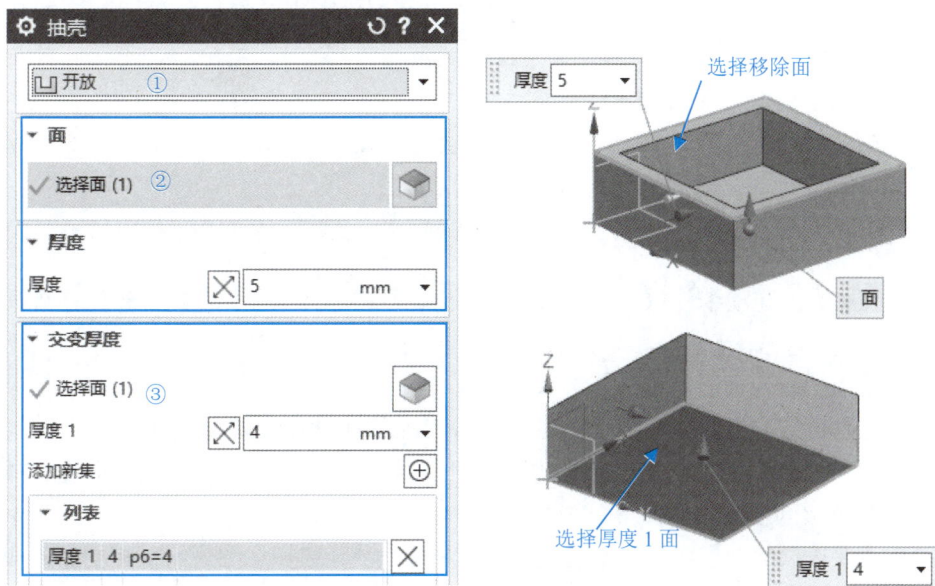

图 5-57 抽壳

（3）单击【主页】选项卡 |【基本】组 |【边倒圆】按钮 ◈，出现【边倒圆】对话框，如图 5-58 所示。

① 在【边倒圆】组，激活【选择边（4）】，在图形区选择内四边，在【半径 1】文本框中输入 5。

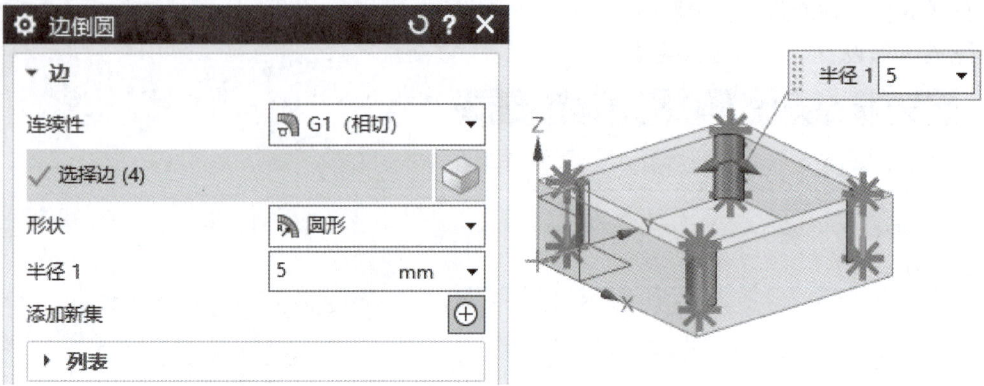

图 5-58　内倒圆角

② 单击【添加新集】按钮 ⊕，完成【半径 1】边集，在图形区选择外四边，在【半径 2】文本框中输入半径值 10，如图 5-59 所示，完成设置，单击【确定】按钮。

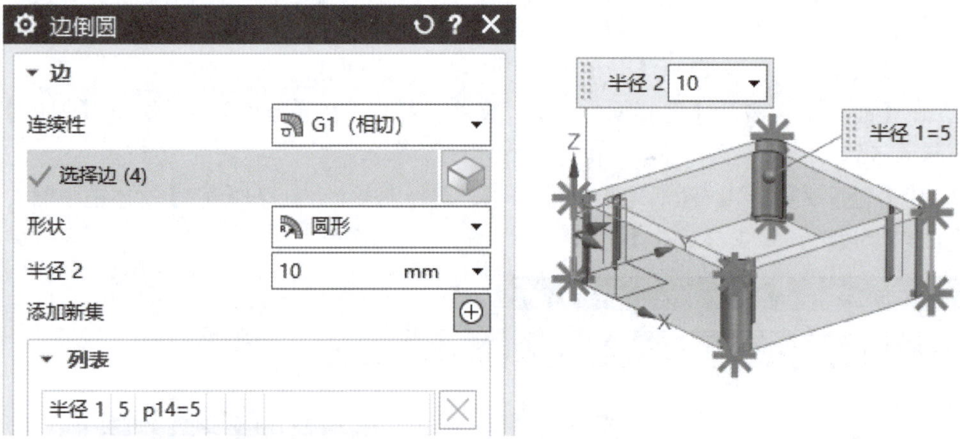

图 5-59　外倒圆角

3. 创建拔模

单击【主页】选项卡 |【基本】组 |【拔模】按钮 ◈，出现【拔模】对话框，如图 5-60 所示。

① 从【类型】列表选择【面】选项。

② 在【脱模方向】组，激活【指定矢量】，在图形区指定 OZ 轴为脱模方向。

③ 在【拔模参考】组，从【拔模方法】列表选择【固定面】选项，激活【选择固定面（1）】，在图形区选择"底面"。

④ 在【要拔模的面】组，激活【选择面（8）】，设置选择意图规则：相切面；在图形区选择块四周面，在【角度 1】文本框输入 8。

完成以上设置，单击【应用】按钮。

⑤ 在【拔模参考】组，从【拔模方法】列表中选择【固定面】选项，激活【选择固定面（1）】，在图形区选择"上表面"。

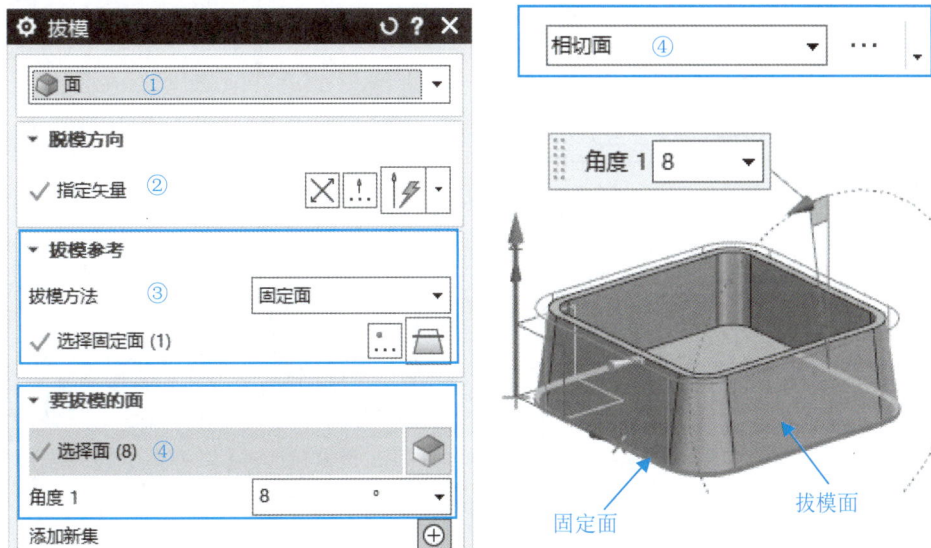

图 5-60　外拔模

⑥ 在【要拔模的面】组，激活【选择面（8）】，在图形区选择块内四周面，在【角度1】文本框输入 8，如图 5-61 所示。

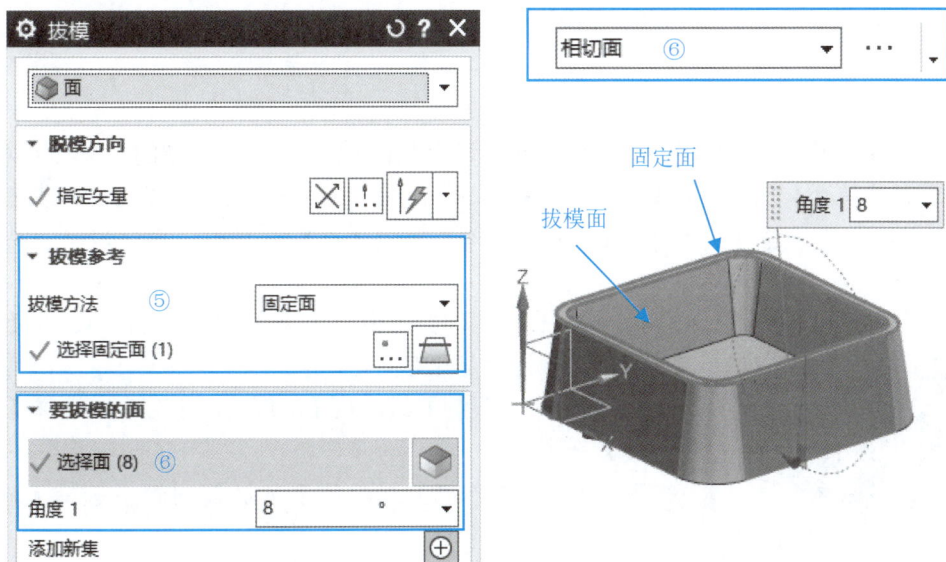

图 5-61　内拔模

完成以上设置，单击【确定】按钮。

4. 切口

（1）单击【主页】选项卡｜【基本】组｜【孔】按钮 ⬡，出现【孔】对话框，如图 5-62 所示。

① 从【类型】列表中选择【简单】选项。

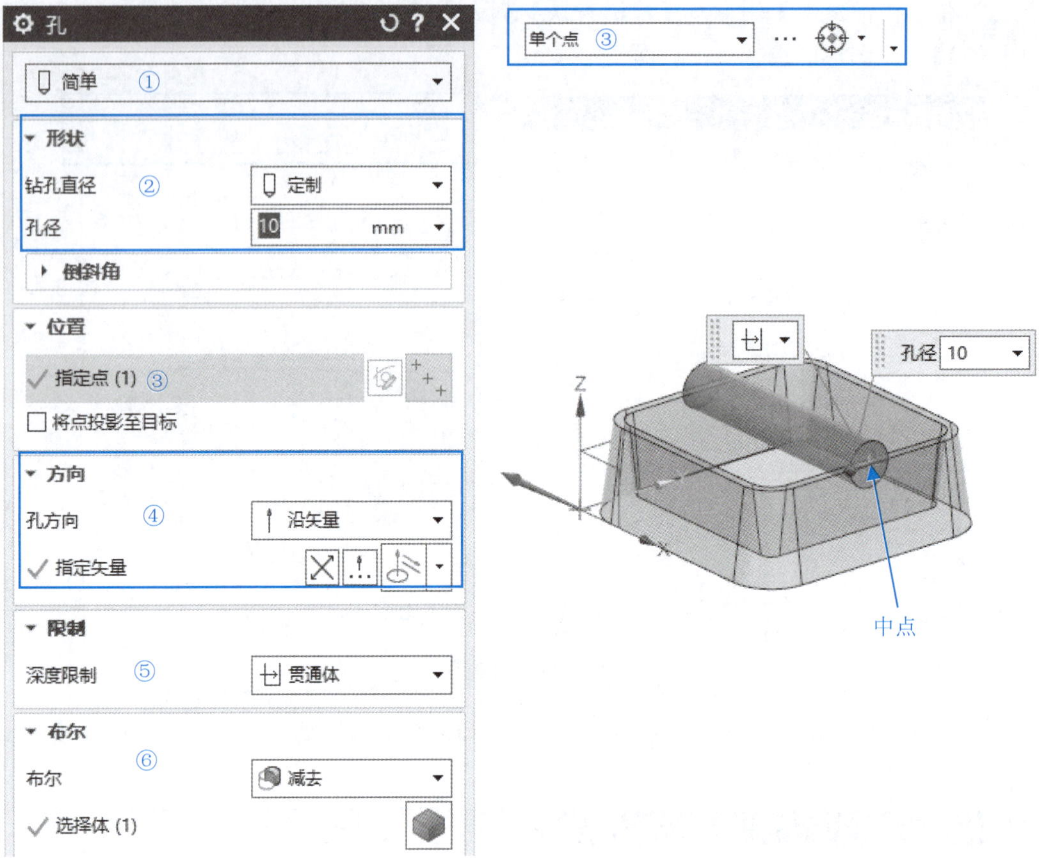

图 5-62　切口

② 在【形状】组，从【钻孔直径】列表中选择【定制】选项；在【孔径】文本框输入 10。

③ 在【位置】组，激活【指定点（1）】，提示行提示：在平的面上指定点，或选择基准平面进行草绘，或按"绘制截面"进行草绘。单击【点】按钮，在图形区域选择边中心点为孔的中心。

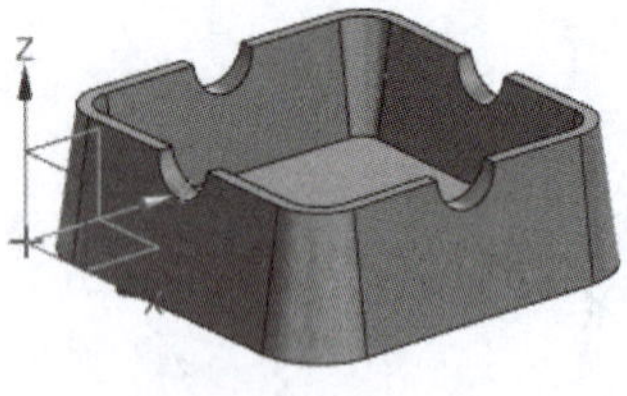

图 5-63　切口

④ 在【方向】组中，从【孔方向】列表中选择【沿矢量】选项，确定孔方向。

⑤ 在【限制】组，从【深度限制】列表中选择【贯通体】选项。

⑥ 在【布尔】组，从【布尔】列表中选择【减去】选项。

完成以上设置，单击【确定】按钮。

（2）按同一方法建立另一个切口，如图 5-63 所示。

5. 倒圆角

单击【主页】选项卡｜【基本】组｜【边倒圆】按钮，出现【边倒圆】对话框，如图 5-64 所示。

① 在【边】组，激活【选择边（48）】，在图形区选择边。

② 在【半径 1】文本框中输入 1。

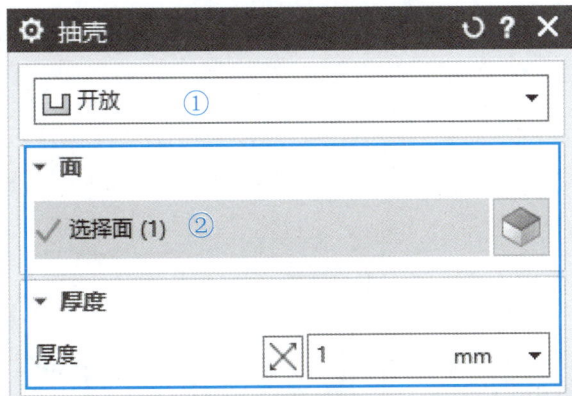

图 5-64　倒圆角

完成以上设置，单击【确定】按钮。

6. 建壳

单击【主页】选项卡 |【基本】组 |【抽壳】按钮 ◆，出现【抽壳】对话框，如图 5-65 所示。

① 从【类型】列表中选择【开放】选项。

② 在【面】组，激活【选择面（1）】，选择底面，在【厚度】组中，在【厚度】文本框中输入 1。

完成以上设置，单击【确定】按钮。

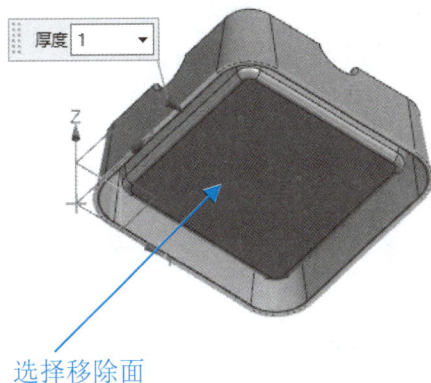

图 5-65　抽壳

7. 设置层

将 61 层设为【不可见】。

完成建模，如图 5-66 所示。

8. 存盘

选择【文件】|【保存】命令，保存文件。

【任务拓展】

创建拔模与抽壳特征拓展练习如图 5-67 所示。

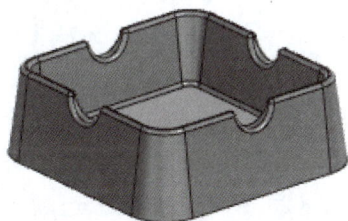

图 5-66　完成建模

（a）拓展练习 1　　　　　　　　　　（b）拓展练习 2

图 5-67　创建拔模与抽壳特征拓展练习

课题 5.6　创建沟槽特征

视频讲解

【学习目标】

（1）理解沟槽放置面的概念。

（2）掌握创建沟槽特征的方法。

【工作任务】

创建沟槽特征实例，如图 5-68 所示。

【任务实施】

1. 新建文件

新建文件并保存为"创建沟槽特征实例.prt"。

2. 建立基体

（1）选择【插入】|【设计特征】|【圆柱】命令，出现【圆柱】对话框，如图 5-69 所示。

① 在【轴】组，激活【指定矢量】，在图形区选择 OZ 轴。

图 5-68　创建沟槽特征实例

② 在【尺寸】组，在【直径】文本框输入 75，在【高度】文本框输入 18。

完成以上设置，单击【确定】按钮。

（2）单击【主页】选项卡|【基本】组|【拉伸】按钮，出现【拉伸】对话框，如图 5-70 所示。

① 设置选择意图规则：相连曲线。

② 在【截面】组，激活【选择曲线（1）】，选择圆柱边线。

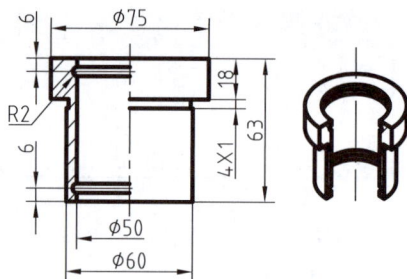

图 5-69　创建圆柱体

③ 在【限制】组，从【终止】列表中选择【值】选项，在【距离】文本框输入 45。

④ 在【布尔】组，从【布尔】列表中选择【合并】选项。

⑤ 在【偏置】组，从【偏置】列表中选择【单侧】选项，在【结束】文本框输入 –7.5。

完成以上设置，单击【确定】按钮。

（3）单击【主页】选项卡｜【基本】组｜【拉伸】按钮，出现【拉伸】对话框，如图 5-71 所示。

① 设置选择意图规则：相连曲线。

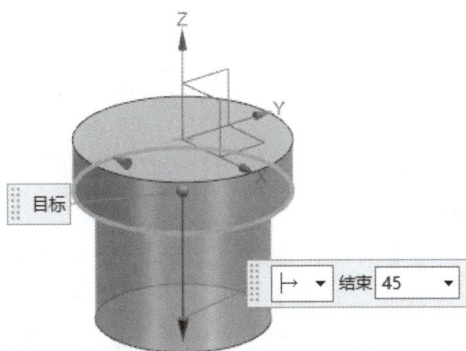

图 5-70　拉伸切除

② 在【截面】组，激活【选择曲线（1）】，选择上端面边线。

③ 在【限制】组，从【终止】列表中选择【Through All】选项。

④ 在【布尔】组，从【布尔】列表中选择【减去】选项。

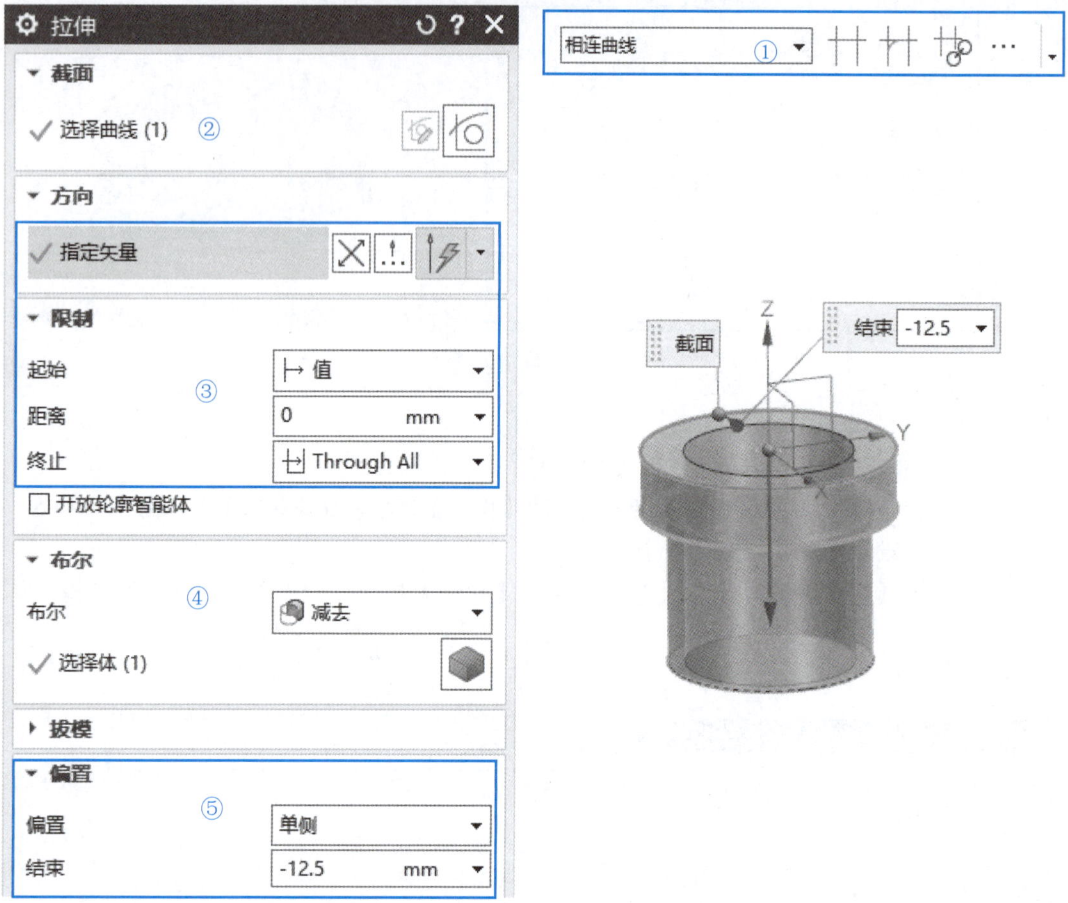

图 5-71　创建基体

⑤ 在【偏置】组，从【偏置】列表中选择【单侧】选项，在【结束】文本框输入 −12.5。

完成以上设置，单击【确定】按钮。

3. 创建外沟槽

单击【主页】选项卡|【基本】组【更多】|【槽】按钮，出现【槽】对话框。

① 单击【矩形】按钮。

② 出现【矩形槽】对话框，提示行提示：选择放置面，在图形区选择放置面。

③ 出现【矩形槽】对话框，在【槽直径】文本框输入 58，在【宽度】文本框输入 4，单击【确定】按钮。

④ 出现【定位槽】对话框。

➢ 提示行提示：选择目标边或单击【确定】按钮接受初始位置。在图形区选择端面边缘。

➢ 提示行提示：选择工具边。在图形区选择槽边缘。

出现【创建表达式】对话框，输入距离 0，如图 5-72 所示，单击【确定】按钮。

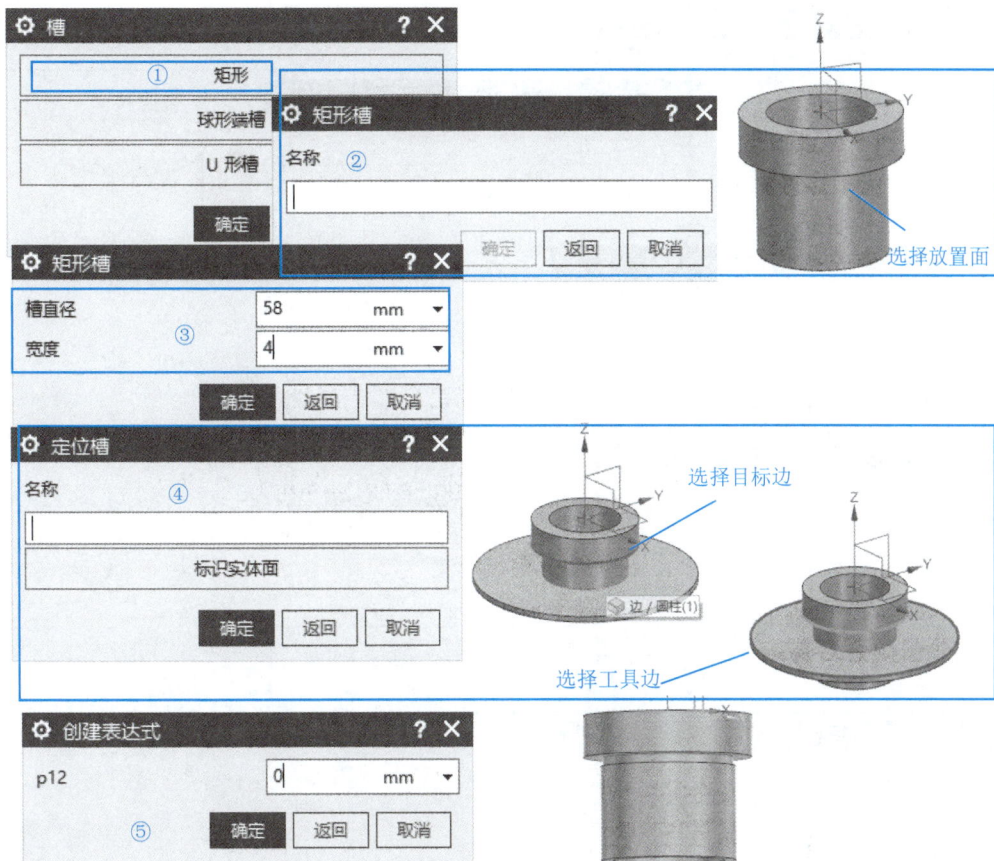

图 5-72　创建外沟槽

4. 创建内沟槽

（1）单击【主页】选项卡 |【基本】组【更多】|【槽】按钮，出现【槽】对话框，如图 5-73 所示。

① 单击【球形端槽】按钮。

② 出现【球形端槽】对话框。

● 将模型切换成静态线框形式。

● 提示行提示：选择放置面，在图形区选择放置面。

③ 出现【球形端槽】对话框，在【槽直径】文本框输入 54，在【球直径】文本框输入 4，单击【确定】按钮。

④ 出现【定位槽】对话框。

● 提示行提示：选择目标边或单击【确定】接受初始位置。在图形区选择端面边缘。

● 提示行提示：选择工具边。在图形区选择槽边缘。

⑤ 出现【创建表达式】对话框，输入距离 6，单击【确定】按钮。

（2）按同样办法创建另一沟槽，如图 5-74 所示。

① 将模型切换成着色形式。

② 建立剪切截面。

③ 隐藏 61 层。

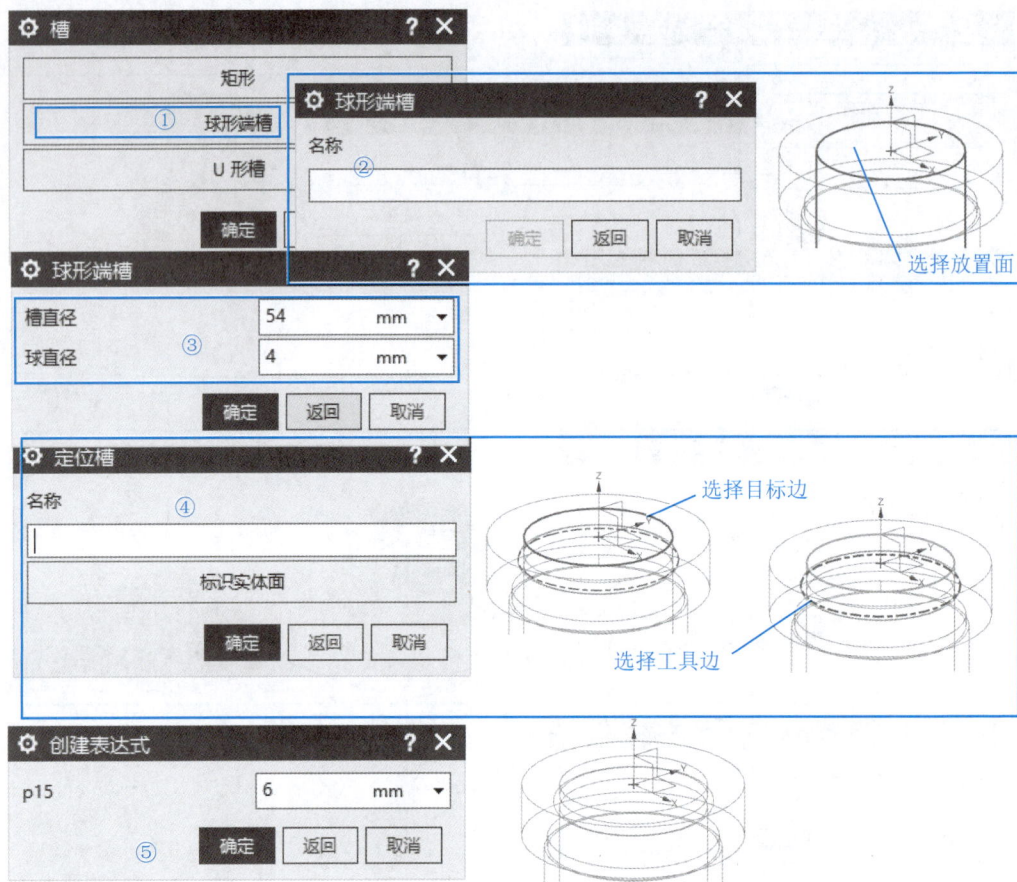

图 5-73　创建外沟槽

5. 存盘

选择【文件】｜【保存】命令，保存文件。

【任务拓展】

创建沟槽特征拓展练习如图 5-75 所示。

图 5-74　沟槽

（a）拓展练习 1　　　　　　　　　（b）拓展练习 2

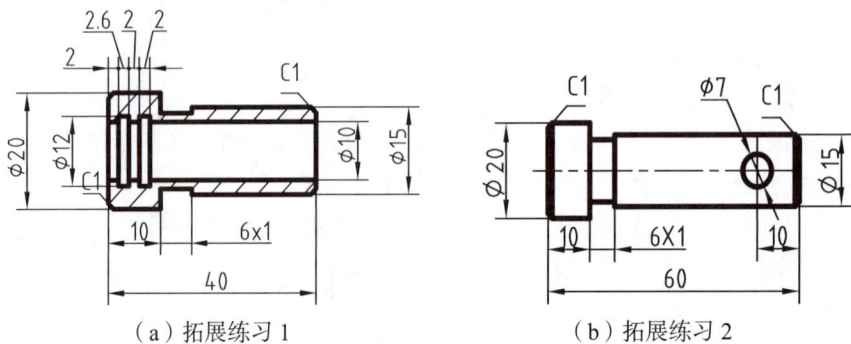

图 5-75　创建沟槽特征拓展练习

课题 5.7　提高练习

建立模型，如图 5-76 所示。

（a）练习 1

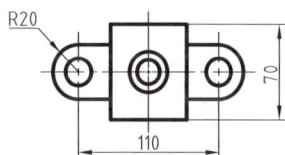

（b）练习 2

（c）练习 3

（d）练习 4

（e）练习 5

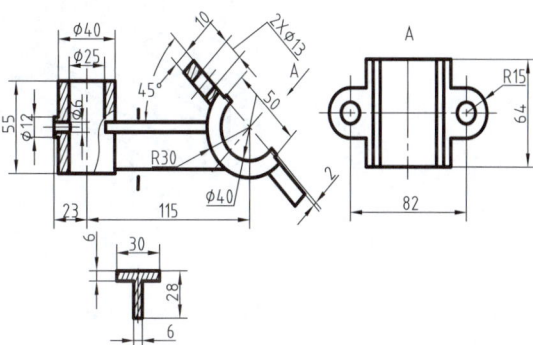

（f）练习 6

图 5-76　提高练习

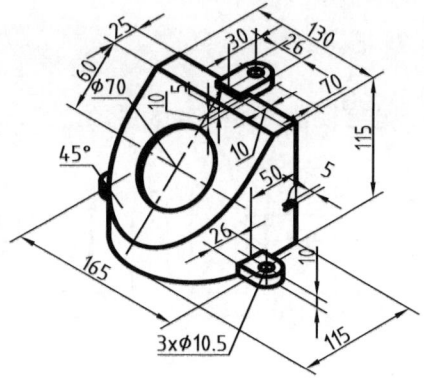

（g）练习 7　　　　　　　　　　　（h）练习 8

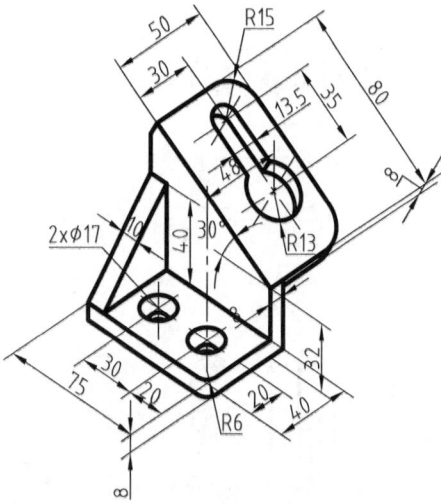

（i）练习 9　　　　　　　　　　　（j）练习 10

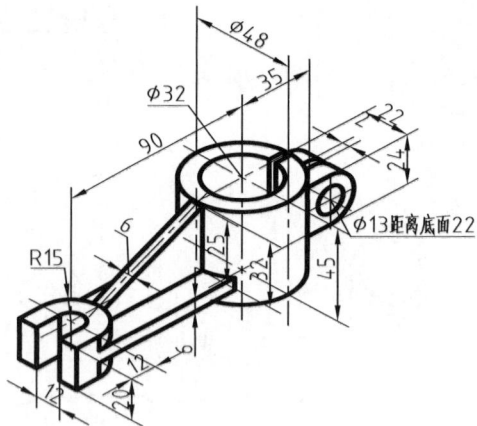

（k）练习 11

图 5-76　（续）

模块六 创建曲面特征

MODULE 6

UG NX 提供了曲面建模技术，能够满足绝大部分工业产品的曲面造型设计需求。它可以生成拉伸曲面、旋转曲面、扫描曲面、网格曲面、平面区域、等距曲面和中间曲面等特征，还可以对已经生成的曲面进行剪裁、延伸或倒角等操作。曲面建成后，还可以利用其指定的厚度建立凸台和切除特征，从而建立零件的实体模型。

课题 6.1 创建投影曲线特征

视频讲解

【学习目标】

掌握创建投影曲线特征的方法。

【工作任务】

创建投影曲线特征实例，如图 6-1 所示。

【任务实施】

1. 新建文件

新建文件并保存为"创建投影曲线特征实例.prt"。

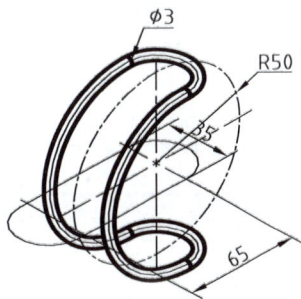

图 6-1 创建投影曲线特征实例

2. 创建旋转曲面

（1）在 ZOY 基准平面绘制草图，如图 6-2 所示。

（2）单击【主页】选项卡 |【基本】组 |【旋转】按钮 🗊，出现【旋转】对话框，如图 6-3 所示。

① 设置选择意图规则：相连曲线。

② 在【截面】组，激活【选择曲线（1）】，选择曲线。

③ 在【轴】组，激活【指定矢量】，在图形区指定矢量，激活【指定点】，在图形区指定点。

④ 在【限制】组，从【结束】列表中选择【值】选项，在【角度】文本框输入 360。

⑤ 在【设置】组，从【体类型】列表中选择【片体】选项。

完成以上设置，单击【确定】按钮。

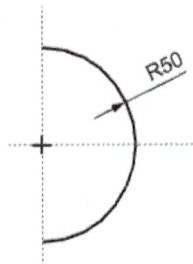

图 6-2 绘制草图（ZOY 基准平面）

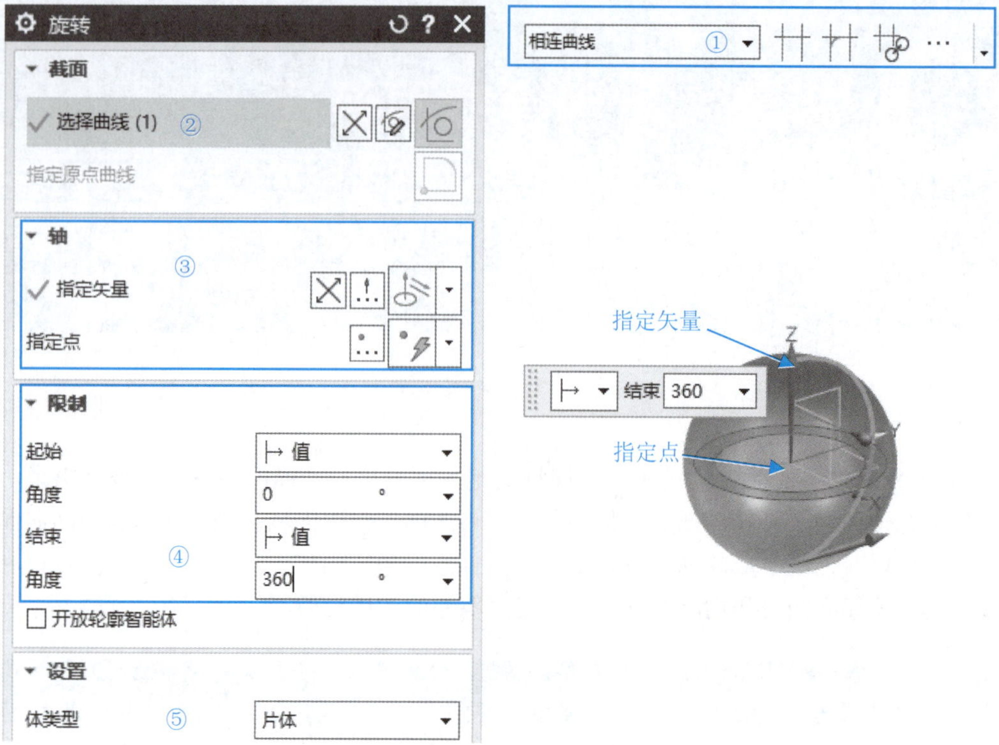

图 6-3　旋转曲面

3. 创建投影曲线

（1）在 XOY 基准平面绘制草图，如图 6-4 所示。

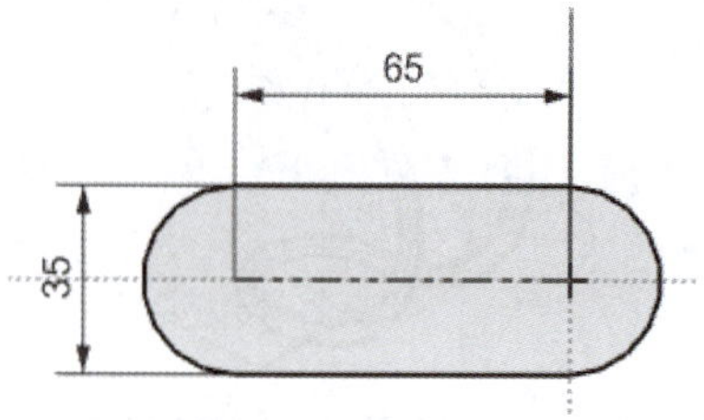

图 6-4　绘制草图（XOY 基准平面）

（2）单击【曲线】选项卡｜【派生】组｜【投影曲线】按钮◈，出现【投影曲线】对话框，如图 6-5 所示。

① 在【要投影的曲线或点】组，激活【选择曲线或点（4）】，在图形区选择草图。

② 在【要投影的对象】组，激活【选择对象（1）】，在图形区选择旋转曲面。

③ 在【投影方向】组，从【方向】下拉列表中选择【沿矢量】选项，在图形区选择 +Z 轴。

④ 从【投影选项】下拉列表中选择【投影两侧】选项。

完成以上设置，单击【确定】按钮。

▤ 提示：关于投影曲线

使用投影曲线命令可将曲线、边和点投影到面、小平面化体和基准平面上。

4. 创建支承

选择【插入】｜【扫掠】｜【管道】命令◈，出现【管】对话框，如图 6-6 所示。

① 在【路径】组，激活【选择曲线（54）】，在绘图区选择"引导线"草图。

② 在【横截面】组，在【外径】文本框输入 3。

完成以上设置，单击【确定】按钮。

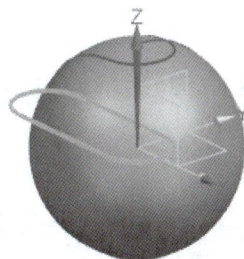

图 6-5 创建投影曲线

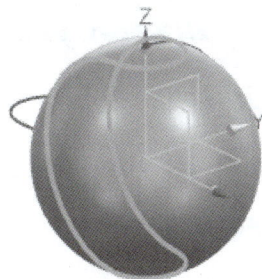

图 6-6 创建支承

5. 移动层

（1）将草图移到 21 层。

（2）将曲线移到 41 层。

（3）将曲面移到 11 层。

（4）将 21 层、61 层、41 层、11 层设为【不可见】，如图 6-7 所示。

图 6-7 支承

6. 存盘

选择【文件】|【保存】命令，保存文件。

【任务拓展】

创建投影曲线特征拓展练习如图 6-8 所示。

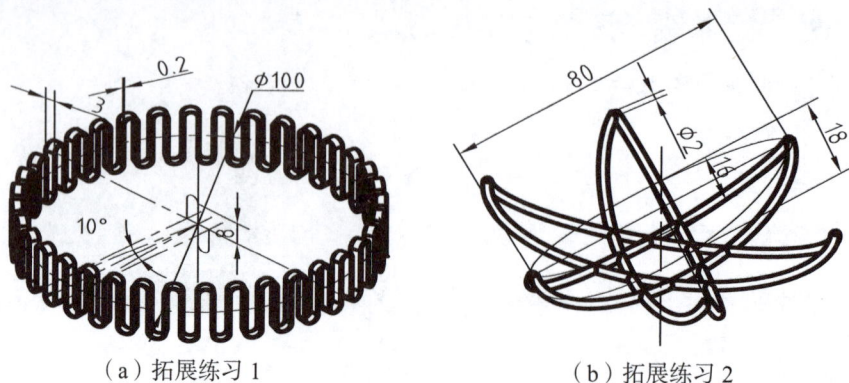

（a）拓展练习 1　　　　　（b）拓展练习 2

图 6-8　创建投影曲线特征拓展练习

课题 6.2　创建组合投影曲线特征

视频讲解

【学习目标】

掌握创建组合投影曲线特征的方法。

【工作任务】

创建组合投影曲线特征实例，如图 6-9 所示。

【任务实施】

1. 新建文件

新建文件并保存为"创建组合投影曲线特征实例 .prt"。

2. 创建组合投影曲线

（1）在 XOY 基准平面绘制草图，如图 6-10 所示。

（2）在 ZOY 基准平面绘制草图，如图 6-11 所示。

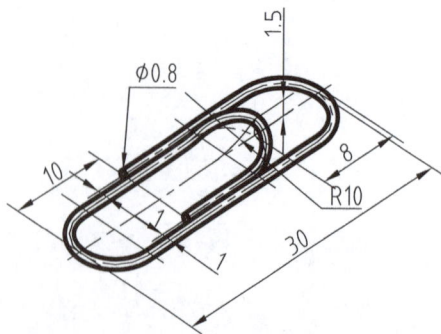

图 6-9　创建组合投影曲线特征实例

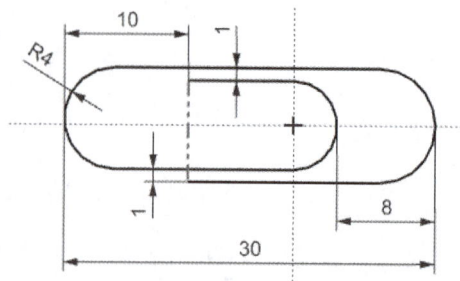

图 6-10　绘制草图

图 6-11 建立引导线草图

（3）单击【曲线】选项卡 |【派生】组 |【组合投影】按钮，出现【组合投影】对话框，如图 6-12 所示。

① 在【曲线 1】组，激活【选择曲线（3）】，在图形区选择曲线。

② 在【曲线 2】组，激活【选择曲线（1）】，在图形区选择曲线。

③ 在【投影方向 1】组，从【投影方向】下拉列表中选择【垂直于曲线平面】选项。
完成以上设置，单击【确定】按钮。

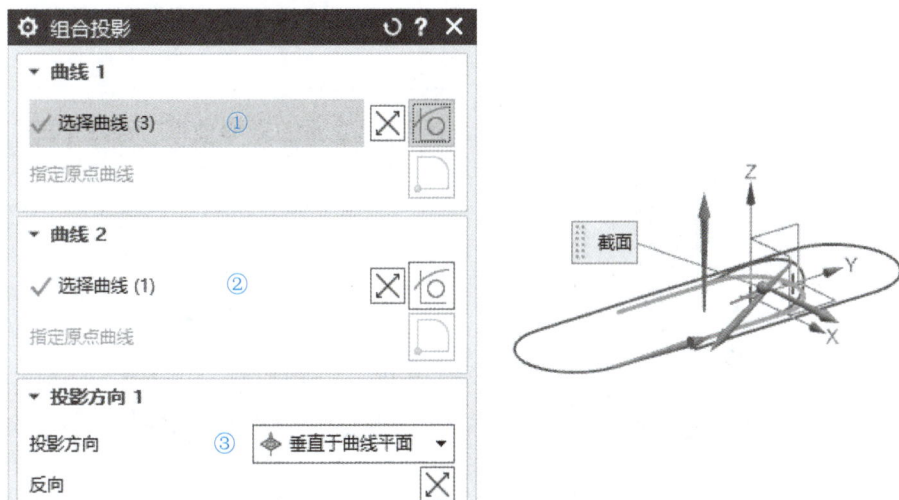

图 6-12 创建组合投影曲线

📋 **提示：关于组合投影曲线**
使用组合投影命令可在两条投影曲线的相交处创建一条曲线。

3. 创建曲别针

选择【插入】|【扫掠】|【管道】命令，出现【管】对话框，如图 6-13 所示。

① 在【路径】组，激活【选择曲线（10）】，在绘图区选择"引导线"草图。

② 在【横截面】组，在【外径】文本框输入 1。
完成以上设置，单击【确定】按钮。

4. 移动层

（1）将草图移到 21 层。

（2）将曲线移到 41 层。

（3）将 21 层、61 层、41 层设为【不可见】，如图 6-14 所示。

5. 存盘

选择【文件】|【保存】命令，保存文件。

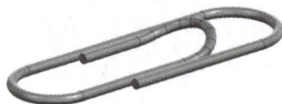

图 6-13　创建曲别针

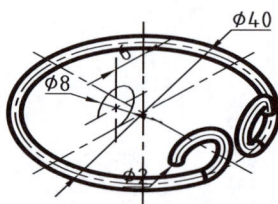

图 6-14　曲别针

【任务拓展】

创建组合投影曲线特征拓展练习如图 6-15 所示。

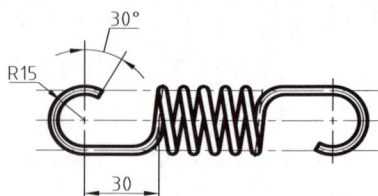

（a）拓展练习 1　　　　　（b）拓展练习 2

图 6-15　创建组合投影曲线特征拓展练习

课题 6.3　创建螺旋曲线与桥接曲线特征

视频讲解

【学习目标】

（1）掌握创建螺旋曲线特征的方法。

（2）掌握创建桥接曲线特征的方法。

【工作任务】

应用桥接曲线实例，如图 6-16 所示。

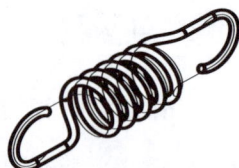

1. 圈数: n=5
2. 螺距: 10

图 6-16　创建螺旋曲线与桥接曲线特征实例

【任务实施】

1. 新建文件

新建文件并保存为"创建螺旋曲线与桥接曲线特征实例 .prt"。

2. 创建螺旋曲线扫描曲面

选择【曲线】选项卡｜【高级】组｜【螺旋】按钮◉，出现【螺旋】对话框，如图 6-17 所示。

① 从【类型】列表中选择【沿矢量】选项。

② 在【方位】组，在【角度】文本框内输入 0。

③ 在【大小】组，选中【直径】单选按钮；从【规律类型】列表中选择【恒定】选项；在【值】文本框内输入 30。

④ 在【螺距】组，从【规律类型】列表中选择【恒定】选项；在【值】文本框内输入 10。

⑤ 在【长度】组，从【方法】列表中选择【圈数】选项；在【圈数】文本框内输入 5。

完成以上设置，单击【确定】按钮。

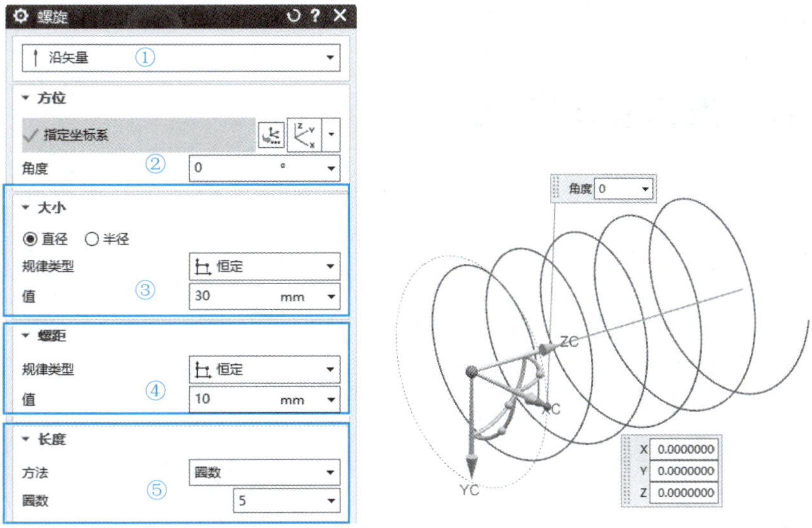

图 6-17　螺旋曲线

📑 提示：关于螺旋曲线

使用螺旋命令沿矢量或脊线指定螺旋曲线。

3. 创建桥接曲线

（1）在 ZOY 基准平面绘制草图，如图 6-18 所示。

（2）单击【曲线】选项卡｜【派生】组｜【桥接】按钮⌒，出现【桥接曲线】对话框，如图 6-19 所示。

① 在【起始对象】组，选择【截面】单选框，激活【选择曲线（1）】，在图形区选择上部曲线。

② 在【连接】组，选择【开始】选项卡，从【连续性】列表中选择【G2（曲率）】选项；在【位置】组，从【位置】下拉列表中选择【通过点】选项，在图形区选择上部曲线端点。

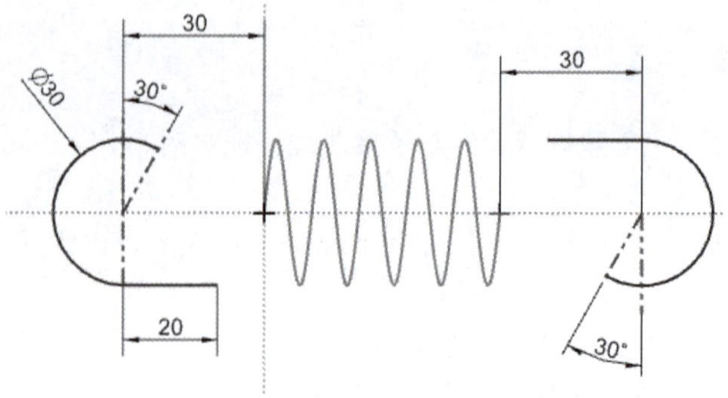

图 6-18　绘制草图（ZOY 基准平面）

③ 在【终止对象】组中，选择【截面】单选框，激活【选择曲线（1）】，在图形区选择下部曲线。

④ 选择【结束】选项卡，从【连续性】列表中选择【G2（曲率）】选项；在【位置】组，从【位置】下拉列表中选择【通过点】选项，在图形区选择下部曲线端点。

⑤ 在【方向】组，选择【相切】单选框。

完成以上设置，单击【确定】按钮。

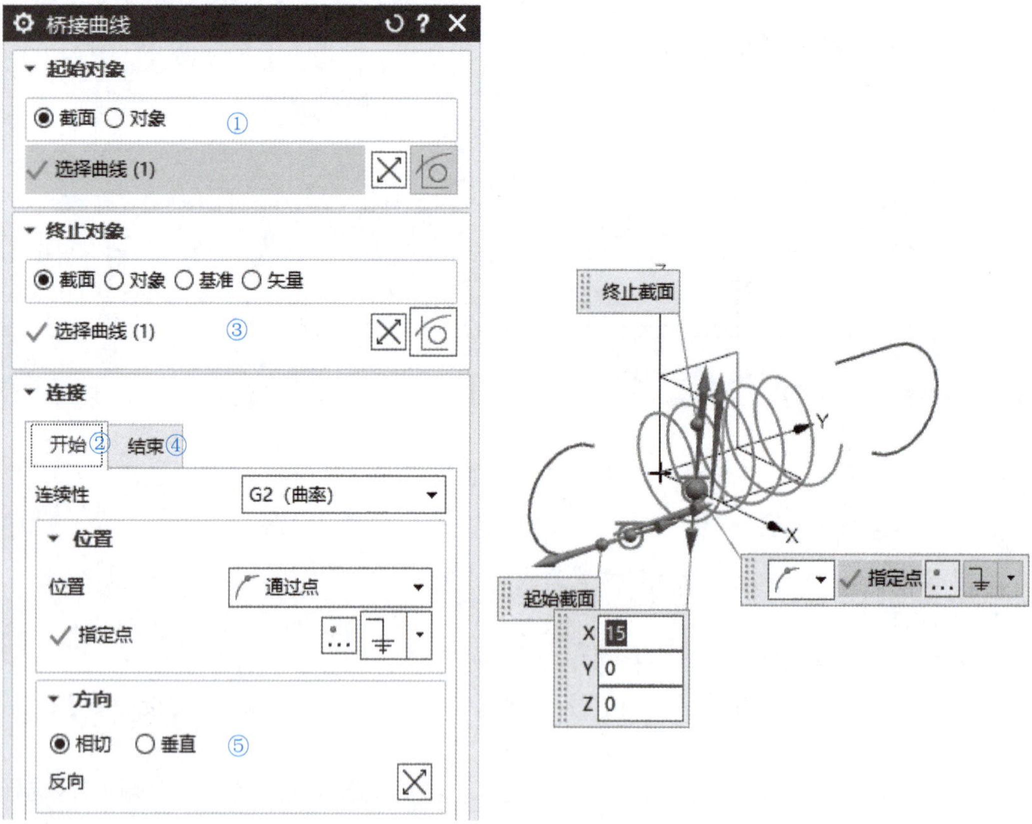

图 6-19　创建桥接曲线

📋 **提示：关于桥接曲线**

使用桥接曲线命令可以创建通过可选光顺性约束连接两个对象的曲线。

（3）按同样方法建立另一端，如图 6-20 所示。

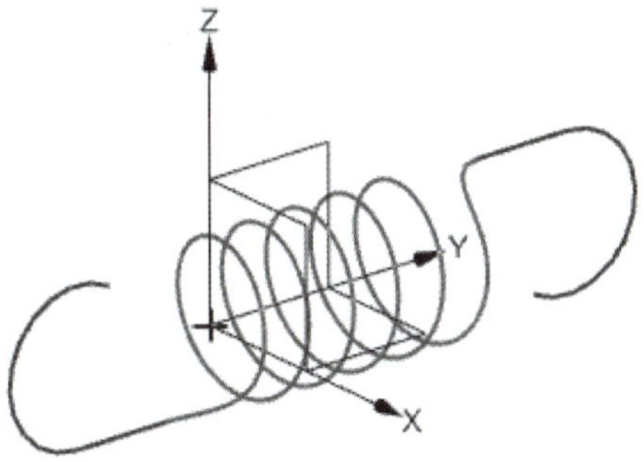

图 6-20 创建桥接曲线

4. 创建弹簧

选择【插入】|【扫掠】|【管道】命令 ◈，出现【管】对话框，如图 6-21 所示。

① 在【路径】组，激活【选择曲线（7）】，在绘图区选择作为路径的曲线。

② 在【横截面】组，在【外径】文本框输入 4。

完成以上设置，单击【确定】按钮。

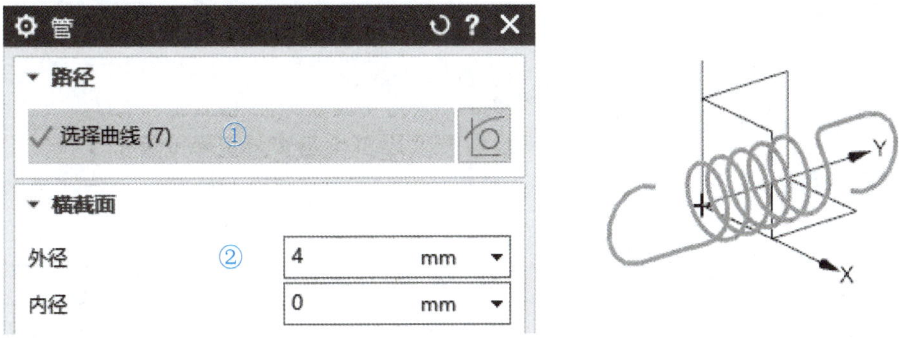

图 6-21 创建弹簧

5. 移动层

（1）将草图移到 21 层。

（2）将曲线移到 41 层。

（3）将基准面移到 61 层。

（4）将 21 层、61 层、41 层设为【不可见】，如图 6-22 所示。

图 6-22 弹簧

6. 存盘

选择【文件】|【保存】命令，保存文件。

【任务拓展】

创建螺旋曲线与桥接曲线特征拓展练习如图 6-23 所示。

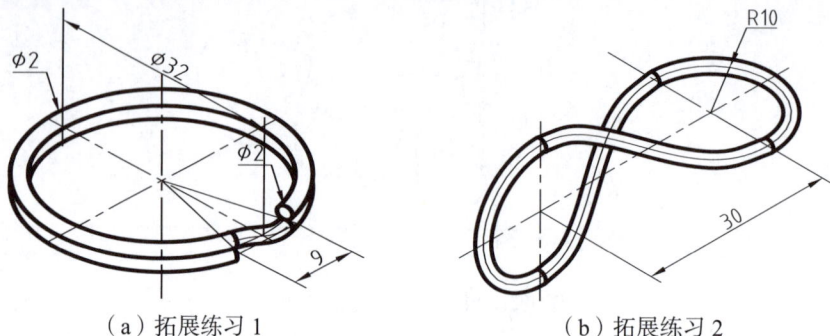

（a）拓展练习 1　　　　　　　　　　　（b）拓展练习 2

图 6-23　创建螺旋曲线与桥接曲线特征拓展练习

课题 6.4　创建多截面多引导线扫掠特征

视频讲解

【学习目标】

（1）掌握创建多截面多引导线扫掠特征的方法。

（2）掌握创建修剪体特征的方法。

【工作任务】

创建多截面多引导线扫掠特征实例，如图 6-24 所示。

【任务实施】

1. 新建文件

新建文件并保存为"创建多截面多引导线扫掠特征实例.prt"。

2. 建立基体

选择【插入】|【设计特征】|【块】命令，出现【块】对话框，如图 6-25 所示。

① 默认指定点。

② 在【尺寸】组，在【长度（XC）】文本框输入 50，在【宽度（YC）】文本框输入 50，在【高度（ZC）】文本框输入 30。

完成以上设置，单击【确定】按钮。

3. 建立引导线

在上表面绘制草图，设置【名称】为引导线，如图 6-26 所示。

📋 提示：关于引导线

引导线可以建立在一张草图上。

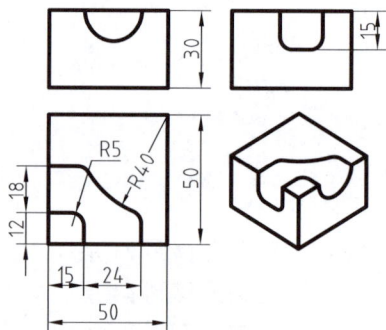

图 6-24　创建多截面多引导线扫掠特征实例

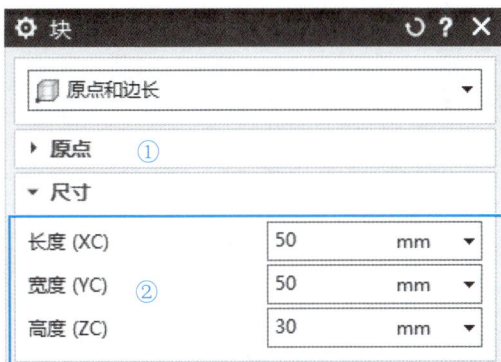

图 6-25 建立基体

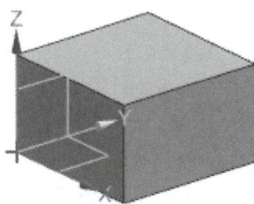

4. 建立轮廓

（1）在左端面绘制草图，设置【名称】为轮廓 1，如图 6-27 所示。

📋 **提示**：先使用包含创建交点，再添加重合关系。

（2）在右端面绘制草图，设置【名称】为轮廓 2，如图 6-28 所示。

📋 **提示：关于轮廓线**

轮廓 1 和轮廓 2 均为不封闭的曲线，用于生成曲面。

5. 建立使用引导线扫掠曲面

选择【插入】|【扫掠】|【扫掠】命令 ✐，出现【扫掠】对话框，如图 6-29 所示。

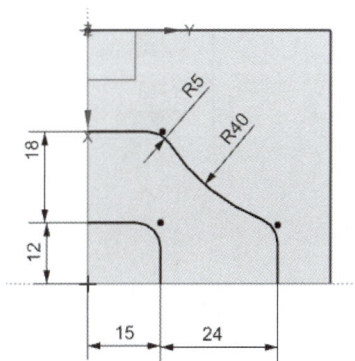

图 6-26 引导线

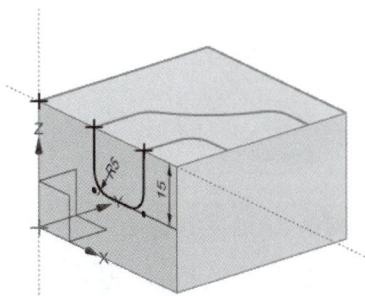

图 6-27 在左端面绘制草图

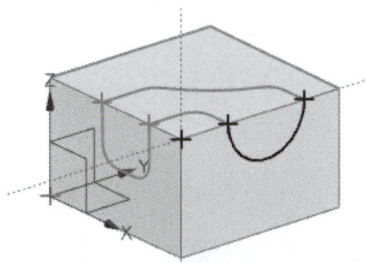

图 6-28 在右端面绘制草图

① 在【截面】组，激活【选择曲线（1）】，在图形区域中选择"轮廓 1"草图，单击【添加新截面】按钮⊚，在图形区域中选择"轮廓 2"草图，注意截面的方向。

② 在【引导线（最多 3 条）】组，激活【选择曲线（3）】，在图形区域中靠近截面草图位置选择"引导 1"草图，单击【添加新引导】按钮⊚，在图形区域中靠近截面草图选择"引导 2"草图，这样依次添加了两条引导线，注意引导线的方向。

完成以上设置，单击【确定】按钮。

📋 **提示 1：关于选择截面线串**

当选定了每个截面线串时，会显示方向矢量，指明选定线串的起点。方向矢量用来排列截面线串以防止得到的体扭转，如图 6-30 所示。

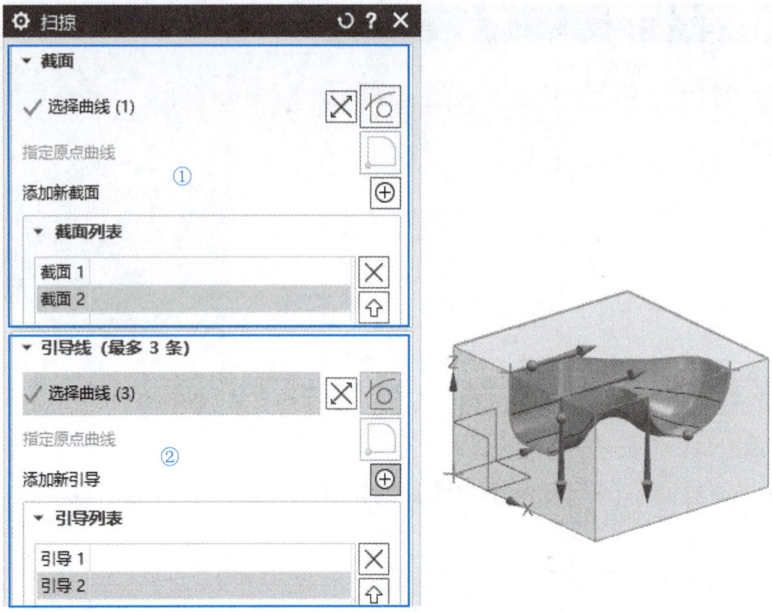

图 6-29　使用引导线扫掠曲面

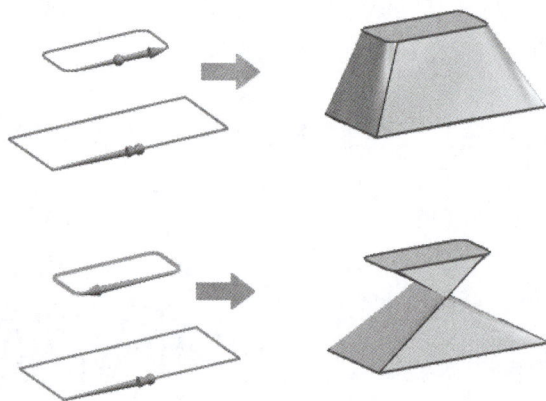

图 6-30　选择截面线串

▤ 提示 2：关于扫掠

扫掠——通过将曲线轮廓沿一条、两条或三条引导线串且穿过空间中的一条路径来创建实体或片体。扫掠非常适用于当引导线串由脊线或一个螺旋组成时，通过扫掠来创建一个特征。

▤ 提示 3：关于扫掠特征工作流程

① 生成截面草图组。

② 生成引导线草图组。

③ 选择【插入】|【扫掠】|【扫掠】命令，出现【扫掠】对话框。

④ 设定【扫掠】对话框。

完成以上设置，单击【确定】按钮。

6. 切槽

单击【主页】选项卡 |【基本】组 |【修剪体】命令 ▧，出现【修剪体】对话框，

如图 6-31 所示。

① 在【目标】组，激活【选择体（1）】，在图形区域中选择"块"。

② 在【工具】组，在【工具选项】下拉列表中选择【面或平面】选项，激活【选择面或平面（5）】，在图形区选择扫掠曲面，确定切除方向。

完成以上设置，单击【确定】按钮。

图 6-31　使用曲面切除

> 📋 **提示：关于修剪体**

使用修剪体，可以通过面或平面来修剪一个或多个目标体。可以指定要保留的体部分以及要舍弃的部分。目标体呈修剪几何元素的形状。

7. 移动层

（1）将草图移到 21 层。

（2）将基准移到 61 层。

（3）将曲面移到 11 层。

（4）将 21 层、61 层、11 层设为【不可见】，如图 6-32 所示。

8. 存盘

选择【文件】|【保存】命令，保存文件。

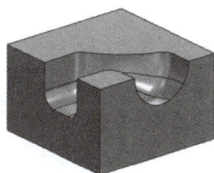

图 6-32　沟槽实例

【任务拓展】

创建路径引导线扫掠特征应用拓展练习如图 6-33 所示。

（a）拓展练习 1　　　　　　　　（b）拓展练习 2

图 6-33　创建路径引导线扫掠特征应用拓展练习

课题 6.5　创建通过曲线组曲面特征

【学习目标】

掌握创建通过曲线组曲面特征的方法。

【工作任务】

创建通过曲线组曲面特征实例，如图 6-34 所示。

【任务实施】

1. 新建文件

新建文件并保存为"创建通过曲线组曲面特征实例.prt"。

2. 建立上部分

（1）在 XOY 基准面绘制草图，设置【名称】为截面 1，如图 6-35 所示。

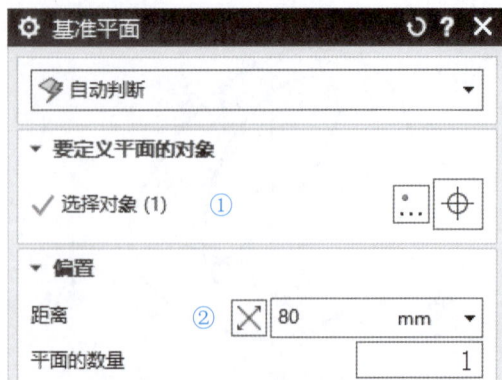

图 6-34　创建通过曲线组曲面特征实例

图 6-35　建立"截面 1"草图

（2）单击【主页】选项卡 |【构造】组 |【基准平面】按钮 ◈，出现【基准平面】对话框，如图 6-36 所示。

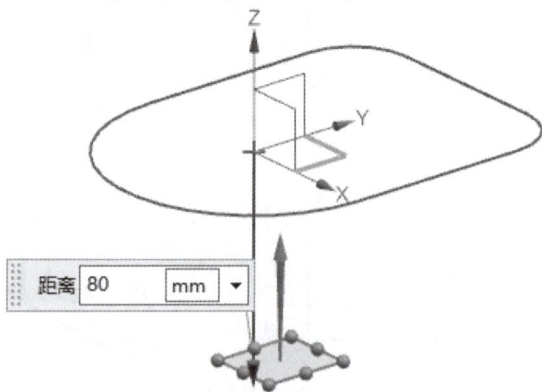

图 6-36　建立基准面

① 在【要定义平面的对象】组，激活【选择对象（1）】，在图形区选择 XOY 基准面。

② 在【距离】文本框输入 80，单击【反向】按钮⊠。

完成以上设置，单击【确定】按钮。

（3）在新建基准面绘制草图，设置【名称】为截面 2，如图 6-37 所示。

（4）单击【曲面】选项卡｜【基本】组｜【通过曲线组】按钮，出现【通过曲线组】对话框，如图 6-38 所示。

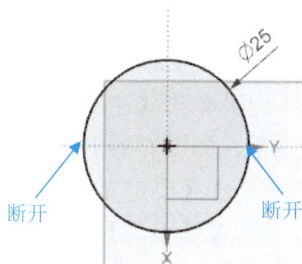

图 6-37　建立"截面 2"草图

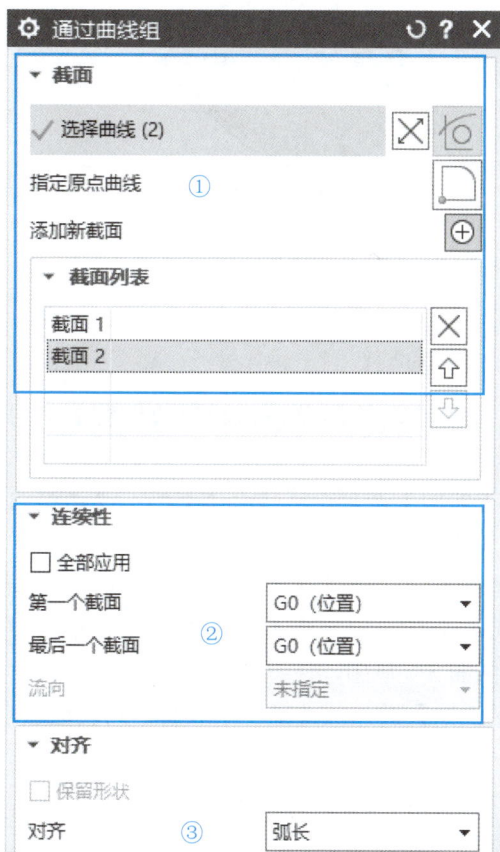

图 6-38　通过曲线组曲面

① 在【截面】组，激活【选择曲线（2）】，在图形区域中选择"截面 1"草图；单击【添加新截面】按钮，在图形区域中选择"截面 2"草图，注意截面的方向。

② 在【连续性】组，从【第一个截面】列表选项中选择【G0（位置）】选项；从【最后一个截面】列表选项中选择【G0（位置）】选项。

③ 在【对齐】组，从【对齐】列表选项中选择【弧长】选项。

完成以上设置，单击【确定】按钮。

▤ 提示：关于通过曲线组建立曲面

使用通过曲线组命令可创建穿过多个截面的体，其形状会发生更改以穿过每个截面。

一个截面可以由一个或多个对象组成，并且每个对象都可以是曲线、实体边或面的边的任意组合。

3. 建立下部分

（1）单击【主页】选项卡｜【构造】组｜【基准平面】按钮◈，出现【基准平面】对话框，如图 6-39 所示。

① 在【要定义平面的对象】组，激活【选择对象（1）】，在图形区选择 XOY 基准面。

② 在【距离】文本框输入 50，单击【反向】按钮⊠。

完成以上设置，单击【确定】按钮。

图 6-39　建立基准面

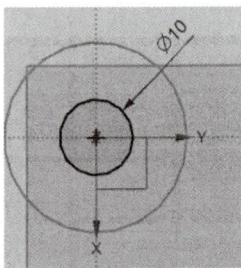

图 6-40　建立"截面 3"草图

（2）在新建基准面绘制草图，设置【名称】为截面 3，如图 6-40 所示。

（3）单击【曲面】选项卡｜【基本】组｜【通过曲线组】按钮◈，出现【通过曲线组】对话框，如图 6-41 所示。

① 在【截面】组，激活【选择曲线（1）】，在图形区域中选择"截面 2"草图；单击【添加新截面】按钮⊕，在图形区域中选择"截面 3"草图，注意截面的方向。

② 在【连续性】组，从【第一个截面】列表选项中选择【G0（位置）】选项；从【最后一个截面】列表选项中选择【G0（位置）】选项。

③ 在【对齐】组，从【对齐】列表选项中选择【弧长】选项。

完成以上设置，单击【确定】按钮。

▤ **提示：关于建立通过曲线组曲面流程**

单击【曲面】选项卡｜【基本】组｜【通过曲线组】按钮◈。

① 设置"选择意图"规则。

② 选择曲线并单击鼠标中键以完成选择第一个截面，并在截面列表框中显示为截面 1。

③ 选择其他截面曲线并添加为新截面。

单击【确定】按钮。

4. 合并实体

单击【主页】选项卡｜【基本】组｜【合并】按钮◈，出现【合并】对话框，如图 6-42 所示。

① 在【目标】组，激活【选择体（1）】，在图形区域中选择"通过曲线组 1"的实体。

② 在【工具】组，激活【选择体（1）】，在图形区域中选择"通过曲线组 2"的实体。

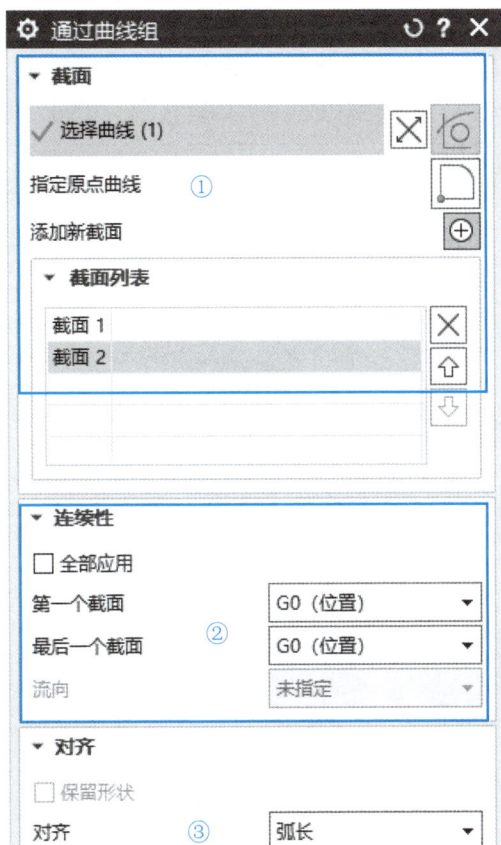

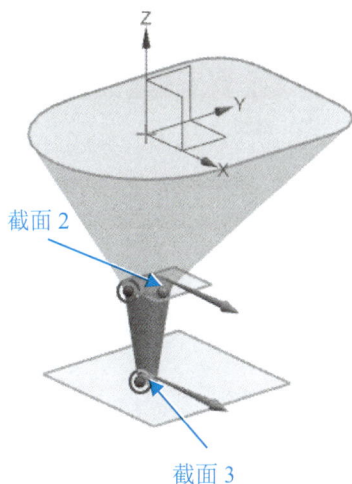

图 6-41 通过曲线组曲面

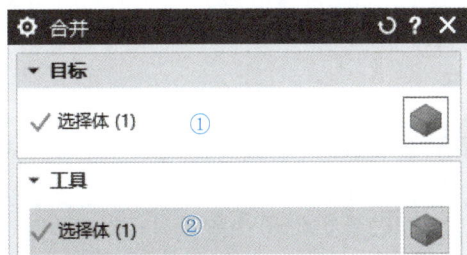

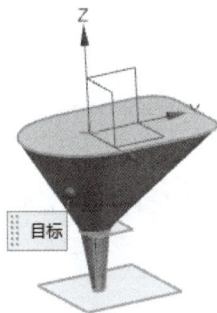

图 6-42 合并实体

完成以上设置，单击【确定】按钮。

5. 生成边缘

（1）在上表面绘制草图，如图 6-43 所示。

（2）单击【主页】选项卡 |【基本】组 |【拉伸】按钮，
出现【拉伸】对话框，如图 6-44 所示。

① 在【截面】组，激活【选择曲线（4）】，选择边缘
草图。

② 在【限制】组，从【终止】列表中选择了【值】选

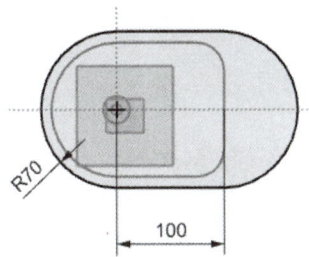

图 6-43 绘制草图

项，在【距离】文本框输入 1。

③ 在【布尔】组，从【布尔】下拉列表中选择【合并】选项。

完成以上设置，单击【确定】按钮。

图 6-44　生成边缘

6. 抽壳

单击【主页】选项卡｜【基本】组｜【抽壳】按钮◈，出现【抽壳】对话框，如图 6-45 所示。

① 从【类型】下拉列表中选择【开放】选项。

② 在【面】组，激活【选择面（2）】，在图形区选择开放面顶部面和底部面。

③ 在【厚度】组，在【厚度】文本框输入 1。

完成以上设置，单击【确定】按钮。

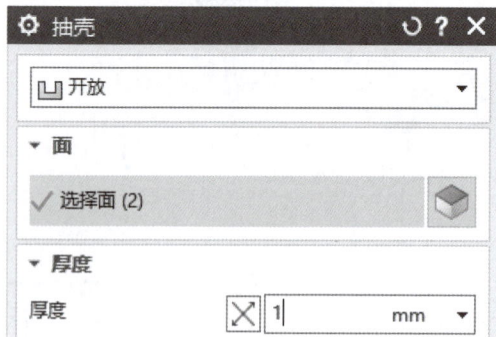
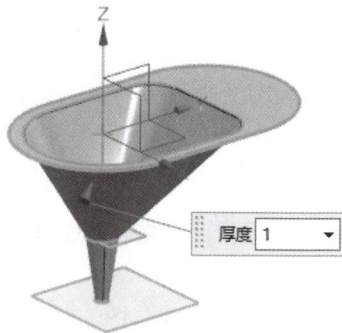

图 6-45　抽壳

7. 移动层

（1）将草图移到 21 层。

（2）将基准面移到 61 层。

（3）将 21 层、61 层设为【不可见】，如图 6-46 所示。

8. 存盘

选择【文件】|【保存】命令，保存文件。

图 6-46　建立漏斗

【任务拓展】

创建通过曲线组曲面特征拓展练习如图 6-47 所示。

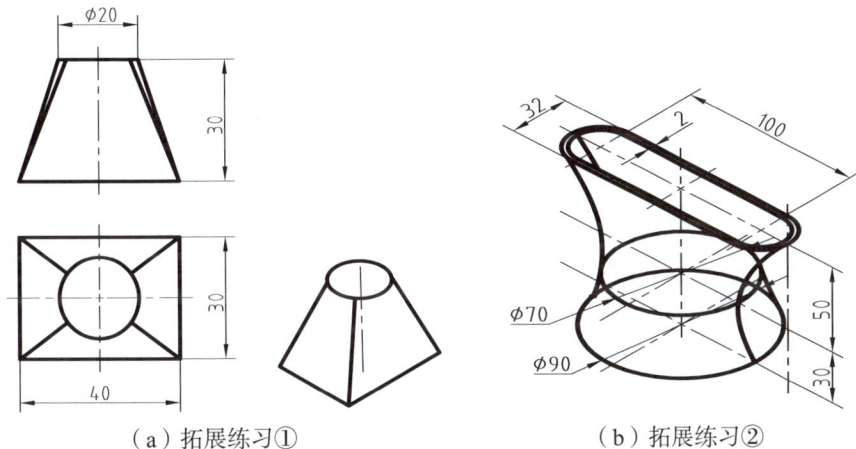

（a）拓展练习①　　　　　　　　（b）拓展练习②

图 6-47　创建通过曲线组曲面特征拓展练习

课题 6.6　使用相切约束创建通过曲线组曲面特征

【学习目标】

（1）掌握创建样条曲线特征的方法。

（2）掌握使用相切约束创建通过曲线组曲面特征的方法。

（3）掌握创建缝合曲面特征的方法。

【工作任务】

使用相切约束创建通过曲线组曲面特征实例，如图 6-48 所示。

【任务实施】

1. 新建文件

新建文件并保存为"使用相切约束创建通过曲线组曲面特征实例 .prt"。

2. 创建截面草图

（1）在 ZOY 基准平面运用样条曲线绘制草图，标注尺寸，双击样条曲线，出现【艺术样条】对话框，如图 6-49 所示。

① 在【点】列表中选择"点 1"。

② 在【约束】组，从【连续类型】下拉列表中选择【G1（相切）】选项，在图形区选择 10° 构造线方向，勾选【G1 幅值】并在文本框输入 10。

图 6-48　使用相切约束创建通过曲线组曲面特征实例

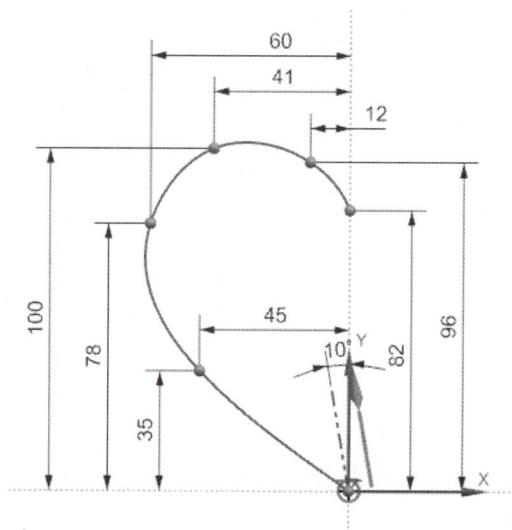

图 6-49　建立截面草图 1

完成以上设置，单击【确定】按钮。

（2）在 ZOX 基准平面运用样条曲线绘制草图，标注尺寸，双击样条曲线，出现【艺术样条】对话框，如图 6-50 所示。

① 在【点】列表中选择【指定点（6）】。

② 在【约束】组，从【连续类型】下拉列表中选择【G1（相切）】选项，在图形区选择 12.5° 构造线方向，勾选【G1 幅值】并在文本框输入 10。

完成以上设置，单击【确定】按钮。

3. 创建拉伸曲面

（1）单击【曲面】选项卡｜【基本】组｜【拉伸】按钮，出现【拉伸】对话框，如图 6-51 所示。

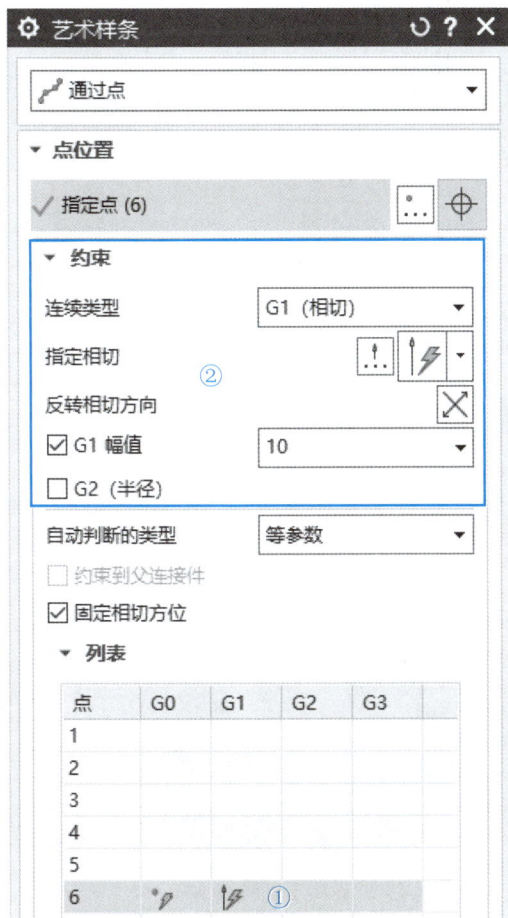

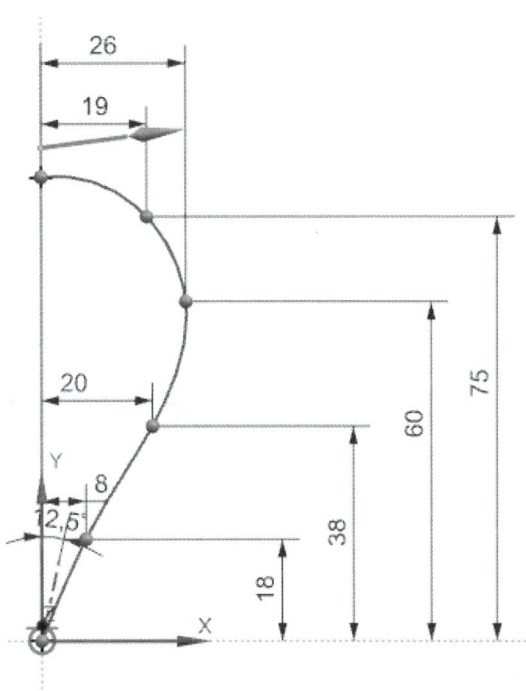

图 6-50 建立截面草图 2

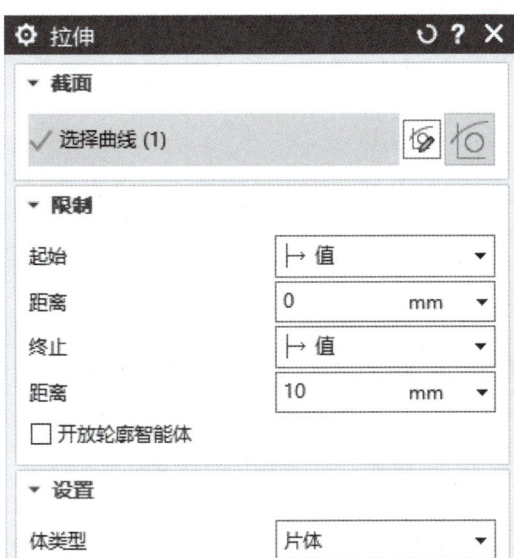

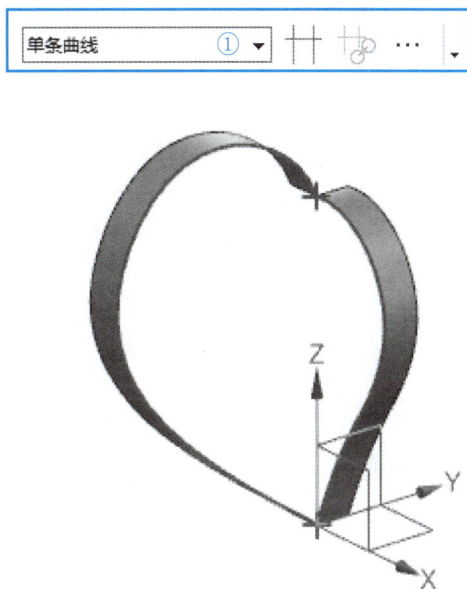

图 6-51 建立拉伸曲面

① 设置选择意图规则：单条曲线。

② 在【截面】组，激活【选择曲线（1）】，选择曲线。

③ 在【限制】组，从【终止】列表中选择【值】选项，在【距离】文本框输入 10。

④ 在【设置】组，从【体类型】列表中选择【片体】选项。

完成以上设置，单击【确定】按钮。

（2）同样方法建立另一拉伸面。

4. 创建通过曲线组曲面

单击【曲面】选项卡｜【基本】组｜【通过曲线组】按钮，出现【通过曲线组】对话框，如图 6-52 所示。

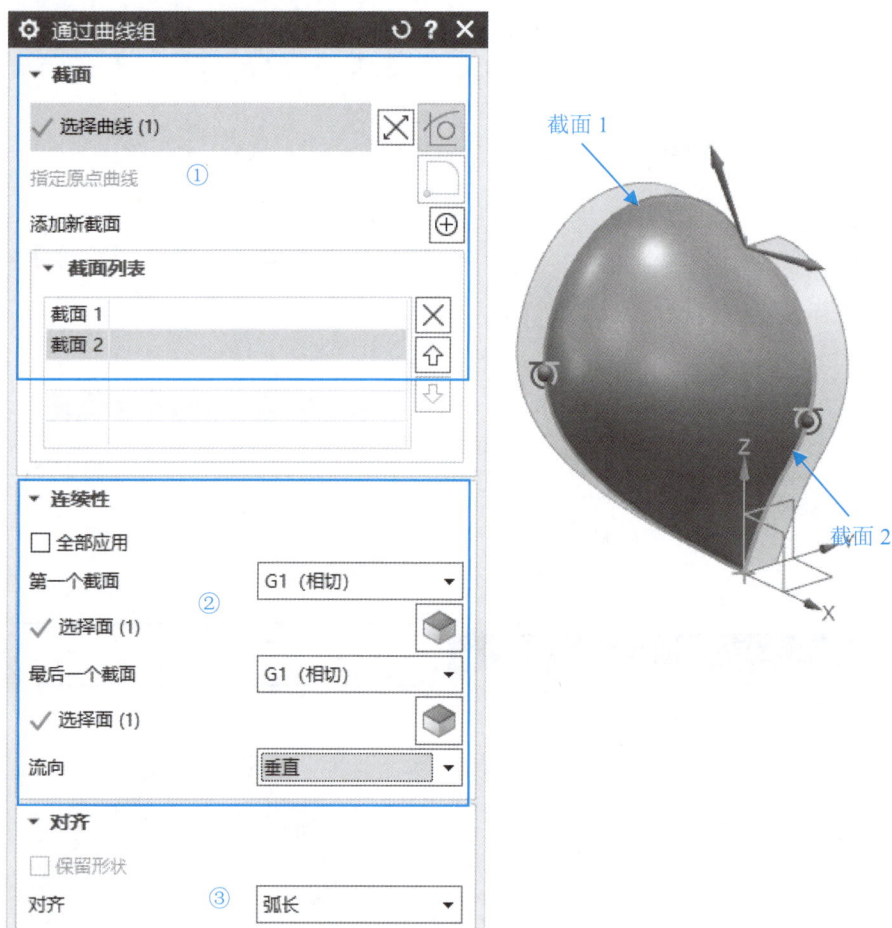

图 6-52　创建通过曲线组曲面

① 在【截面】组，激活【选择曲线（1）】，在图形区域中选择"截面 1"草图；单击【添加新截面】按钮，在图形区域中选择"截面 2"草图，注意截面的方向。

② 在【连续性】组，从【第一个截面】列表选项中选择【G1（相切）】选项，在图形区域中选择"拉伸 1"曲面；从【最后一个截面】列表选项中选择【G1（相切）】选项，在图形区域中选择"拉伸 2"曲面；从【流向】列表选项中选择【垂直】选项。

③ 在【对齐】组，从【对齐】列表选项中选择【弧长】选项。

完成以上设置，单击【确定】按钮。

📑 提示：关于创建【通过曲线组】曲面连接曲面流程

单击【曲面】选项卡 |【基本】组 |【通过曲线组】按钮🖋。

① 设置"选择意图"规则。

② 选择曲线并单击鼠标中键以完成选择第一个截面，并在截面列表框中显示为截面1。

③ 选择其他截面曲线并添加为新截面。

④ 在【连续性】组，选择连续性约束并指定约束面。

单击【确定】按钮。

5. 镜像曲面

单击【主页】选项卡 |【基本】组 |【镜像特征】按钮🐟，出现【镜像特征】对话框，如图 6-53 所示。

① 在【要镜像的特征】组，激活【选择特征（1）】，在图形区选择"通过曲线组"曲面。

② 在【镜像平面】组，从【平面】列表中选择【现有平面】选项，选取 ZOX 为镜像平面。

完成以上设置，单击【应用】按钮。

① 在【要镜像的特征】组，激活【选择特征（1）】，在图形区选择"通过曲线组"曲面和"镜像曲面"。

② 在【镜像平面】组，从【平面】列表选择【现有平面】选项，选取 ZOY 为镜像平面。

完成以上设置，单击【确定】按钮。

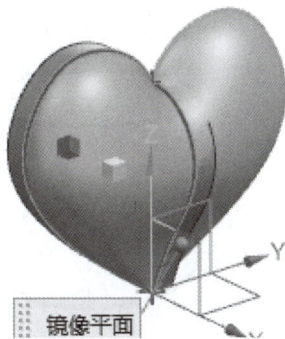

图 6-53　镜像曲面

6. 缝合曲面

单击【曲面】选项卡 |【组合】组 |【缝合】按钮🖋，出现【缝合】对话框，如图 6-54 所示。

① 从【类型】下拉列表中选择【片体】选项。

② 在【目标】组，激活【选择片体（1）】，在图形区选择"通过曲线组"曲面。

③ 在【工具】组，激活【选择片体（3）】，在图形区选择"镜像"特征。

完成以上设置，单击【确定】按钮。

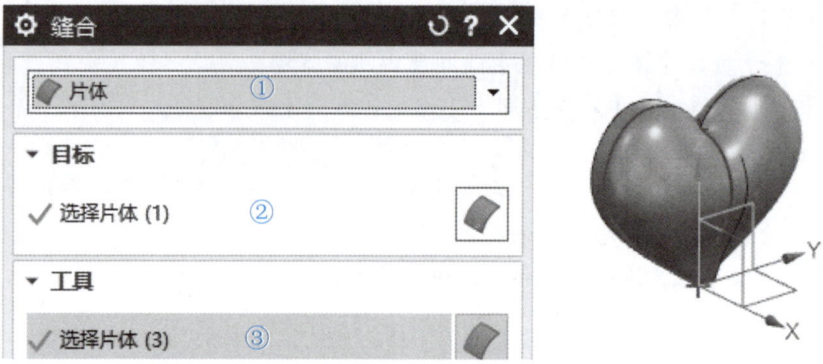

图 6-54　缝合曲面

📋 **提示：关于缝合曲面**

使用缝合命令将两个或更多片体加入单个新的片体。

7. 移动层

（1）将草图移到 21 层。

（2）将拉伸曲面移到 11 层。

（3）将 11 层、21 层、61 层设为【不可见】，如图 6-55 所示。

8. 存盘

选择【文件】|【保存】命令，保存文件。

图 6-55　红心

【任务拓展】

使用相切约束创建通过曲线组曲面特征拓展练习，如图 6-56 所示。

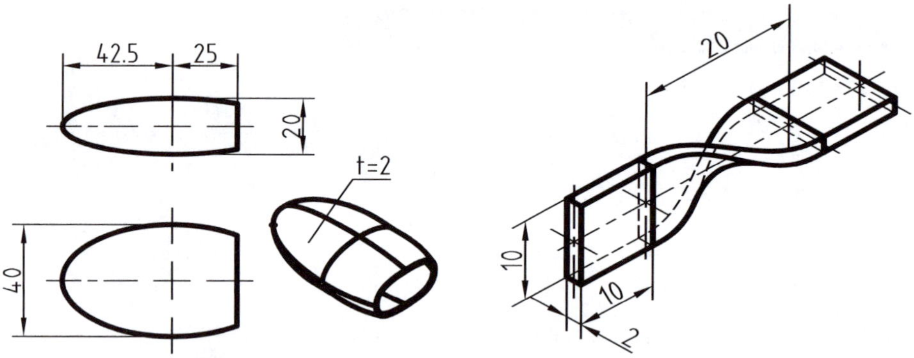

（a）拓展练习 1　　　　　（b）拓展练习 2

图 6-56　使用相切约束创建通过曲线组曲面特征拓展练习

课题 6.7　创建通过曲线网格曲面特征

视频讲解

【学习目标】

（1）掌握创建通过曲线网格曲面特征的方法。

（2）掌握创建有界平面特征的方法。

【工作任务】

创建通过曲线网格的曲面实例，如图 6-57 所示。

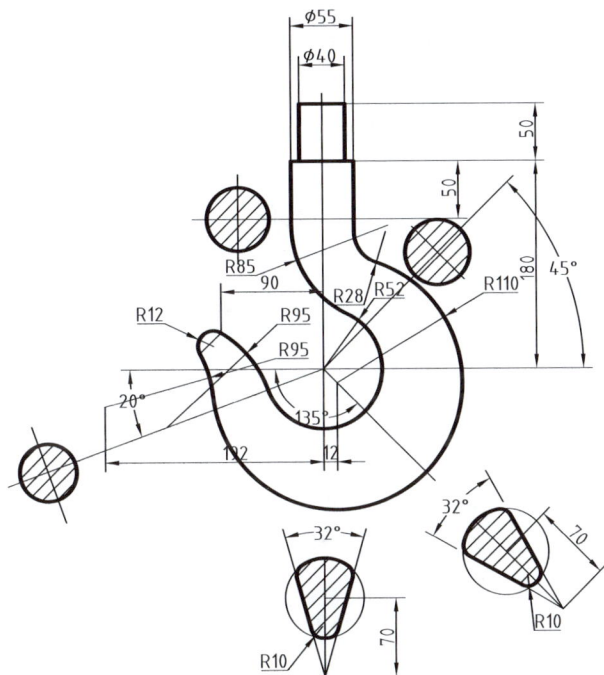

图 6-57　创建通过曲线网格曲面实例

【任务实施】

1. 新建文件

新建文件并保存为"创建通过曲线网格曲面实例.prt"。

2. 创建交叉曲线草图

在 ZOY 基准平面绘制草图，如图 6-58 所示。

3. 创建主曲线草图

（1）创建通过 X 轴与 XOY 成 45°的基准面并在此基准面绘制草图，如图 6-59 所示。

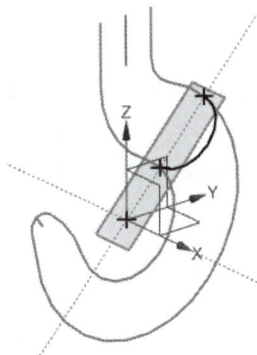

图 6-58　绘制交叉曲线草图

图 6-59　主曲线草图 1

（2）创建通过 X 轴与 XOY 成 –45° 的基准面并在此基准面绘制草图，如图 6-60 所示。

（3）在 ZOX 基准面绘制草图，如图 6-61 所示。

（4）创建通过 X 轴与 XOY 成 –20° 的基准面并在此基准面绘制草图，如图 6-62 所示。

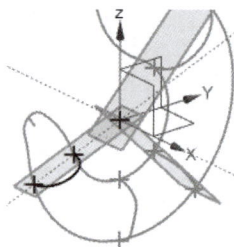

图 6-60　主曲线草图 2　　　　图 6-61　主曲线草图 3　　　　图 6-62　主曲线草图 4

4. 创建两端旋转曲面

（1）创建左端旋转曲面，如图 6-63 所示。

（2）创建上端旋转曲面，如图 6-64 所示。

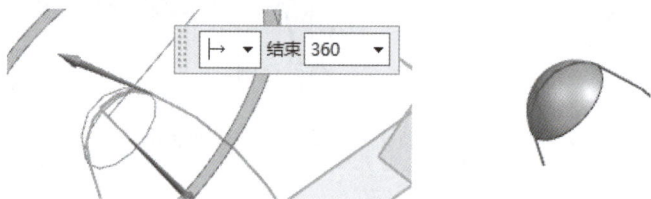

图 6-63　左端旋转曲面

图 6-64　上端旋转曲面

5. 创建过渡拉伸曲面

（1）创建右端拉伸曲面，如图 6-65 所示。

（2）创建左端拉伸曲面，如图 6-66 所示。

6. 创建通过曲线网格的曲面

单击【曲面】选项卡｜【基本】组｜【通过曲线网格】按钮 ✎，出现【通过曲线网格】对话框，如图 6-67 所示。

① 在【主曲线】组，激活【选择曲线（1）】，在图形区选择上端旋转曲面一半边线。

② 在【连续性】组，从【第一主线串】下拉列表中选择【G1（相切）】选项，激活【选择面（1）】，在图形区选择旋转曲面。

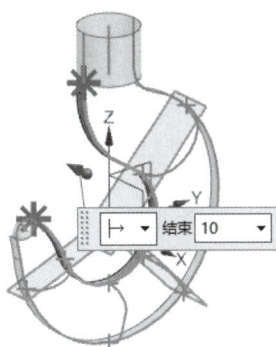

图 6-65 右端拉伸曲面

图 6-66 左端拉伸曲面

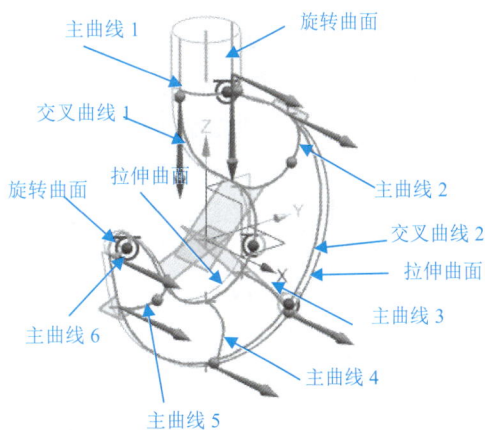

图 6-67 创建通过曲线网格曲面

③ 在【主曲线】组，单击【添加新的主曲线】按钮⊕，激活【选择曲线（1）】，在图形区选择主曲线 2 草图；单击【添加新的主曲线】按钮⊕，激活【选择曲线（1）】，在图形区选择主曲线 3 草图；单击【添加新的主曲线】按钮⊕，激活【选择曲线（1）】，在图形区选择主曲线 4 草图；单击【添加新的主曲线】按钮⊕，激活【选择曲线（1）】，在图形区选择主曲线 5 草图。

④ 单击【添加新的主曲线】按钮⊕，激活【选择曲线（1）】，在图形区选择下端旋转曲面一半边线。

⑤ 在【连续性】组，从【最后主线串】下拉列表中选择【G1（相切）】选项，激活【选择面（1）】，在图形区选择旋转曲面。

⑥ 在【交叉曲线】组，激活【选择曲线（4）】，在图形区选择交叉曲线 1。

⑦ 在【连续性】组，从【第一交叉线串】下拉列表中选择【G1（相切）】选项，激活【选择面（3）】，在图形区选择拉伸曲面。

⑧ 在【交叉线】组，单击【添加新的交叉曲线】按钮⊕，激活【选择曲线（4）】，在图形区选择交叉曲线 2。

⑨ 在【连续性】组，从【最后交叉线串】下拉列表中选择【G1（相切）】选项，激活【选择面（4）】，在图形区选择拉伸曲面。

完成以上设置，单击【确定】按钮。

📋 **提示：关于使用通过曲线网格命令创建曲面**

使用通过曲线网格命令可通过一个方向的截面网格和另一方向的引导线创建体，其中形状配合穿过曲线网格。

命令使用成组的主曲线和交叉曲线来创建双三次曲面，要求：

① 每组曲线都必须相邻。

② 多组主曲线必须大致保持平行，且多组交叉曲线也必须大致保持平行。

③ 可以使用点而非曲线作为第一个或最后一个主集。

④ 在【连续性】组中，选择连续性约束并指定约束面。

7. 镜像通过曲线网格曲面

单击【主页】选项卡|【基本】组|【镜像特征】按钮🐾，出现【镜像特征】对话框，如图 6-68 所示。

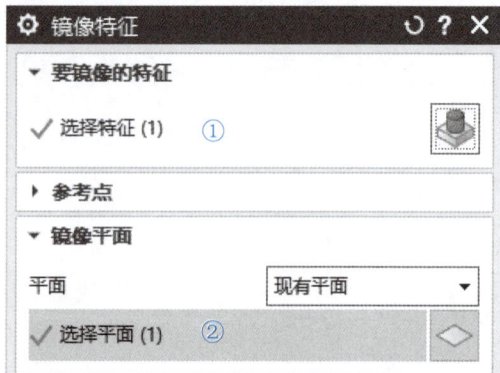

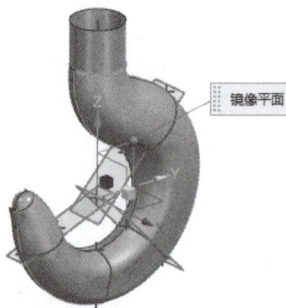

图 6-68 镜像曲面

① 在【要镜像的特征】组，激活【选择特征（1）】，在图形区选择"通过曲线组"曲面。

② 在【镜像平面】组，从【平面】列表中选择【现有平面】选项，选取 ZOY 为镜像平面。

完成以上设置，单击【确定】按钮。

8. 创建有界平面

单击【曲面】选项卡 |【基本】组 |【有界平面】按钮，出现【有界平面】对话框，如图 6-69 所示。

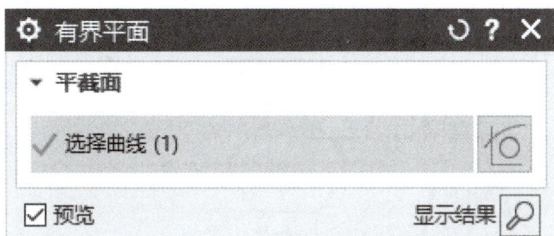

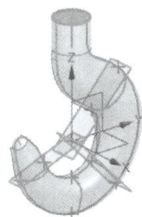

图 6-69　创建有界平面

在【平截面】组中，激活【选择曲线（1）】，在图形区选择部片体曲线。

完成设置，单击【确定】按钮。

📑 提示：关于有界平面

使用【有界平面】命令可创建由一组相连的平面曲线封闭的平面片体。

要求：曲线必须共面，且形成封闭形状。

9. 缝合曲面

单击【曲面】选项卡 |【组合】组 |【缝合】按钮，出现【缝合】对话框，如图 6-70 所示。

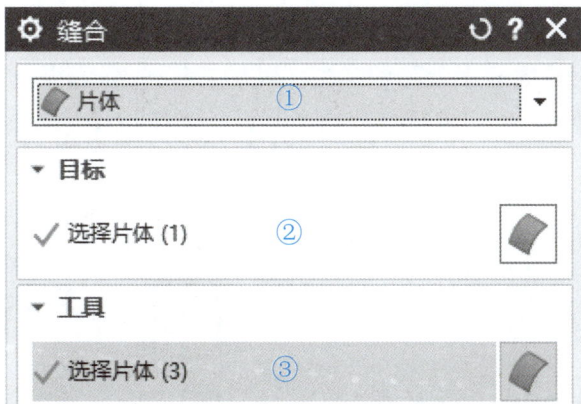

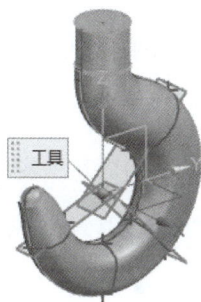

图 6-70　缝合曲面

① 从【类型】下拉列表中选择【片体】选项。

② 在【目标】组，激活【选择片体（1）】，在图形区选择"通过曲线组"曲面。

③ 在【工具】组，激活【选择片体（3）】，在图形区选择"镜像"特征。

完成以上设置，单击【确定】按钮。

10. 移动层

（1）将草图移到 21 层。

（2）将拉伸曲面移到 11 层。

（3）将 11 层、21 层、61 层设为【不可见】，如图 6-71 所示。

11. 存盘

选择【文件】|【保存】命令，保存文件。

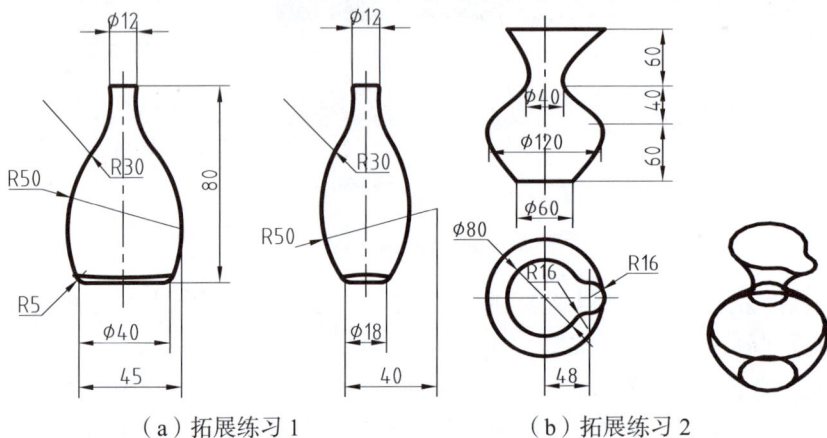

图 6-71　吊钩

【任务拓展】

创建通过曲线组曲面特征应用拓展练习，如图 6-72 所示。

（a）拓展练习 1　　　　　　（b）拓展练习 2

图 6-72　创建通过曲线组曲面特征应用拓展练习

课题 6.8　创建填充曲面特征

视频讲解

【学习目标】

掌握创建填充曲面特征的方法。

【工作任务】

创建填充曲面特征实例，如图 6-73 所示。

【任务实施】

1. 新建文件

新建文件并保存为"创建填充曲面特征实例.prt"。

2. 创建基体

（1）在 ZOY 基准平面绘制主视草图，如图 6-74 所示。

（2）创建上端旋转曲面，如图 6-75 所示。

（3）创建下端旋转曲面，如图 6-76 所示。

（4）单击【曲线】选项卡|【派生】组|【等参数曲线】按钮，出现【等参数曲线】对话框，如图 6-77 所示。

① 在【面】组，激活【选择面（1）】，在图形区选择面。

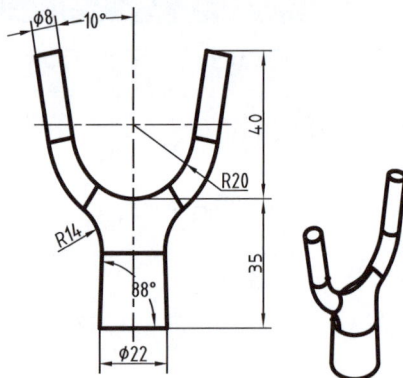

图 6-73　创建填充曲面特征实例

② 在【等参数曲线】组，从【方向】列表中选择【U】选项，从【位置】列表中选择【均匀】选项，在【数量】文本框输入 3，单击【应用】按钮。

图 6-74 创建主视草图

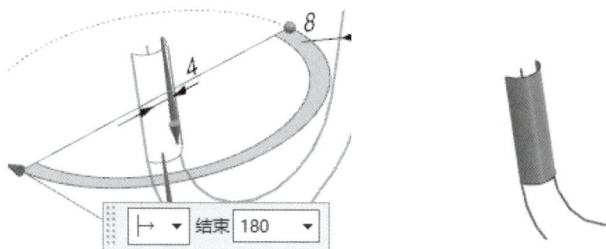

图 6-75 上端旋转曲面

图 6-76 下端旋转曲面

③ 在【截面】组，激活【选择面（1）】，在图形区选择面。

完成以上设置，单击【确定】按钮。

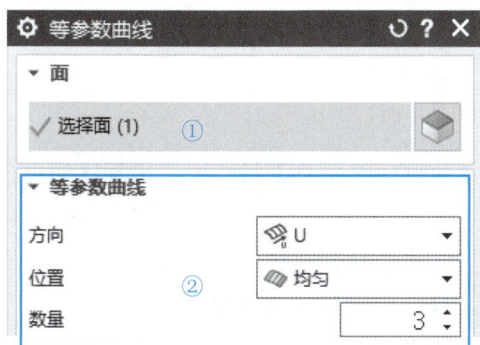

图 6-77 创建等参数曲线

📋 提示：关于等参数曲线

使用等参数曲线命令沿着给定的 U/V 线方向在面上生成曲线。

（5）单击【曲线】选项卡 |【派生】组 |【桥接】按钮 ⌒，出现【桥接曲线】对话框，如图 6-78 所示。

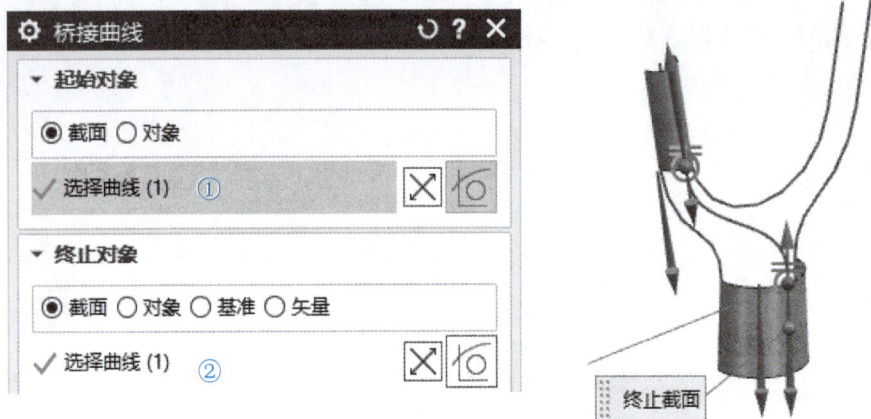

图 6-78　创建桥接曲线

① 在【起始对象】组，激活【选择曲线（1）】，在图形区选择曲线。

② 在【终止对象】组，激活【选择曲线（1）】，在图形区选择曲线。

完成以上设置，单击【确定】按钮。

（6）创建拉伸曲面，如图 6-79 所示。

图 6-79　创建拉伸曲面

（7）单击【曲面】选项卡｜【基本】组｜【通过曲线网格】按钮，出现【通过曲线网格】对话框，如图 6-80 所示。

① 在【主曲线】组，激活【选择曲线（1）】，在图形区选择主曲线。

② 在【交叉曲线】组，激活【选择曲线（1）】，在图形区选择交叉曲线。

③ 在【连续性】组，设置主曲线和交叉曲线连续性。

完成以上设置，单击【确定】按钮。

（8）创建上端拉伸曲面，如图 6-81 所示。

（9）单击【曲面】选项卡｜【基本】组｜【直线】按钮，出现【直线】对话框，如图 6-82 所示。

① 在【开始】组，从【起点选项】列表中选择【点】选项，激活【选择点（1）】，在图形区选择起点。

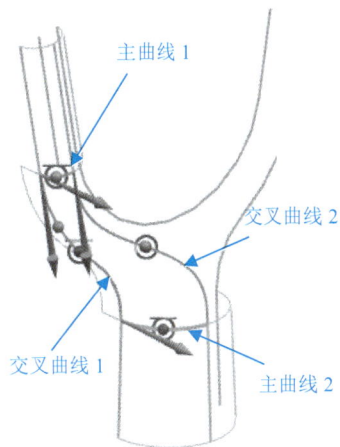

图 6-80　创建通过曲线网格曲面

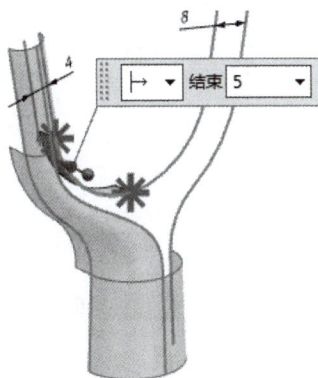

图 6-81　创建上端拉伸曲面

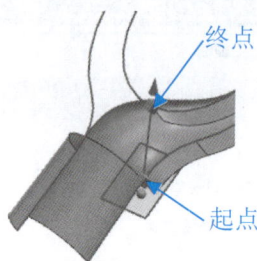

图 6-82　创建直线

② 在【结束】组，从【终点选项】列表中选择【点】选项，激活【选择点（1）】，在图形区选择终点。

完成以上设置，单击【确定】按钮。

📋 提示：关于直线命令

使用【直线】命令可创建直线段。

创建方法如下。

① 使用点、方向及切线来指定直线的起点与终点选项。

② 在直线创建期间指定约束，如创建一条直线与另一条直线成角度。

③ 指定起始与终止限制以控制直线长度，如选定的对象、位置或值。

④ 在各指定平面上定义直线。

（10）单击【曲线】选项卡 |【派生】组 |【投影曲线】按钮 ，出现【投影曲线】对话框，如图 6-83 所示。

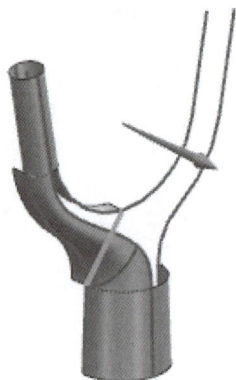

图 6-83　创建投影曲线

① 在【要投影的曲线或点】组，激活【选择曲线或点（1）】，在图形区选择直线。

② 在【要投影的对象】组，激活【选择对象（1）】，在图形区选择新建曲面。

③ 在【投影方向】组，从【方向】下拉列表中选择【沿矢量】选项，在图形区选择+X 轴。

完成以上设置，单击【确定】按钮。

（11）单击【曲线】选项卡 |【派生】组 |【桥接】按钮 ⌒，出现【桥接曲线】对话框，如图 6-84 所示。

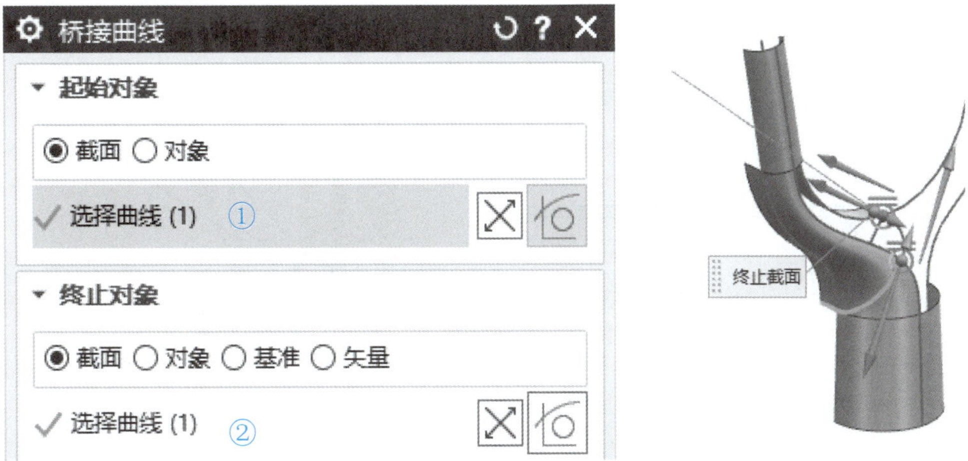

图 6-84　创建桥接曲线

① 在【起始对象】组，激活【选择曲线（1）】，在图形区选择曲线。

② 在【终止对象】组，激活【选择曲线（1）】，在图形区选择曲线。

完成以上设置，单击【确定】按钮。

（12）单击【曲面】选项卡 |【基本】组 |【通过曲线网格】按钮，出现【通过曲线网格】对话框，如图 6-85 所示。

① 在【主曲线】组，激活【选择曲线（1）】，在图形区选择主曲线。

② 在【交叉曲线】组，激活【选择曲线（1）】，在图形区选择交叉曲线。

③ 在【连续性】组，设置主曲线和交叉曲线连续性。

完成以上设置，单击【确定】按钮。

（13）单击【主页】选项卡 |【基本】组 |【修剪体】命令，出现【修剪体】对话框，如图 6-86 所示。

① 在【目标】组，激活【选择体（2）】，在图形区域中选择 2 块新建曲面。

② 在【工具】组，在【工具选项】下拉列表中选择【新平面】选项，建立与 ZOX 基准面等距 5 的切除面，确定切除方向。

完成以上设置，单击【确定】按钮。

3. 镜像曲面

单击【主页】选项卡 |【基本】组 |【镜像几何体】按钮，出现【镜像几何体】对话框，如图 6-87 所示。

① 在【要镜像的几何体】组，激活【选择对象（4）】，在图形区选择需要镜像的曲面。

② 在【镜像平面】组，从【平面】列表中选择【现有平面】选项，选取 ZOX 为镜像平面。

完成以上设置，单击【确定】按钮。

图 6-85　创建通过曲线网格曲面

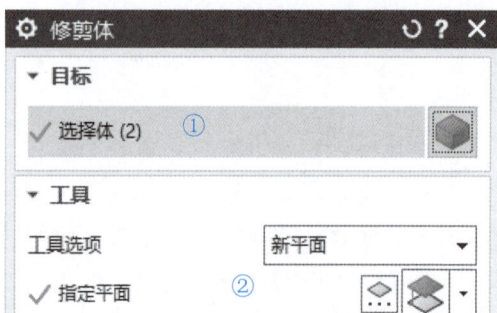

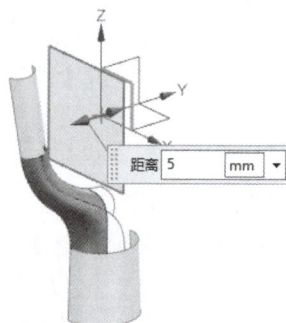

图 6-86　修剪曲面

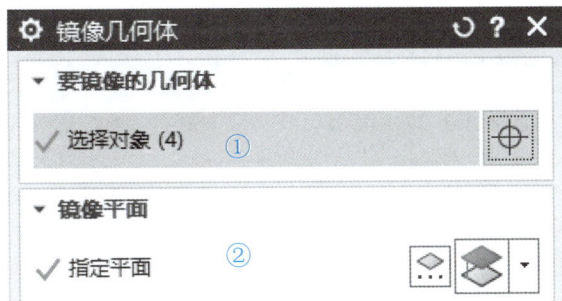

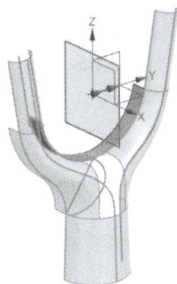

图 6-87 镜像曲面

4. 创建填充曲面

单击【主页】选项卡 |【基本】组 |【填充曲面】按钮 🖑，出现【填充曲面】对话框，如图 6-88 所示。

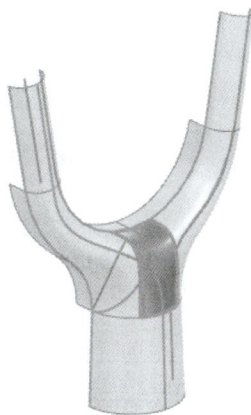

图 6-88 填充曲面

在【边界】组，激活【选择曲线（7）】，在图形区选择填充边界。

完成设置，单击【确定】按钮。

📑 提示：关于填充曲面

使用【填充曲面】命令可以从曲线或边的边界创建高质量的单个曲面。要求如下。

① 边界必须封闭。

② 可以强制使曲面穿过选定的曲线。

③ 可以强制使曲面穿过小平面体。

④ 可以通过交互方式推拉曲面，使曲面变得更加扁平或饱满。

5. 镜像曲面

单击【主页】选项卡 |【基本】组 |【镜像几何体】按钮，出现【镜像几何体】对话框，如图 6-89 所示。

① 在【要镜像的几何体】组，激活【选择对象（6）】，在图形区选择需要镜像的曲面。

② 在【镜像平面】组，从【指定平面】列表中选择【现有平面】选项，选取 ZOY 为镜像平面。

完成以上设置，单击【确定】按钮。

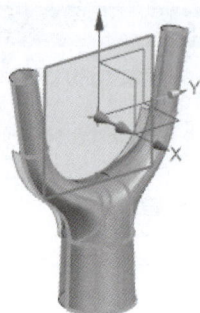

图 6-89　镜像曲面

6. 创建有界平面

单击【曲面】选项卡 |【基本】组 |【有界平面】按钮 ，出现【有界平面】对话框，如图 6-90 所示。

在【平截面】组，激活【选择曲线（1）】，在图形区选择片体曲线。

完成设置，单击【确定】按钮。

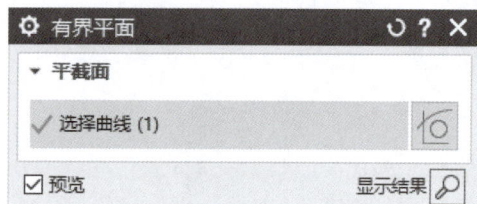

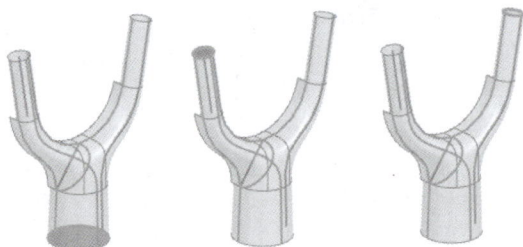

图 6-90　创建有界平面

7. 缝合曲面

单击【曲面】选项卡 |【组合】组 |【缝合】按钮 ，出现【缝合】对话框，如图 6-91 所示。

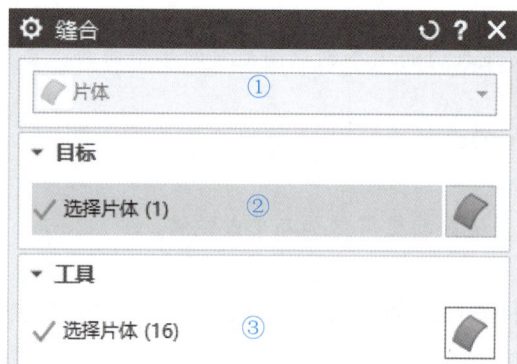

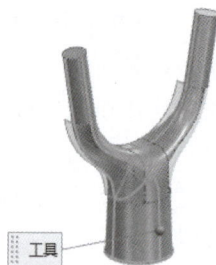

图 6-91　创建缝合曲面

① 从【类型】下拉列表中选择【片体】选项。

② 在【目标】组，激活【选择片体（1）】，在图形区选择"有界平面"曲面。

③　在【工具】组，激活【选择片体（16）】，在图形区选择其余曲面。

完成以上设置，单击【确定】按钮。

8. 移动层

（1）将草图移到 21 层。

（2）将拉伸曲面移到 11 层。

（3）将 11 层、21 层、61 层设为【不可见】，如图 6-92 所示。

9. 存盘

选择【文件】|【保存】命令，保存文件。

图 6-92　叉

【任务拓展】

创建填充曲面特征拓展练习如图 6-93 所示。

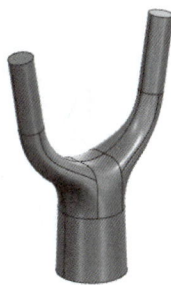

（a）拓展练习 1　　　　　（b）拓展练习 2

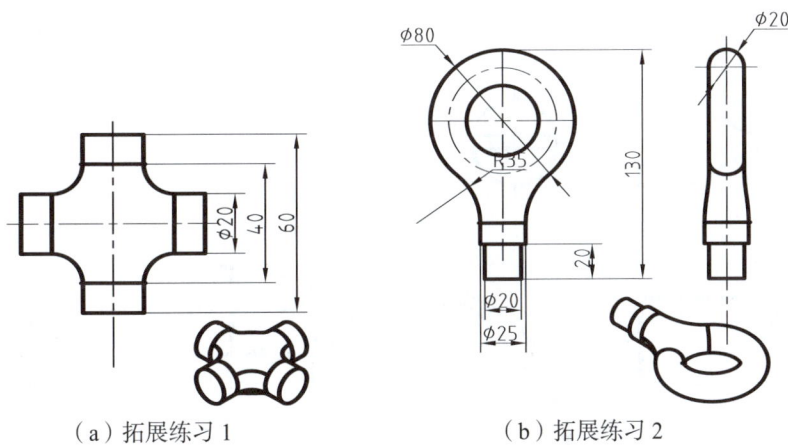

图 6-93　创建填充曲面特征拓展练习

课题 6.9　提高练习

绘制模型，如图 6-94 所示。

（a）练习 1　　　　　（b）练习 2

图 6-94　提高练习

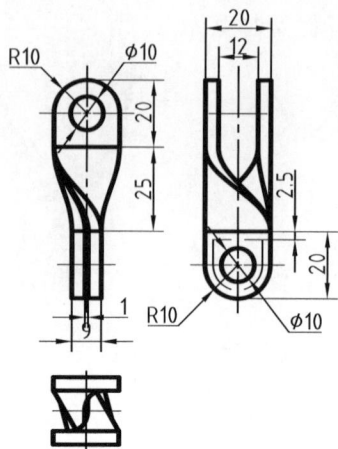

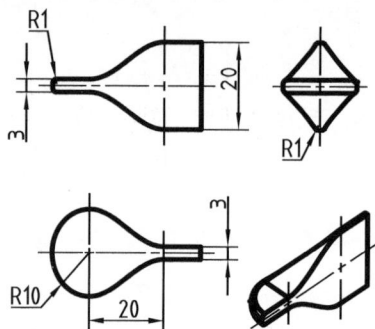

（c）练习 3　　　　　　　　　　　　　（d）练习 4

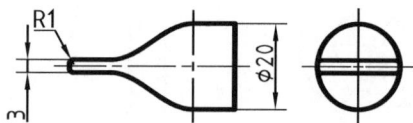

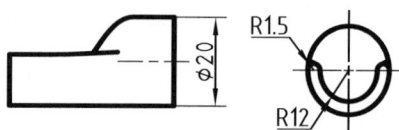

（e）练习 5　　　　　　　　　　　　　（f）练习 6

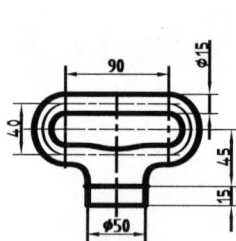

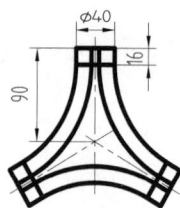

（g）练习 7　　　　　（h）练习 8　　　　　（i）练习 9

图 6-94　（续）

在 UG NX 的实体模型设计中，表达式是非常重要的概念和设计工具。特征、曲线和草图的每个形状参数和定位参数都是以表达式的形式存储的。表达式的形式是一种辅助语句：变量＝值。等式左边为表达式变量，等式右边为常量、变量、算术语句或条件表达式。表达式可以建立参数之间的引用关系，是参数化设计的重要工具。通过修改表达式的值，可以很方便地修改和更新模型，这就是所谓的参数化驱动设计。

课题 7.1　创建和编辑表达式

视频讲解

【学习目标】

（1）理解表达式的概念。

（2）熟练应用表达式创建模型。

【工作任务】

应用表达式创建模型实例，如图 7-1 所示。

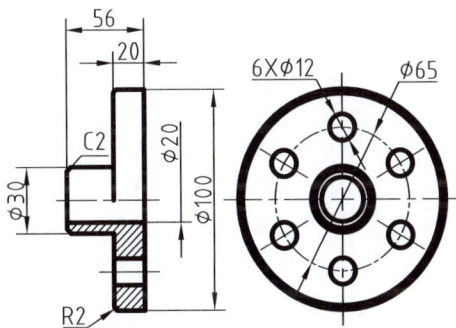

图 7-1　应用表达式创建模型实例

（1）阵列的孔等距分布。

（2）孔的中心线直径与法兰的外径和套筒的内径有如下数学关系：

阵列位于法兰的外径和套筒的内径中间，即 65＝（100+30）/2。

（3）孔的数量与法兰的外径有如下数学关系：

孔阵列的实例数为圆环外径除以 16，然后取整，即 6=Floor（100/16）。

【任务实施】

1. 新建文件

新建文件并保存为"应用表达式创建模型实例.prt"。

2. 建立基体

创建法兰，如图 7-2 所示。

3. 修改尺寸名称

单击【主页】选项卡｜【工具】组｜【表达式】按钮＝，出现【表达式】对话框，如图 7-3 所示。

① 在【名称】栏，双击尺寸 100 名称变为可输入状态，输入 outD，按 Enter 键。

② 在【名称】栏，双击尺寸 30 名称，在文本框中输入名称 inD，按 Enter 键。

③ 在【名称】栏，双击尺寸 65 名称，在文本框中输入名称 midD，按 Enter 键。

图 7-2　创建法兰

④ 在【名称】栏，双击尺寸 6 名称，在文本框中输入名称 n，按 Enter 键。

	名称	公式	值	单位	量纲	类型	源	状态
1	▼ 默认组							
2				▼	长度	… ▼		
3	inD ②	30	30	mm	长度 ▼	数字	(SKETCH_001:草…	
4	outD ①	100	100	mm	长度 ▼	数字	(圆柱(1) 直径)	
5	p1	10	10	mm	长度 ▼	数字	(圆柱(1) 高度)	
6	p2	0	0	mm	长度 ▼	数字	(拉伸(3) 起始…	
7	p3	28	28	mm	长度 ▼	数字	(拉伸(3) 终止…	
8	p58	12	12	mm	长度 ▼	数字	(Ø12 孔(6) 直径)	
9	n ④	6	6		无单位	数字	(阵列特征 [圆…	
10	p115	60	60	°	角度 ▼	数字	(阵列特征 [圆…	
11	p116	10	10	mm	长度 ▼	数字		
12	p117	360	360	°	角度 ▼	数字		
13	p118	1	1		无单位	数字		
14	p119	10	10	mm	长度 ▼	数字		
15	p120	0	0	mm	长度 ▼	数字		
16	p121	0	0	°	角度 ▼	数字		
17	p170	20	20	mm	长度 ▼	数字	(Ø20 孔(4) 直径)	
18	midD ③	65	65	mm	长度 ▼	数字	(Ø12 孔(6) Arc…	

【表达式】对话框左侧：
可见性 — 显示 16 个表达式，共 16 个；显示：所有表达式；表达式组：全部显示；☑ 显示锁定的公式表达式；☐ 启用高级过滤
操作 — 新建表达式；创建/编辑部件间表达式；创建多个部件间表达式；编辑多个部件间表达式；替换表达式；打开被引用部件

图 7-3　修改尺寸名称

📑 提示：关于尺寸名称

系统为尺寸创建的默认名称含义模糊，为了便于其他设计人员更容易理解方程式并知道方程式控制的参数，用户应该把尺寸改为更有逻辑且容易明白的名字。

4. 建立表达式

【表达式】对话框，如图 7-4 所示。

① 在【公式】栏，双击表达式 midD 对应的值 65 变公式为可输入状态，在文本框输入（outD+inD）/2。按 Enter 键，单击【应用】按钮把表达式值赋予图形。

② 在【公式】栏，双击表达式 n 对应的值 6 变公式为可输入状态，在文本框输入 floor（outD/16）。按 Enter 键，单击【应用】按钮把表达式值赋予图形。

📑 提示：关于 floor 函数

n=floor（X）

📝 说明：n 为小于或等于 X 的最大整数。

	↑ 名称	公式	值	单位	量纲	类型	源
1	✓ 默认组						
2				▼	长度 ▼	⋯ ▼	
3	inD	30	30	mm	长度 ▼	数字	（SKETCH_001:草⋯
4	midD ①	(outD+inD)/2	65	mm	长度 ▼	数字	（Ø12 孔(5) Arc⋯
5	n ②	floor(outD/16)	6		无单位	数字	（阵列特征 [圆⋯
6	outD	100	100	mm	长度 ▼	数字	（圆柱(1) 直径）

（可见性面板：✓ 可见性　显示 16 个表达式，共 16 个　显示：所有表达式　表达式组：全部显示　☑ 显示锁定的公式表达式　□ 启用高级过滤）

图 7-4　建立表达式

📑 提示：关于表达式的编写顺序

表达式是根据它们在列表中的先后顺序求解的。

列出 3 个表达式：A=B、C=D、D=B/2，来看看改变 B 的值会发生什么变化。首先系统会算出一个新的 A 值，第二个表达式没有变化。在第三个表达式中，B 值的变化会产生一个新的 D 值，然而只有到第二次重建时，新的 D 值才会作用到 C 值上，将表达式重新排列就能解决这个问题。正确的顺序是：A=B、D=B/2 、C=D。

5. 测试

将 outD 由 100 修改为 180，观察模型变化，如图 7-5 所示。

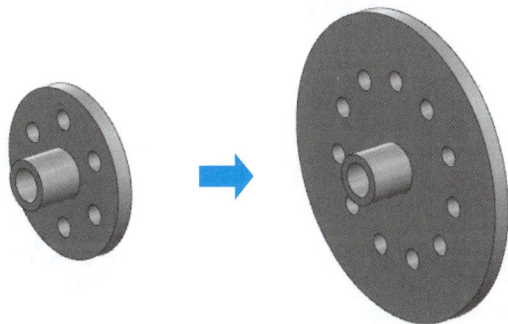

图 7-5　测试

6. 存盘

选择【文件】|【保存】命令，保存文件。

【任务拓展】

应用表达式创建模型拓展练习如图 7-6 所示。

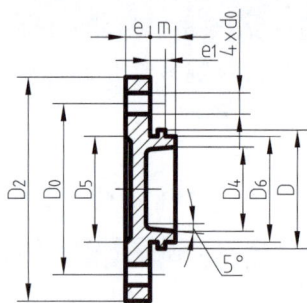

A	100,120,150,180,200
A_1	$A_1=A+(5\sim6)d$
A_2	$A_2=(A_1+A)/2$
B	50,60,75,90,100
B_1	$B_1=B+(5\sim6)d$
B_2	$A_2=(A_1+A)/2$
d	M6, M8

D	轴承外径45~65	D_0	$D_0=D+2.5d_3$
d_0	$d_0=d_3+1$	D_2	$D_2=D_0+2.5d_3$
d_3	连接螺栓直径6	D_4	$D_4=D-(10\sim15)$
e	$e=1.2d_3$	D_5	$D_5=D_0-3d_3$
e_1	$e_1\geqslant e$	D_6	$D_6=D-(2\sim4)$
m	10~25		

（a）拓展练习 1　　　　　　　（b）拓展练习 2

图 7-6　应用表达式创建模型拓展练习

课题 7.2　创建抑制表达式

视频讲解

【学习目标】

（1）理解抑制特征的概念。

（2）掌握创建抑制表达式控制特征的方法。

【工作任务】

应用抑制表达式控制是否需添加加强筋，如图 7-7 所示。

（1）建立加强筋模型。

（2）建立抑制表达式控制特征。

（3）当长度小于 120 时，不设计三角形加强筋。

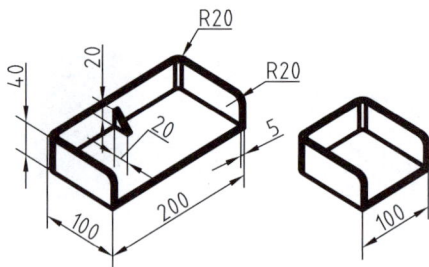

图 7-7　控制是否需添加加强筋

【任务实施】

1. 新建文件

新建文件并保存为"创建抑制表达式实例.prt"。

2. 建立基体

创建框架，如图 7-8 所示。

3. 创建抑制表达式

（1）选择【编辑】|【特征】|【由表达式抑制】按钮，出现【由表达式抑制】对话框，如图 7-9 所示。

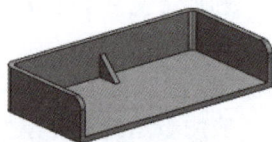

图 7-8　创建框架

① 在【表达式】组，从【表达式选项】下拉列表中选择【为每个创建】选项。

② 在【选择特征】组，激活【选择特征（1）】，在【相关特征】列表中选择"筋板（5）"。

完成以上设置，单击【确定】按钮。

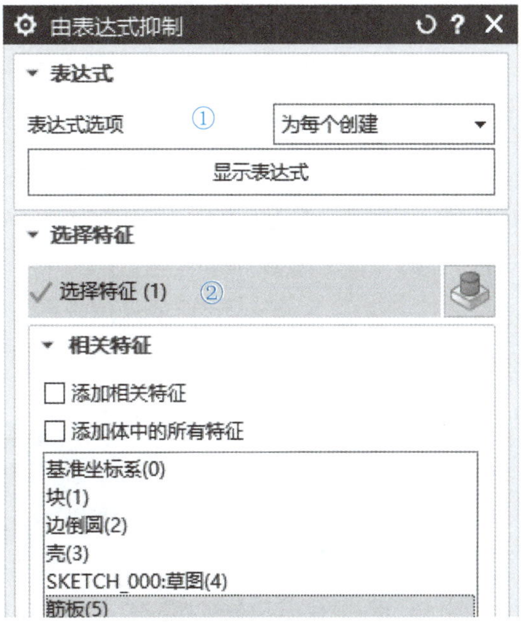

图 7-9　【由表达式抑制】对话框

📃 提示：关于抑制特征

抑制特征用于临时从目标体及显示中移除一个或多个特征。实际上，抑制的特征依然存在于数据库里，只是将其从模型中删除了。因为特征依然存在，所以可以用取消抑制特征调用它们。

抑制特征用于减小模型的大小，使之更容易操作，尤其在模型相当大时使用，便减少了创建、对象选择、编辑和显示的时间。

为了进行分析工作，可从模型中移除小孔和圆角之类的非关键特征。

在冲突几何体的位置创建特征。例如，如果需要用已倒圆的边来放置特征，则不需要删除圆角。可抑制圆角，创建并放置新特征，然后取消抑制圆角。

（2）单击【主页】选项卡|【工具】组|【表达式】按钮＝，出现【表达式】对话框，如图 7-10 所示。

① 从【源】查找"（筋板（5）Suppression Status）"行，将"名称"改为"Show_Suppress"，按 Enter 键确定，将 Show_Suppress 的值由 1 改为 0，按 Enter 键确定。

② 将块尺寸名称改为"宽""长"和"高"，按 Enter 键确定。

完成以上设置，单击【确定】按钮。

4. 创建一个条件表达式，用已存在表达式控制 Show_Suppress

单击【主页】选项卡|【工具】组|【表达式】按钮＝，出现【表达式】对话框。

（1）在【公式】栏，双击名称 Show_Suppress 对应公式，在文本框输入"if（长 <120）（0）else（1）"，按 Enter 键确定，如图 7-11 所示。

↑ 名称	公式	值	单位	量纲	类型	源
∨ 默认组						
			▼	长度 ▼	⋯ ▼	
├ p11	10	10	mm	长度 ▼	数字	(边倒圆(2) 半径 1)
├ p12	5	5	mm	长度 ▼	数字	(壳(3) 厚度)
├ p16	🔒 50	50		无单位	数字	(SKETCH_000:草图(4)
├ p17	🔒 18⋯	18⋯	mm	长度	数字	(SKETCH_000:草图(4)
├ p36	0.500⋯	0.5		无单位	数字	
├ p37 ①	5	5	mm	长度 ▼	数字	(筋板(5) 厚度)
├ Show_Suppress	0	0		无单位	数字	(筋板(5) Suppressio
├ 宽	100	100	mm	长度 ▼	数字	(块(1) 长度 (XC))
├ 长 ②	200	200	mm	长度 ▼	数字	(块(1) 宽度 (YC))
└ 高	40	40	mm	长度 ▼	数字	(块(1) 高度 (ZC))

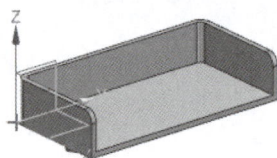

图 7-10 特征抑制后模型显示

8	┆ p37	5	
9	├ Show_Suppress	if (长<120) (0) else (1)	
10	├ 宽	100	
11	├ 长	200	
12	└ 高	40	

图 7-11 建立条件表达式

📄 **提示：关于在表达式公式中插入条件**

可以在表达式公式中插入 If-Else 或 If-Else-Else 条件。

The THEN and ELSE are required.

If the testExpression evaluates to True, then the trueExpression is evaluated. If the testExpression evaluates to False, then the falseExpression is evaluated.

（2）在【公式】栏，双击名称长对应公式，在文本框输入 100，按 Enter 键确定，测试条件表达式，如图 7-12 所示。

9	┄ Show_Suppress	if (长<120) (0) else (1)
10	宽	100
11	长	100
12	└ 高	40

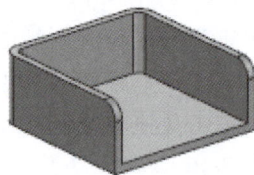

图 7-12 测试条件表达式

完成以上设置，单击【确定】按钮。

5. 存盘

选择【文件】|【保存】命令，保存文件。

【任务拓展】

创建抑制表达式拓展练习如图 7-13 所示。

(1) 孔直径是外径的一半；
(2) 孔直径小于10mm，无孔；
(3) 厚度2mm。

(1) 固定条长度范围：100～250mm；
(2) 孔间距：默认20mm；
(3) 当左右两端孔到边线距离大于17mm时，孔间距为16mm；
(4) 左右两端到孔的距离相等；
(5) 厚度2mm。

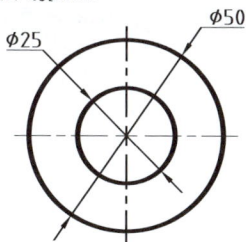

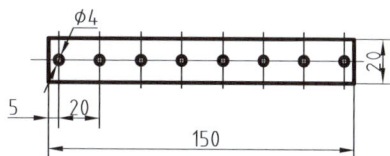

（a）拓展练习1　　　　（b）拓展练习2

图 7-13　创建抑制表达式拓展练习

课题 7.3　创建部件族

视频讲解

【学习目标】

掌握创建部件族的方法。

【工作任务】

按 GB/T 6170—2015 创建螺母，如图 7-14 所示。

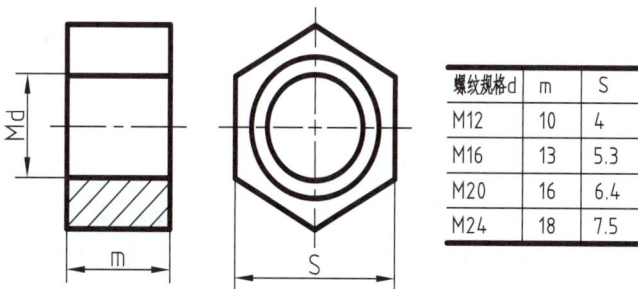

螺纹规格d	m	S
M12	10	4
M16	13	5.3
M20	16	6.4
M24	18	7.5

图 7-14　创建六角螺母部件族实例

【任务实施】

1. 新建文件

新建文件并保存为"创建六角螺母部件族实例.prt"。

2. 建立表达式

单击【工具】选项卡 |【实用工具】组 |【表达式】按钮 ＝，出现【表达式】对话框，如图 7-15 所示。

① 在【名称】文本框输入表达式变量的名称 d，在【公式】文本框输入变量的值"12"。

② 在【名称】文本框输入表达式变量的名称 m，在【公式】文本框输入变量的值"10.8"。

③ 在【名称】文本框输入表达式变量的名称 S，在【公式】文本框输入变量的值"18"。

完成以上设置，单击【确定】按钮。

↑ 名称	公式	值	单位	量纲	类型	源
1	∨ 默认组					
2				▼	长度 ▼	… ▼
3	└ d	12	12	▼	长度 ▼	数字
4	└ m	10.8	10.8	▼	长度 ▼	数字
5	└ S	18	18	▼	长度 ▼	数字

图 7-15　建立表达式

3. 按 GB/T 6170—2015 创建螺母

（1）在 XOZ 基准面绘制草图，如图 7-16 所示。

（2）单击【主页】选项卡｜【基本】组｜【拉伸】按钮，出现【拉伸】对话框，如图 7-17 所示。

① 设置选择意图规则：相连曲线。

② 在【截面】组，激活【选择曲线（1）】，选择曲线。

③ 在【限制】组，从【终止】列表中选择【值】选项，在【距离】文本框输入 m。

图 7-16　在 XOZ 基准面绘制草图

④ 在【布尔】组，从【布尔】列表中选择【无】选项。完成以上设置，单击【确定】按钮。

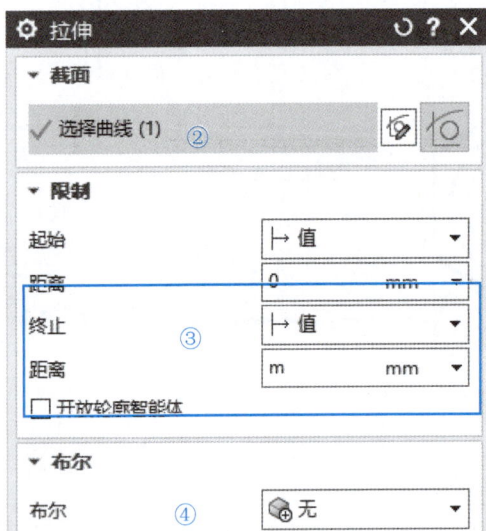

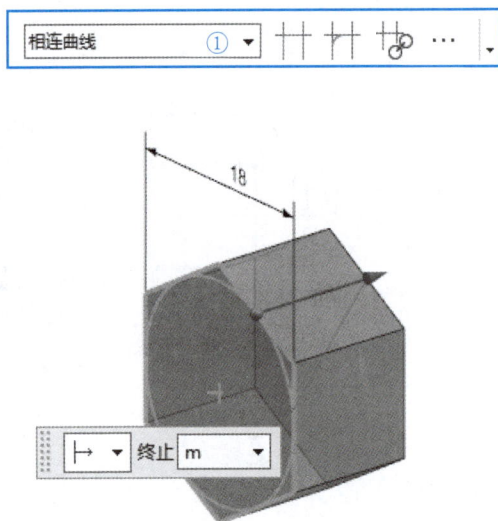

p128=S

图 7-17　建立基体

（3）单击【主页】选项卡｜【基本】组｜【孔】按钮，出现【孔】对话框，如图 7-18 所示。

① 从【类型】列表中选择【简单】选项。

② 在【形状】组，从【钻孔直径】列表中选择【定制】选项；在【孔径】文本框输入 d。

③ 在【位置】组，激活【指定点（1）】，提示行提示：在平的面上指定点，或选择基准平面进行草绘，或按"绘制截面"进行草绘。单击【点】按钮，在图形区域选择面圆心点为孔的中心。

④ 在【方向】组，从【孔方向】列表中选择【垂直于面】选项。

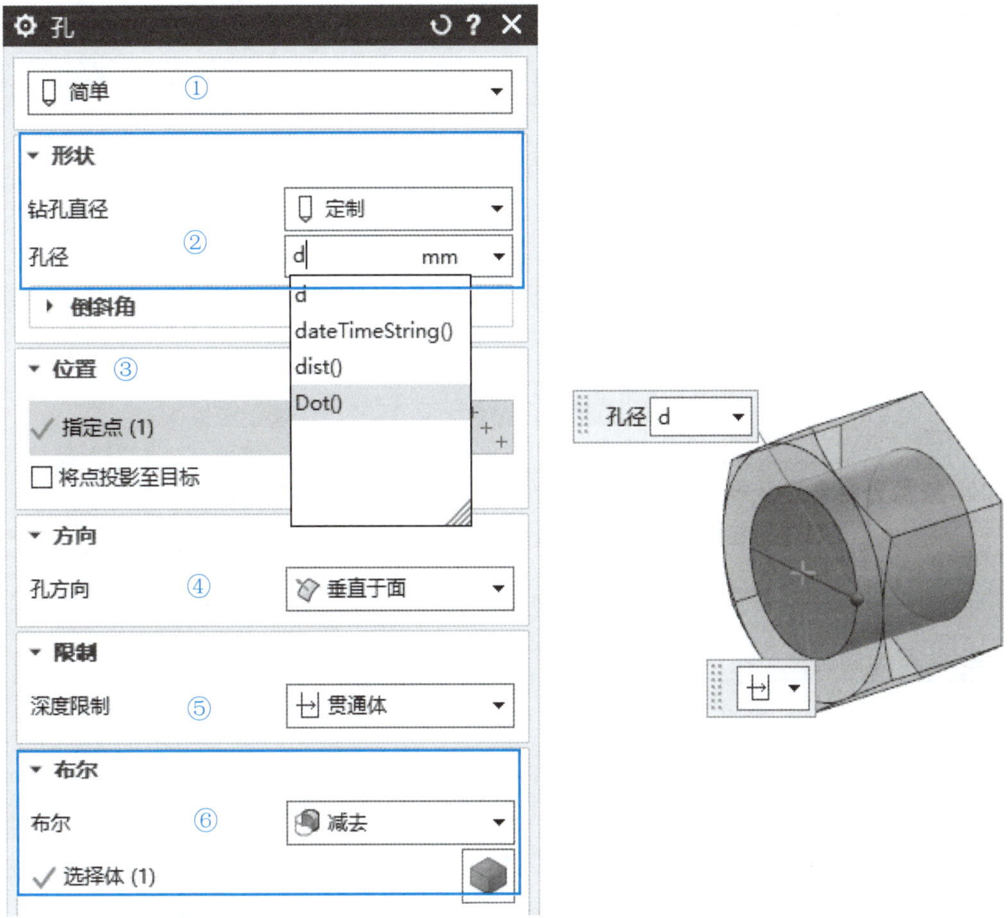

图 7-18　打底孔

⑤ 在【限制】组，从【深度限制】列表中选择【贯通体】选项。

⑥ 在【布尔】组，从【布尔】列表中选择【减去】选项。

完成以上设置，单击【确定】按钮。

4. 按 GB/T 6170—2015 创建螺母部件族

单击【工具】选项卡 |【实用工具】组 |【部件族】按钮 ，出现【部件族】对话框，如图 7-19 所示。

① 在【可用的列】列表框中依次双击螺栓的可变参数 S、d、m，将这些参数添加到部件族对话框【选定的列】列表框中。

② 将【族保存目录】改为 "D:\NX-Study\ 模块七 \ 课题 3\"。

（1）在【部件族电子表格】组，单击【创建电子表格】按钮 ，系统启动 Microsoft Excel，并生成一张工作表，录入系列螺栓的规格，如图 7-20 所示。

（2）在 Excel 中【加载】命令组，选择【部件族】|【保存族】命令，如图 7-21 所示。

选取表中的 1～4 行。单击【创建部件】按钮 ，如图 7-22 所示，系统运行一段时间以后，出现【信息】对话框，显示所生成的系列部件，单击【确定】按钮，完成创建部件族。

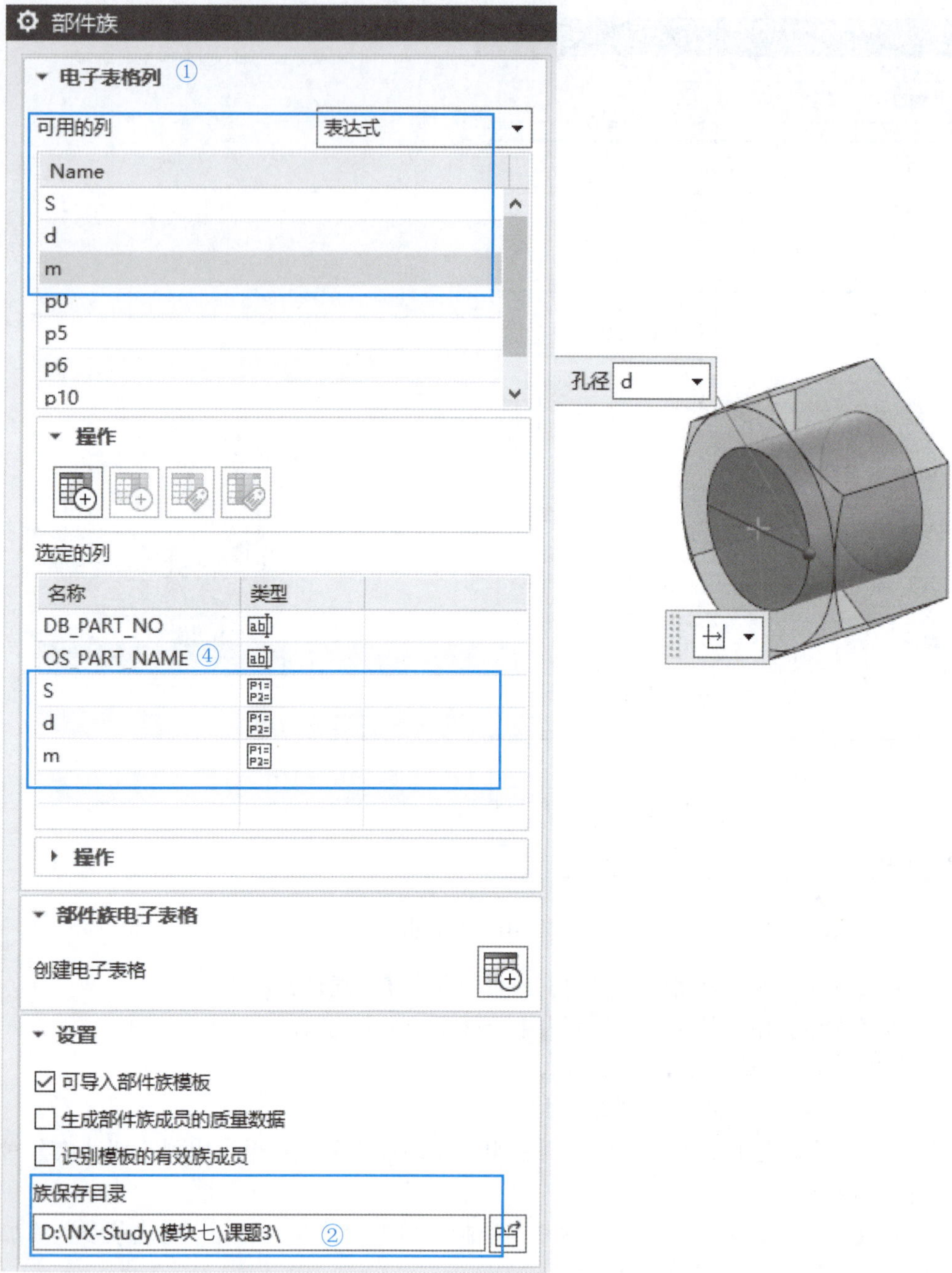

图 7-19　【部件族】对话框

	A	B	C	D	E	F
	DB_PART_NO	OS_PART_NAME	S	d	m	
1	1	M12	18	12	10.8	
2	2	M16	20	16	14.8	
3	3	M20	30	20	18	
4	4	M24	36	24	21.5	

图 7-20　部件族参数电子表格

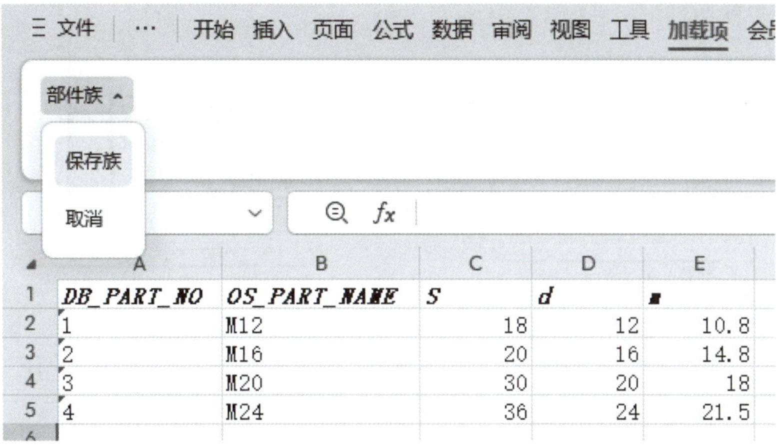

图 7-21　保存部件族

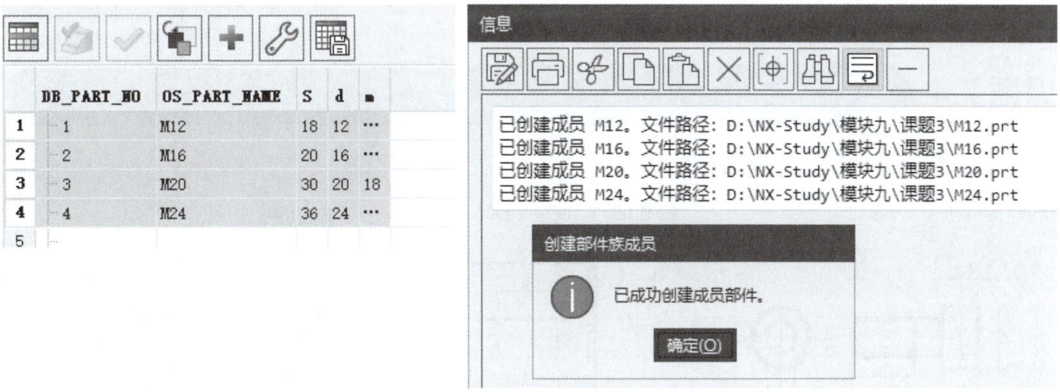

图 7-22　创建部件族

提示：关于 UG NX 部件族

UG NX 部件族由模板部件、家族表格、家族成员三部分组成。

（1）模板部件：部件族基于此部件通过电子表格构建其他的系列化零件。本例中文件部件族实例.prt 为模板部件。

（2）家族表格：用模板部件创建的电子表格，描述了模板部件的不同属性，可根据需要定义编辑。生成 Excel 文件为家族表格，包括以下内容。

DB_PART_NO：生成家族成员的序号；

OS_PART_NAME：命名生成家族成员的名字。

（3）家族成员：从模板部件和家族表格中创建与它们关联的只读部件文件。此部件文件只能通过家族表格修改数据。

本例中创建的成员有 M12、M16、M20、M24。

5. 存盘

选择【文件】|【保存】命令，保存文件。

【任务拓展】

创建部件族拓展练习如图 7-23 所示。

六角头螺栓GB/T 5783—2016

螺纹规格d	S	K	C	dw
M6	10	4	0.5	8.9
M8	13	5.3	0.6	11.6
M10	16	6.4	0.6	14.6
M12	18	7.5	0.6	16.6
M16	24	10	0.8	22.5
l系列	8,10,12,16,20,25			

（a）拓展练习 1

圆螺母 GB/T 812—1988

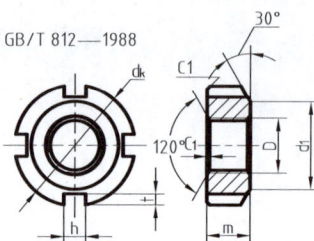

螺纹规格D×P	dk	d1	m	h	t	C	C1
M10×1	22	16	8	4.3	2.6	0.5	0.5
M12×1.25	25	19	8	4.3	2.6	0.5	0.5
M16×1.5	30	22	8	5.3	3.1	0.5	0.5
M18×1.5	32	24	8	5.3	3.1	0.5	0.5
M20×1.5	35	27	8	5.3	3.1	0.5	0.5
M24×1.5	42	34	10	5.3	3.1	1	0.5

（b）拓展练习 2

图 7-23　创建部件族拓展练习

课题 7.4　提高练习

绘制模型，如图 7-24 所示。

内六角螺母GB/T 70.1—2008

螺纹规格d	dk	K	s	t
M6	10	6	5	3
M8	13	8	6	4
M10	16	10	8	5
M12	18	12	10	6
M16	24	16	14	8
l系列	8,10,12,16,20,25			

（a）练习 1

圆柱销 GB/T 119.1—2000

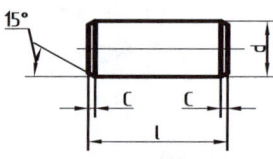

公称直径d	C
5	0.8
6	1.2
8	1.6
10	2.0
12	2.5
16	3.0
l系列	8,10,12,16,20,25

（b）练习 2

油塞及封油垫

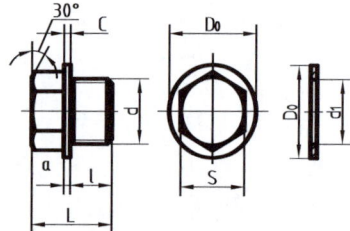

螺纹规格d	D0	L	a	S	d1	H
M14×1.5	22	22	12	3	17	2
M16×1.5	26	23	12	3	17	2
M20×1.5	30	28	15	4	22	2

（c）练习 3

平垫圈 GB/T 848—2002

螺纹规格d	d1	d2	h
M6	6.4	11	1.6
M8	8.4	15	1.6
M10	10.5	18	1.6
M12	13	20	2.0
M16	17	28	2.5

（d）练习 4

挡圈

螺钉紧固轴端挡圈　　螺栓紧固轴端挡圈

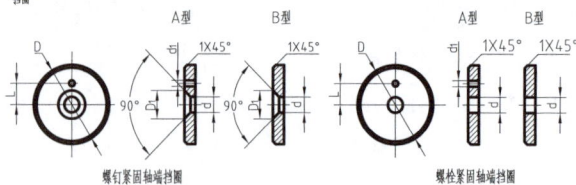

轴径≤	公称直径D	H	L	d	d1	C	D1
14	20	8	–	5.5	0.5	0.5	11
16	22	8	–	5.5	0.5	0.5	11
18	25	8	–	5.5	0.5	0.5	11
20	28	8	7.5	5.5	0.5	0.5	11
22	30	4	7.5	5.5	1.2	1	11
25	32	5	10	6.6	3.2	1	13
28	35	5	10	6.6	3.2	1	13
30	38	5	10	6.6	3.2	1	13

（e）练习 5

图 7-24　提高练习

模块八　创建装配与运动仿真

MODULE 8

利用三维零件模型可以完成产品的装配设计。将两个或多个零件模型（或部件）按照一定约束关系进行安装，形成产品的整体装配。由于这种所谓的"装配"不是在装配车间的真实环境下完成的，因此也称为虚拟装配。

装配体文件是由多个零件和部件组成的一类新文件，在 UG NX 文件中，装配体文件的后缀为".prt"。

在三维设计中建立装配体文件，是虚拟样机的基础。

利用产品的装配体模型，可以完成以下工作。

① 对产品结构验证，分析设计的不足及查找设计中的错误。例如，进行干涉检查，查找装配体中存在的设计错误。

② 对产品的统计和计算。例如，计算产品总质量、统计产品中的零件类型和零件数量。

③ 生成产品的爆炸图。

④ 对产品进行运动分析和动态仿真，描绘运动部件特定点的运动轨迹。

⑤ 生成产品的真实效果图，提供"概念产品"。

课题 8.1　创建简单装配

视频讲解

【学习目标】

（1）熟悉装配建模环境。

（2）掌握装配建模流程。

（3）掌握创建约束的方法。

（4）掌握在装配中修改零件的方法。

（5）掌握爆炸图生成方法。

【工作任务】

利用装配模板建立简单装配，添加组件，建立约束，如图 8-1 所示。

图 8-1　创建简单装配应用实例

【任务实施】

1. 建立模型

建立支架和销轴，如图 8-2 所示。

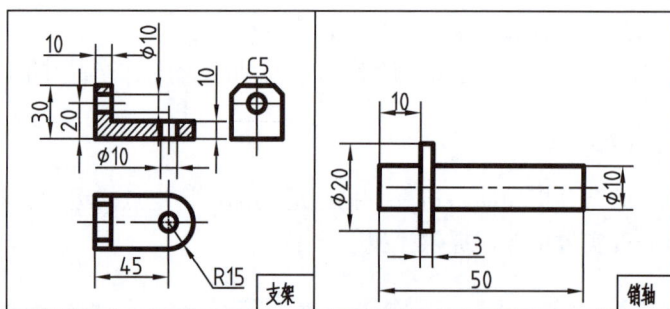

图 8-2　简单装配 - 零件模型

📝 说明：先将销轴 $\phi10$ 建成 $\phi12$，后面在装配中修改。

2. 新建装配体

选择【文件】|【新建】命令，出现【新建】对话框。

① 单击【模型】选项卡。

② 在【模板】列表框中选定【装配】模板。

③ 在【新文件名】组，在【名称】文本框输入"简单装配"。

④ 在【文件夹】文本框输入"D:\NX-Study\ 模块八 \ 课题 1\"。

完成以上设置，单击【确定】按钮，进入装配体窗口。

3. 插入第一个零部件——运用【添加组件】功能

（1）单击【装配】选项卡|【基本】组|【添加组件】按钮👆，出现【添加组件】对话框，如图 8-3 所示。

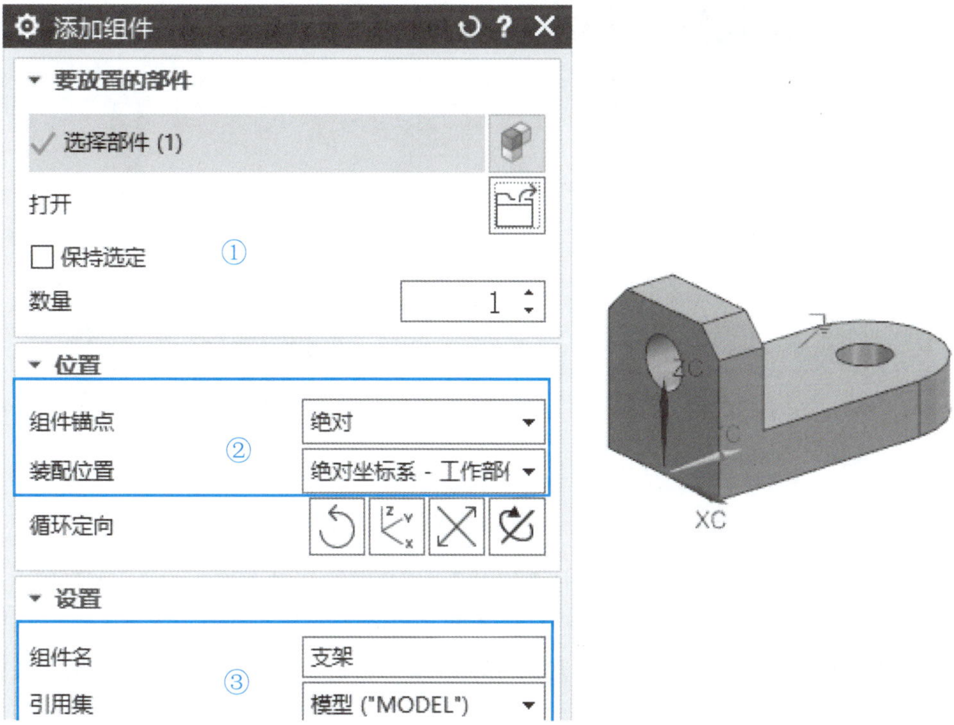

图 8-3　【添加组件】对话框

① 在【要放置的部件】组，单击【打开】按钮 ，出现【部件名】对话框，选择"支架"，单击【确定】按钮返回【添加组件】对话框，图形区出现"支架"模型。

② 在【位置】组，从【组件锚点】列表中选择【绝对】选项，在【装配位置】列表中选择【绝对坐标系 - 工作部件】选项。

③ 在【设置】组，从【引用集】下拉列表中选择【模型（"MODEL"）】选项。

④ 从【图层选项】下拉列表中选择【工作的】选项。

完成以上设置，单击【确定】按钮。

（2）确定插入零件在装配体中的位置。

出现【创建固定约束】对话框，单击【是（Y）】按钮，如图 8-4 所示，在图形区域中零部件自动添加【固定】约束。

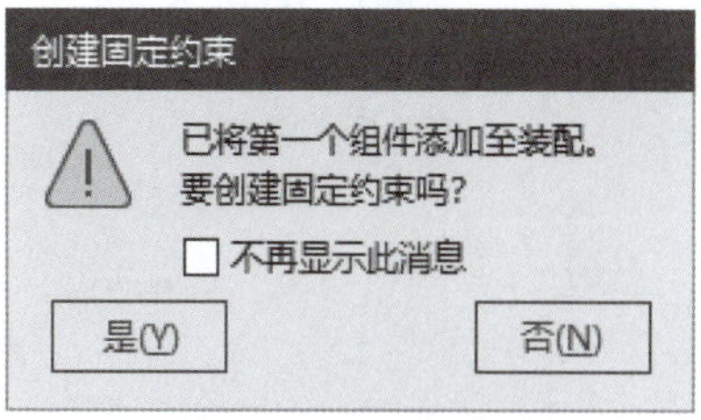

图 8-4　创建固定约束

> **提示：关于固定的零件**
>
> 默认情况下，在装配体中的第一个零件为固定状态，即该零件在空间中不允许移动。一般说来，第一个零件在装配体中的固定位置应该是"零件的原点和装配体的原点重合，使三个对应的基准面相互重合"，这极大方便处理其他零件和约束关系。其他的零件与被"固定"的零件添加约束关系，从而约束了其他零件的自由度。

4. 插入第二个零部件——运用【装配】功能

（1）单击【装配】选项卡｜【基本】组｜【装配】按钮 ，出现【装配】对话框，如图 8-5 所示。

图 8-5 插入"销轴"并添加"居中／轴接触对齐"约束

① 在【要添加的部件】组，单击【打开】按钮⿳，出现【部件名】对话框，选择"销轴"，单击【确定】按钮返回【装配】对话框，图形区出现"销轴"模型。

② 在【定位组件】组，激活【选择或拖动对象（0）】；在图形区选择"支架"底板内孔和"销轴"圆柱面。

③ 在【操作】组，单击【居中／轴接触对齐】按钮⿴，添加圆柱轴接触约束。

（2）添加约束。

【装配】对话框，如图 8-6 所示。

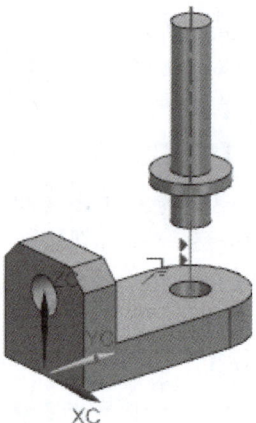

图 8-6 添加"接触对齐"约束

① 在【定位组件】组，激活【选择或拖动对象（0）】，在图形区选择"支架"上表面和"销轴"支撑面。

② 在【操作】组，单击【接触对齐】按钮⿴，添加接触对齐约束。

完成以上设置，单击【应用】按钮。

5. 插入第三个零部件——继续运用【装配】功能

（1）【装配】对话框，如图 8-7 所示。

① 在【要添加的部件】组，单击【打开】按钮⿳，出现【部件名】对话框，选择

"支架"，图形区出现"支架"模型。

②　在【定位组件】组，激活【选择或拖动对象（0）】；在图形区选择"支架"孔和"销轴"轴颈。

③　在【操作】组，单击【居中/轴接触对齐】按钮，添加圆柱轴接触约束。

图 8-7　插入"支架"并添加"居中/轴接触对齐"约束

（2）添加距离约束。

在【装配】对话框，如图 8-8 所示。

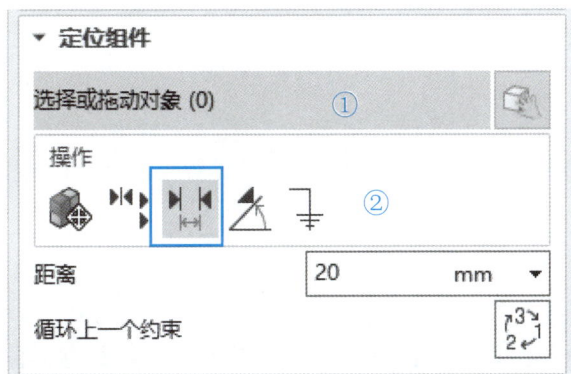

图 8-8　添加"距离"约束

①　在图形区选择"支架 <1>"上表面和"支架 <2>"下表面。

②　在【操作】组，单击【距离】按钮。

③　在【距离】文本框输入 20，添加距离约束。

（3）添加角度约束。

在【装配】对话框，如图 8-9 所示。

①　在图形区选择"支架 <1>"右侧面和"支架 <2>"右侧面。

②　在【操作】组，单击【角度】按钮。

③　在【角度】文本框输入 60，添加角度约束。

完成以上设置，单击【确定】按钮。

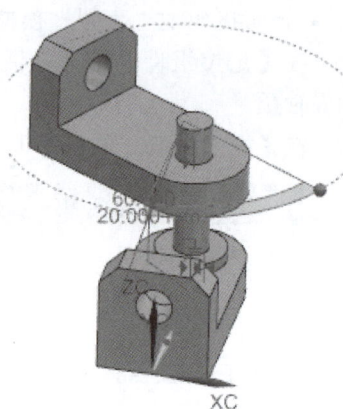

图 8-9　添加"角度"约束

6. 插入第四个零部件——运用【添加组件】功能

（1）单击【装配】选项卡 |【基本】组 |【添加组件】按钮，出现【添加组件】对话框，如图 8-10 所示。

图 8-10　运用【添加组件】功能

① 在【要放置的部件】组，单击【打开】按钮，出现【部件名】对话框，选择"销轴"，单击【确定】按钮返回【添加组件】对话框，图形区出现"销轴"模型。

② 在【放置】组，激活【指定方位】，在图形区适合位置放置"销轴"。

提示：关于【装配】和【添加组件】的区别

① 装配。当需要将多个组件组合在一起，形成一个完整的机械系统时，装配是非常有用的。装配允许定义组件之间的关系和约束，从而确保设计的准确性和一致性。装配还可以帮助模拟和验证产品的性能和行为。

② 添加组件。当需要在一个现有模型中添加新的几何体或特征时，添加组件是更好的选择。添加组件可以在一个模型中组织和管理多个部分，从而提高工作效率和模型的可维护性。添加组件还可以重用现有的设计和数据，从而节省时间和成本。

因此，选择装配还是添加组件取决于具体需求和目标。如果需要组合多个组件，那么装配是更好的选择；如果需要在一个现有模型中添加新的几何体或特征，那么添加组件是更好的选择。

（2）添加接触约束。

单击【装配】选项卡 | 【位置】组 | 【接触】按钮◄◄，出现【接触】对话框，如图 8-11 所示。

① 在【要约束的几何体】组，激活【选择运动对象（1）】，在图形区选择"销轴"轴颈。

② 激活【选择静止对象（1）】，在图形区选择"支架"孔。

完成以上设置，单击【确定】按钮。

图 8-11　添加接触约束

（3）添加对齐约束。

单击【装配】选项卡 | 【位置】组 | 【对齐】按钮↓，出现【对齐】对话框，如图 8-12 所示。

① 在【要约束的几何体】组，激活【选择运动对象（1）】，在图形区选择"销轴"端面。

② 激活【选择静止对象（1）】，在图形区选择"支架"端面。

完成以上设置，单击【确定】按钮。

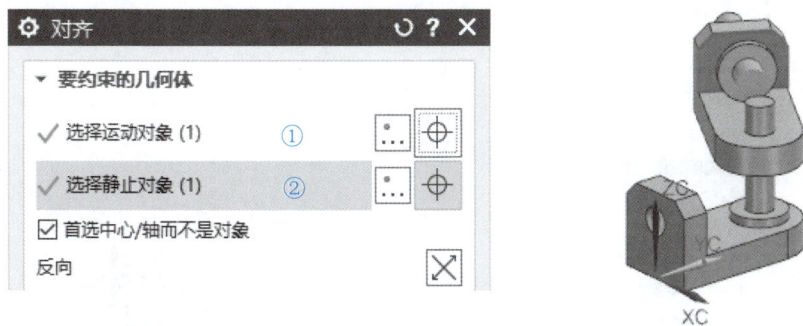

图 8-12　添加对齐约束

📑 **提示：关于约束**

利用装配约束在装配中定位组件。

1）固定约束

固定约束将组件固定在其当前位置┿。

2）对齐约束

对齐约束将不同组件中的两个轴对齐↓。

3）对齐 / 锁定约束

对齐 / 锁定约束将不同组件中的两个轴对齐并防止围绕公共轴的任何旋转 ⊷。

4）角度约束

角度约束用于定义两个对象之间的角度尺寸 ⚔。

5）中心约束

中心约束使一个或两个对象处于一对对象之间的中心，或使一对对象沿另一个对象居中 ⊮。

6）同心约束

同心约束可约束两个组件的圆形边或椭圆形边，以使中心重合，并使边的平面共面 ◎。

7）距离约束

距离约束可指定两个对象之间的 3D 距离 ⊶。

8）配合约束

配合约束将半径相等的两个圆柱面结合在一起 ＝。

9）平行约束

平行约束将两个对象的方向矢量定义为相互平行 ⫽。

10）垂直约束

垂直约束将两个对象的方向矢量定义为相互垂直 ⊾。

11）接触约束

接触约束可约束两个组件，使它们相互接触 ⊯。

12）胶合约束

胶合约束将组件"焊接"在一起，使它们作为刚体移动 ⊞。

7. 插入其他零件

按上述方法添加其他部件，完成约束。

8. 保存装配

选择【文件】|【保存】命令，如图 8-13 所示。

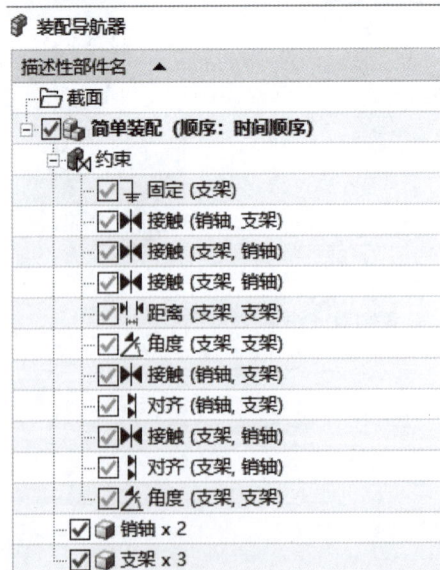

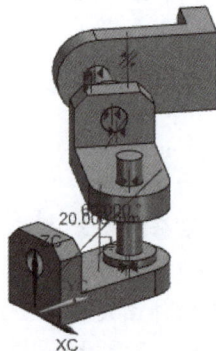

图 8-13　保存装配

📃 提示：关于装配导航器

装配导航器是一个窗口，可在层次结构树中显示装配结构、组件属性以及成员组件间的约束。

可以使用装配导航器：

① 查看显示部件的装配结构；

② 将命令应用于特定组件；

③ 通过将节点拖到不同的父项对结构进行编辑；

④ 标识组件；

⑤ 选择组件。

9. 静态干涉检查

1) 新建间隙集

单击【装配】选项卡|【间隙】组|【新建集】按钮 🌀，出现【间隙集】对话框，如图 8-14 所示。

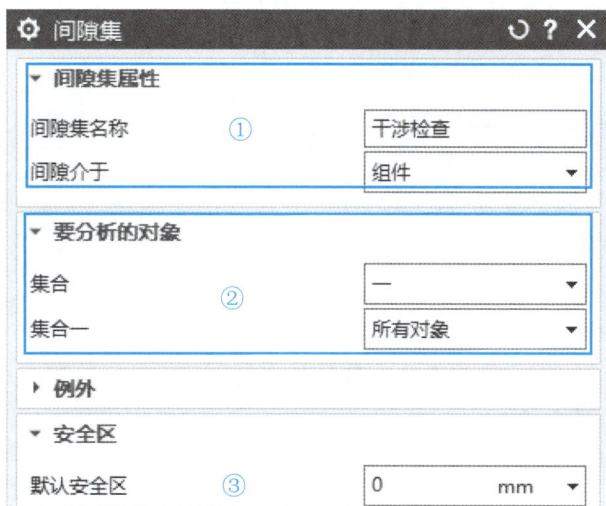

图 8-14 新建间隙集

① 在【间隙集属性】组，在【间隙集名称】文本框输入"干涉检查"，从【间隙介于】下拉列表中选择【组件】选项。

② 在【要分析的对象】组，从【集合】下拉列表中选择【一】选项，从【集合一】下拉列表中选择【所有对象】选项。

③ 在【安全区】组，在【默认安全区】文本框输入 0。

完成以上设置，单击【确定】按钮。

📃 提示：关于间隙集

间隙集：与间隙分析关联的所有数据都保留在间隙集中。

间隙集包含以下信息：

① 要分析的对象。

② 安全区域。

③ 单元子装配——设置为要在分析期间视为单个对象的子装配。

④ 特殊对象或两对象组成对的包含和排除。

⑤ 分析结果。

📢 **注意**：在一个装配中可以包含多个间隙集，但一次只能分析其中一个。

2）执行分析

单击【装配】选项卡|【间隙】组|【执行分析】按钮▦，出现【间隙浏览器】对话框，展开【干涉】，在表中对应【干涉组件】，显示【类型】为"新的（硬）"，如图 8-15 所示。右击"支架"选择【研究干涉】命令，图形区出现红色干涉区域。

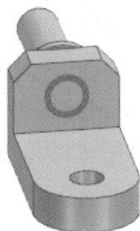

图 8-15　间隙浏览器

📑 **提示：关于装配间隙类型**

装配间隙分为以下类型的干涉。

① 软干涉——对象之间的最小距离小于或等于安全区域。比此距离近的对象之间即使没有接触，也会报告为干涉。

② 接触干涉——对象之间有接触但不相交。

③ 硬干涉——对象彼此相交。

④ 包容干涉——一个对象完全包含在另一个对象内。

10. 在装配体中编辑零件

（1）进入零件编辑状态。

在装配导航器中右击"销轴"，在出现的快捷菜单中选择【设为工作部件】命令，此时，"销轴"进入编辑状态，在【部件导航器】中出现"销轴"的建模特征，如图 8-16 所示。

（2）右击【圆柱】特征选择【编辑参数】命令，出现【圆柱】对话框，把直径由 12 改为 10，如图 8-17 所示。

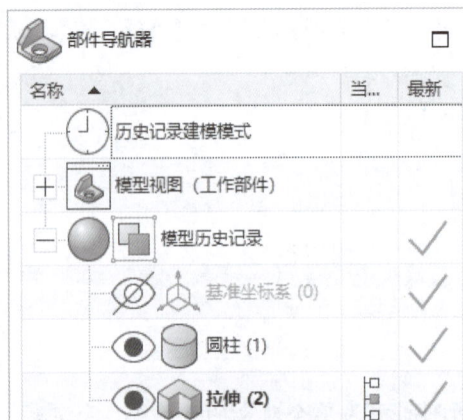

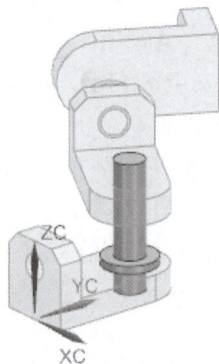

图 8-16　在装配体中编辑零件

图 8-17　编辑特征

在【装配导航器】中，双击【简单装配】退出零件编辑，再次检查，干涉类型变成"现有的（接触）"，如图 8-18 所示。

图 8-18　无干涉

11. 动态干涉检查

（1）在装配导航器中展开【约束】，右击【距离（支架，支架）】约束，在出现的快捷菜单中选择【抑制】命令，如图 8-19 所示。

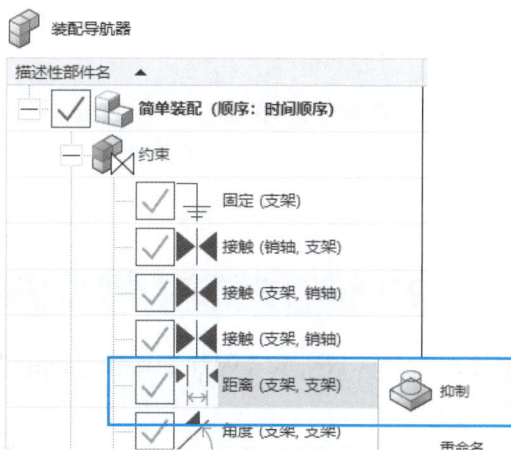

图 8-19　抑制【距离】约束

（2）单击【装配】选项卡【位置】区域上的【移动组件】按钮，出现【移动组件】对话框。

① 在【要移动的组件】组，激活【选择组件（3）】，在图形区选择上面的 2 个支架和 1 个销轴。

② 在【设置】组，在【碰撞动作】下拉列表中选择【高亮显示碰撞】选项。

③ 激活【变换】组【指定方位】选项，在图形区拖动动态坐标系 ZC 轴，发生碰撞，

高亮显示碰撞零件并停止。

动态干涉检查如图 8-20 所示。

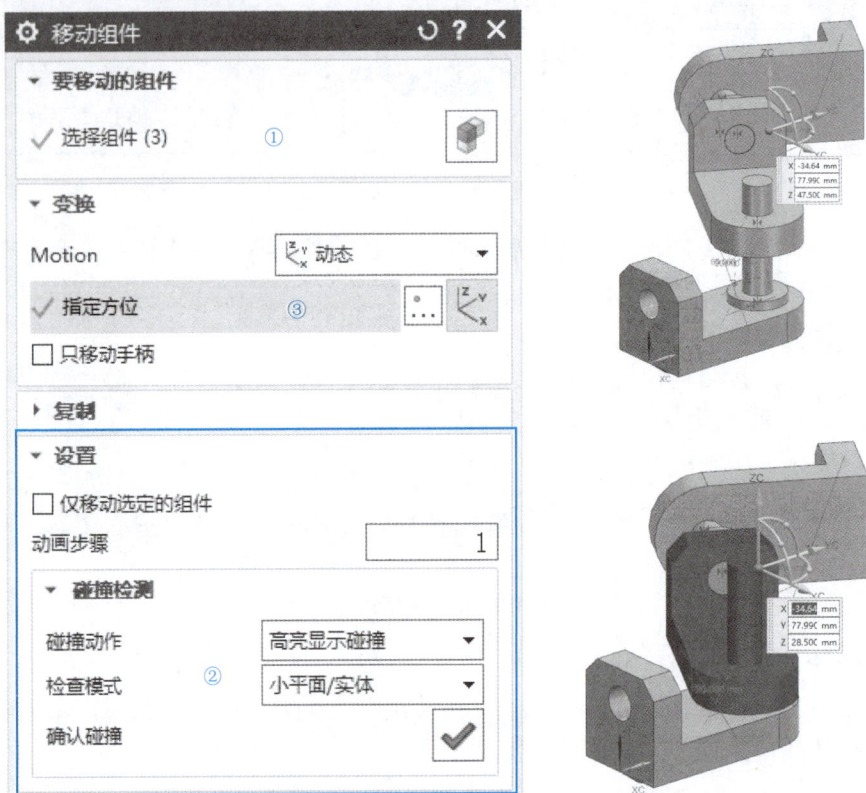

图 8-20　动态干涉检查

（3）动态干涉检查实验完毕，解除距离抑制。

在装配导航器中，右击【距离】约束，在出现的快捷菜单中选择【取消抑制】命令。

📋 **提示：关于干涉检查**

在一个复杂的装配体中，如果想用视觉来检查零部件之间是否有干涉的情况是件困难的事。使用【装配间隙】命令可检查装配的选定组件中是否存在可能的干涉。

12. 装配体爆炸视图

单击【装配】选项卡【爆炸】区域上的【爆炸】按钮 💥，出现【爆炸】对话框，如图 8-21 所示。

图 8-21　【爆炸】对话框

1）新建爆炸

单击【新建爆炸】按钮 ，出现【编辑爆炸】对话框，如图 8-22 所示。

（1）建立爆炸步骤 1。

① 在【要爆炸的组件】组，激活【选择组件（4）】，在图形区选择 2 个"轴销"和 2 个"支座"。

② 在【移动组件】组，在【爆炸类型】下拉列表中选择【手动】选项，激活【指定方位】，在图形区拖动动态坐标系 ZC 轴，以拖曳方式对零部件进行定位。

③ 在【设置】组，【爆炸名称】文本框中取默认的爆炸图名称"爆炸 1"，用户亦可自定义其爆炸图名称。

完成以上设置，单击【应用】按钮，完成爆炸步骤 1。

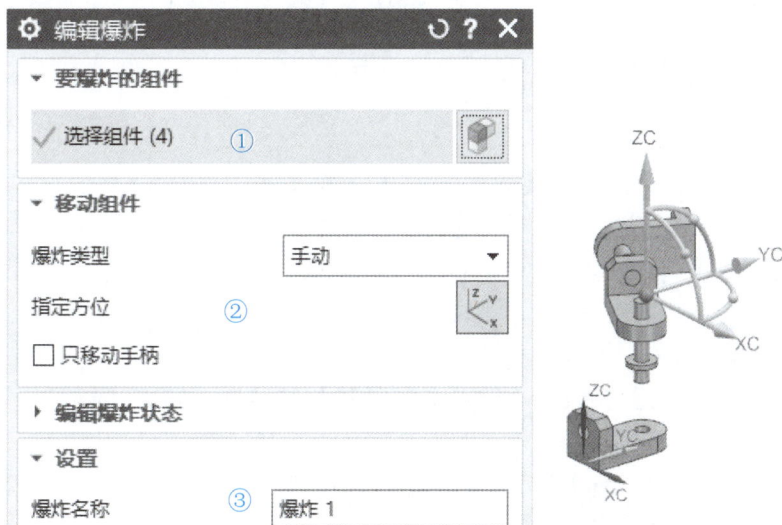

图 8-22　设置爆炸步骤 1

（2）建立爆炸步骤 2。

① 在【编辑爆炸】对话框中，在【要爆炸的组件】组，激活【选择组件】，在图形区选择"轴销"和 2 个"支座"。

② 在【移动组件】组，在【爆炸类型】下拉列表中选择【手动】选项，激活【指定方位】，在图形区拖动动态坐标系 ZC 轴，以拖曳方式对零部件进行定位。

单击【应用】按钮，完成爆炸步骤 2，如图 8-23 所示。

（3）建立爆炸步骤 3。

① 在【要爆炸的组件】组，激活【选择组件（2）】，在图形区选择"轴销"和"支座"。

② 在【移动组件】组，在【爆炸类型】下拉列表中选择【手动】选项，激活【指定方位】，勾选【只移动手柄】复选框，在图形区动态坐标系上单击【绕 ZC 轴旋转】控制钮，在【角度】文本框中输入 60，按 Enter 键确定。

③ 取消勾选【只移动手柄】复选框，在图形区拖动动态坐标

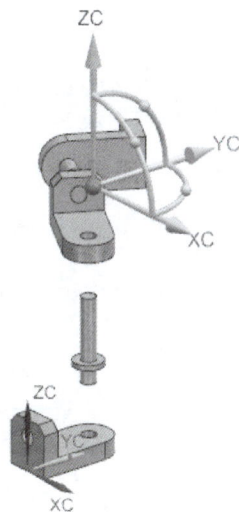

图 8-23　设置爆炸步骤 2

系 YC 轴，以拖曳方式对零部件进行定位。

单击【应用】按钮，完成爆炸步骤 3，如图 8-24 所示。

图 8-24　设置爆炸步骤 3

（4）建立爆炸步骤 4。

① 在【要爆炸的组件】组，激活【选择组件】，在图形区选择"支座"。

② 在【移动组件】组，从【爆炸类型】下拉列表中选择【手动】选项，激活【指定方位】，在图形区拖动动态坐标系 ZC 轴，以拖曳方式对零部件进行定位。

单击【确定】按钮，完成爆炸步骤 4，如图 8-25 所示。

2）创建追踪线

单击【创建追踪线】按钮，出现【追踪线】对话框，如图 8-26 所示。

① 在【起始】组，激活【指定点】，在图形区选择起点，激活【指定矢量】，在图形区选择矢量方向。

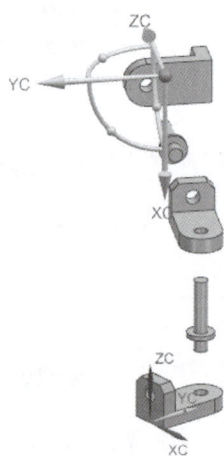

图 8-25　设置爆炸步骤 4

图 8-26　创建追踪线

② 在【终止】组，从【终止对象】下拉列表中选择【点】选项，激活【指定点】，在图形区选择终点，激活【指定矢量】，在图形区选择矢量方向。

③ 在【路径】组，单击【备选解】按钮，确定追踪线。

完成以上设置，单击【确定】按钮。

3）隐藏爆炸

单击【在可见视图中隐藏爆炸】按钮，在可见视图中隐藏装配爆炸，如图 8-27 所示。

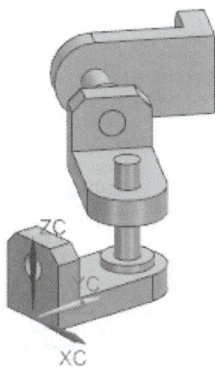

图 8-27 隐藏爆炸

4）显示爆炸

单击【在工作视图中显示爆炸】按钮，在工作视图中显示装配爆炸。

【任务拓展】

创建简单装配拓展练习如图 8-28 所示。

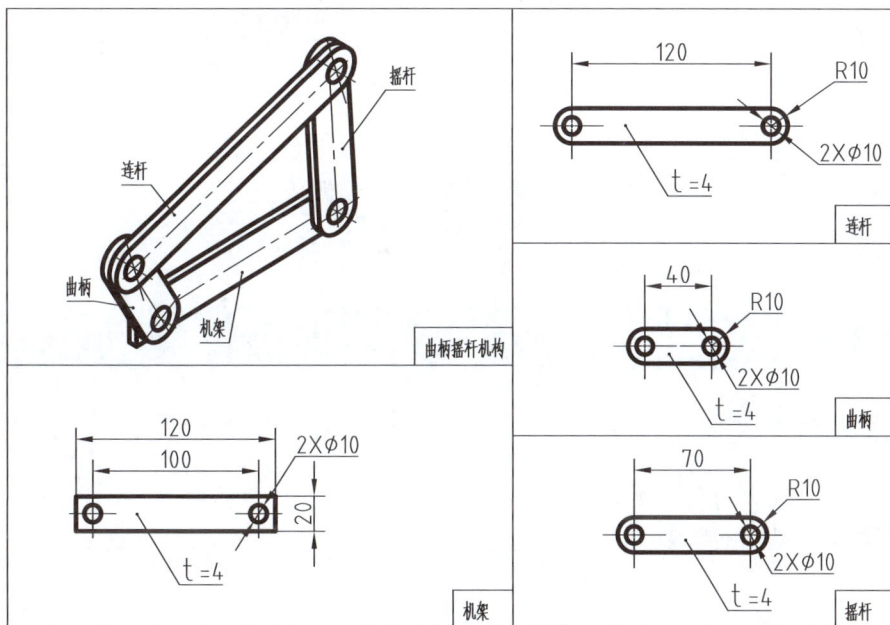

（a）拓展练习 1- 曲柄连杆机构

图 8-28 创建简单装配拓展练习

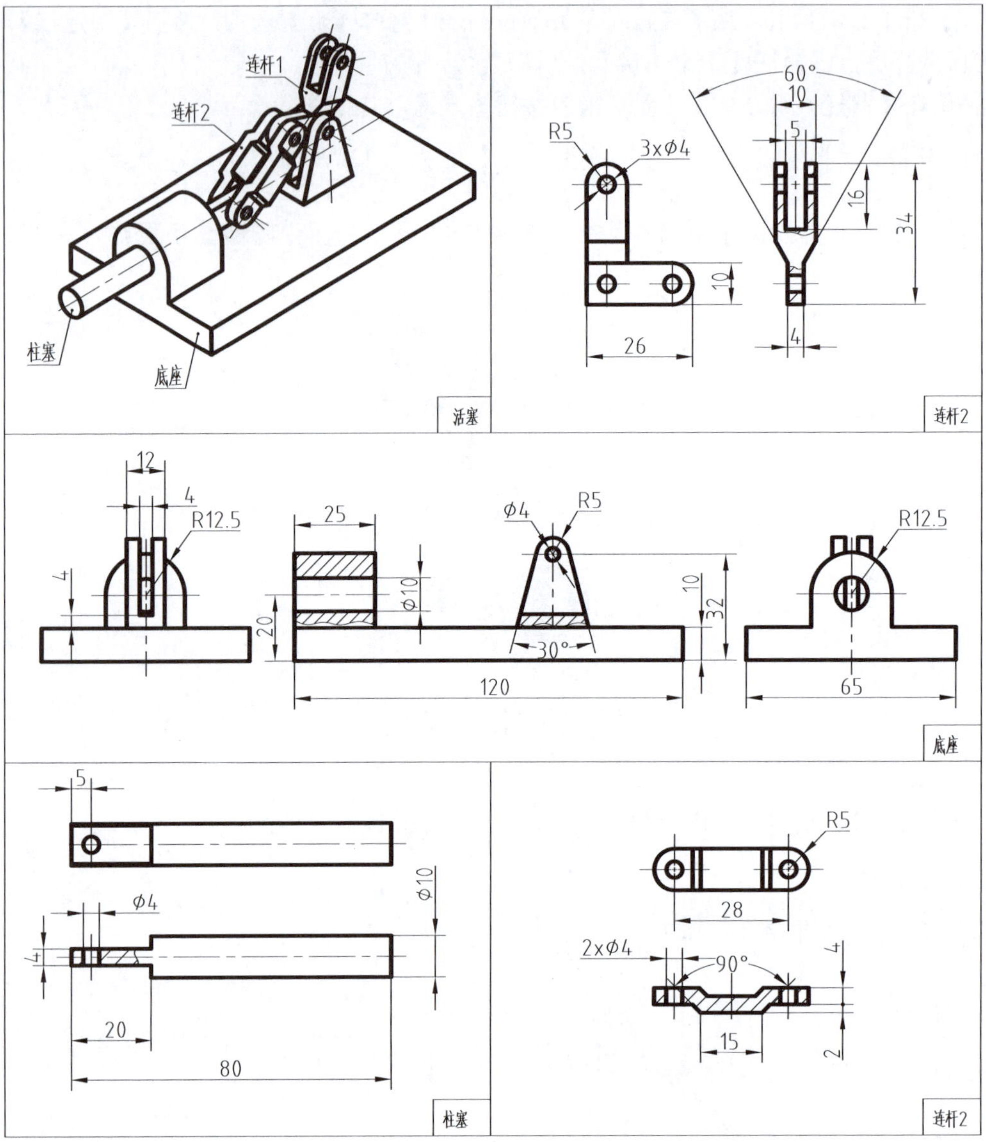

（b）　拓展练习 2- 建立活塞机构

图 8-28　（续）

课题 8.2　创建运动模拟基础（1）

视频讲解

【学习目标】

（1）熟悉创建运动模拟环境。

（2）理解运动副的概念。

（3）掌握自动添加运动副的方法。

（4）掌握添加位置马达的方法。

（5）能够查看结果图解。

（6）能够使用数据点控制马达。

【工作任务】

建立曲柄摇杆机构装配模型，完成运动仿真，如图 8-29 所示。

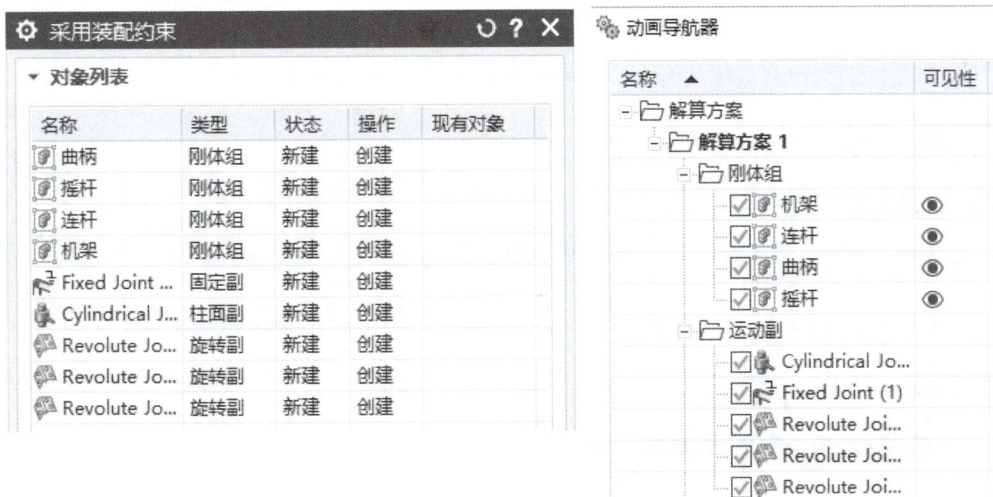

图 8-29　曲柄摇杆机构装配模型

【任务实施】

1. 打开模型

打开"曲柄摇杆机构装配"模型。

2. 自动添加运动副

单击【运动模拟设计】选项卡|【工具】组|【采用装配约束或运动副和耦合副】按钮，出现【采用装配约束】对话框，完成设置，单击【确定】按钮。在【动画导航器】显示创建【刚体组】【运动副】，如图 8-30 所示。

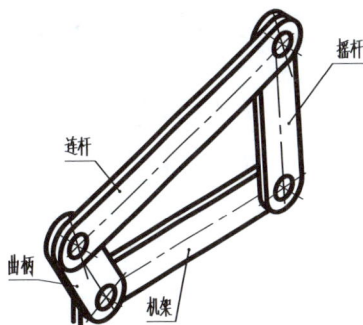

图 8-30　曲柄摇杆机构运动副

> 📄 提示：关于启动运动模拟设计

单击【文件】下拉菜单中【启动】区域【运动模拟设计】按钮，在操作界面出现【运动模拟设计】选项卡，在【资源条】出现【动画导航器】。

3. 添加位置马达

（1）单击【运动模拟设计】选项卡|【运动】组|【位置马达】按钮，出现【位置马达】对话框，如图 8-31 所示。

① 在【运动副】组，激活【选择运动副（1）】，在图形区选择"曲柄"与"机架"之间旋转副。

② 在【位置马达事件列表】组，双击【结束时间】下对应文本框输入 6，按 Enter 键确认；双击【角度】下对应文本框输入 360，按 Enter 键确认；即曲柄马达在 6s 内旋转 360°。

③ 在【名称】组文本框输入"马达"。

完成以上设置，单击【确定】按钮。

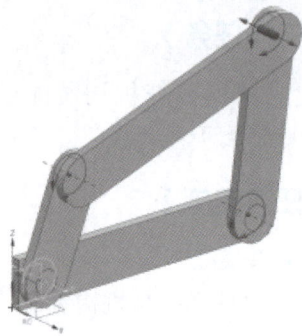

图 8-31　添加位置马达

（2）单击【运动模拟设计】选项卡｜【动画】组｜【播放】按钮 ⊙，"曲柄"旋转 360°，曲柄带动连杆后使摇杆摆动。

4. 查看报告——监视和图

摇杆并不能做 360° 的转动，为了观察摇杆与机架之间的运动夹角变化，可以通过定义【监视】来实现。

（1）单击【运动模拟设计】选项卡｜【报告】组｜【监视】按钮 🐞，出现【监视】对话框，如图 8-32 所示。

① 在【监视】下拉列表中选择【角度】选项。

② 在【第一组】组，激活【选择对象（1）】，在图形区选择"摇杆"左侧面。

③ 在【第二组】组，激活【选择对象（1）】，在图形区选择"机架"上面。

完成以上设置，单击【确定】按钮。

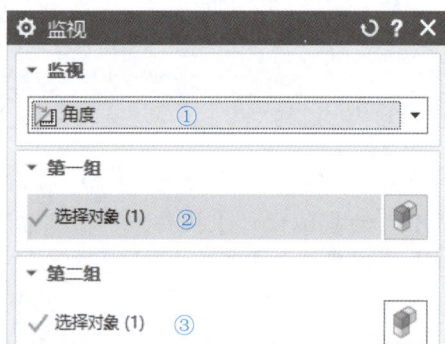

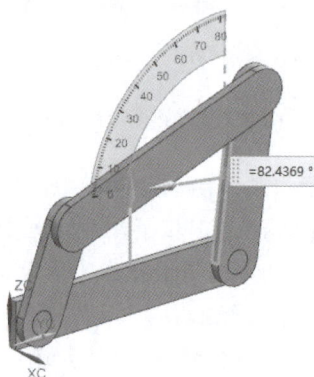

图 8-32　监视

（2）单击【运动模拟设计】选项卡｜【报告】组｜【图】按钮 ⌇，出现【图】对话框，如图 8-33 所示。

单击【评估函数】按钮，出现【选择函数】对话框，勾选【最大幅值】【最小幅值】复选框，单击【确定】按钮返回【图】对话框。在图标中出现最大幅值和最小幅值。

（3）单击【运动模拟设计】选项卡｜【动画】组｜【播放】按钮 ⊙，"曲柄"旋转，在【图】对话框中生成【监视】角度变化曲线，在图形区动态显示角度变化，如图 8-34 所示。

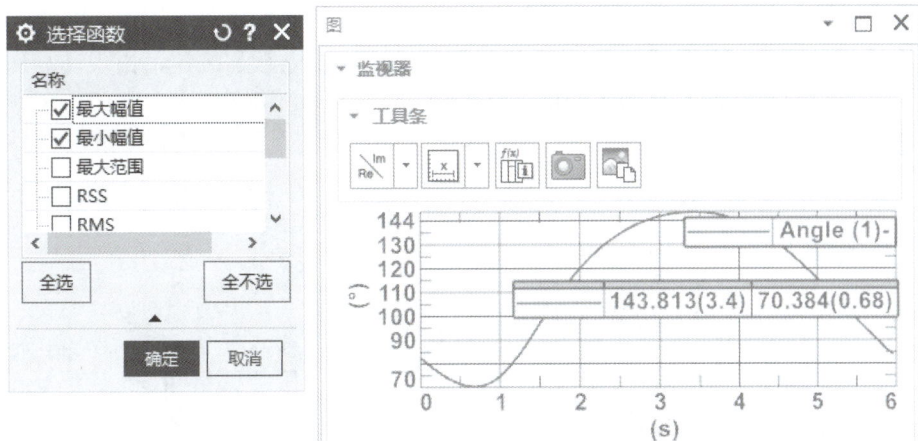

图 8-33 图

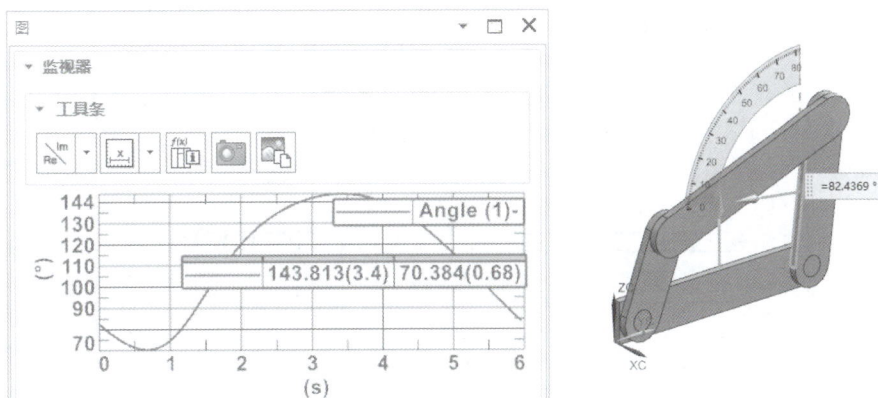

图 8-34 查看报告——监视和图

5. 查看报告——轨迹生成器

（1）单击【运动模拟设计】选项卡 |【报告】组 |【轨迹生成器】按钮，出现【轨迹生成器】对话框，如图 8-35 所示。

① 在【刚体组】组，激活【选择对象（1）】，在图形区选择"连杆"。

② 激活【指定点】，在图形区选择"连杆"和"摇杆"连接圆柱中心。

完成以上设置，单击【确定】按钮。

（2）单击【运动模拟设计】选项卡 |【动画】组 |【播放】按钮，"曲柄"旋转，查看轨迹，如图 8-36 所示。

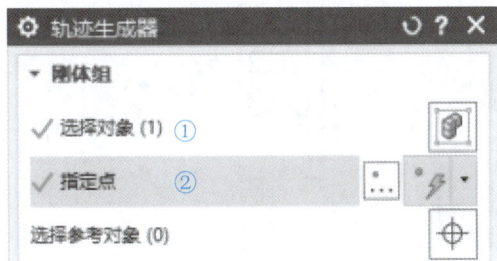

图 8-35 查看报告——轨迹生成器

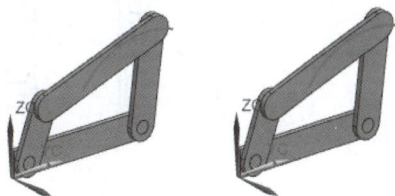

图 8-36 查看轨迹

6. 生成动画

单击【运动模拟设计】选项卡｜【动画】组｜【导出电影】按钮，出现【导出电影】对话框，选择保存路径，保存为"曲柄摇杆机构 .avi"。

7. 存盘

选择【文件】｜【保存】命令，保存文件。

【任务拓展】

创建运动模拟基础（1）拓展练习如图 8-37 所示。

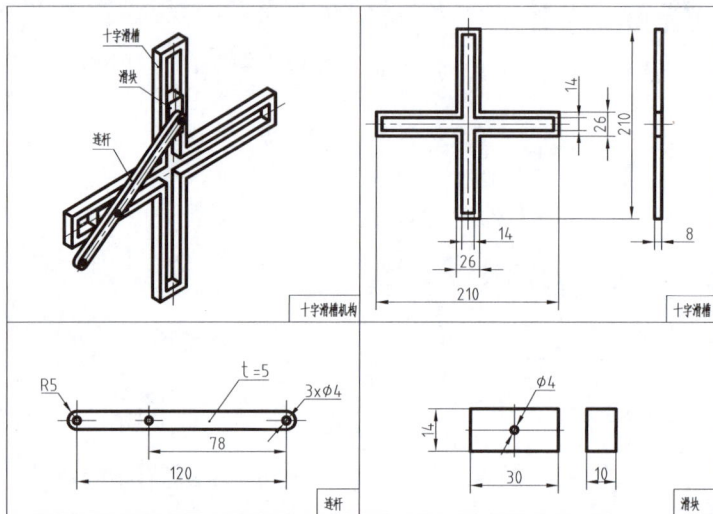

（a） 拓展练习 1- 十字滑槽机构

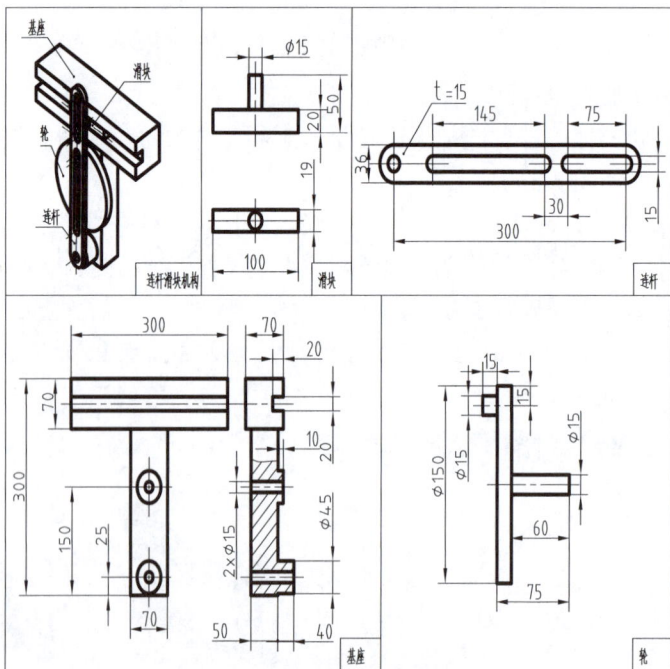

（b）拓展练习 2- 摇杆滑块机

图 8-37　创建运动模拟基础（1）拓展练习

课题 8.3 创建运动模拟基础（2）

视频讲解

【学习目标】

（1）理解刚体的概念。

（2）掌握定义刚体的方法。

（3）理解运动副的概念。

（4）掌握创建运动副的方法。

（5）掌握添加旋转马达的方法。

（6）能够使用数据点控制马达。

【工作任务】

建立活塞装配模型，完成运动仿真，如图 8-38 所示。

【任务实施】

1. 打开模型

打开"活塞装配"模型。

2. 新建解算方案

单击【运动模拟设计】选项卡｜【定义】组｜【新建解算方案】按钮，建立【解算方案 1】，查看【动画导航器】，如图 8-39 所示。

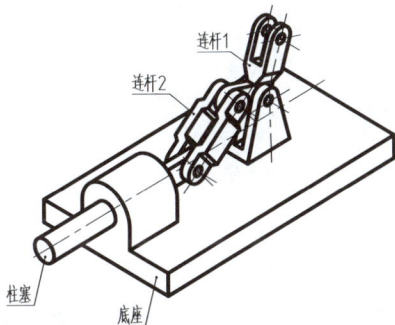

图 8-38 活塞装配模型

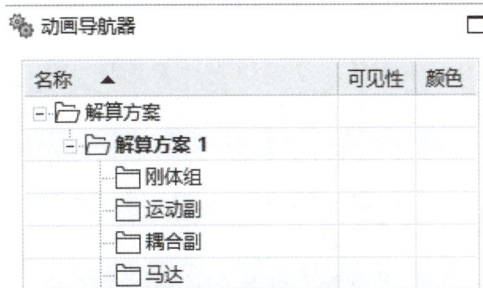

图 8-39 新建解算方案 1

3. 新建刚体

（1）单击【运动模拟设计】选项卡｜【定义】组｜【刚体组】按钮，出现【刚体组】对话框，如图 8-40 所示。

① 在【刚体组对象】组，激活【选择对象（1）】，在图形区选择底座。

② 在【名称】组文本框输入"底座"。

完成以上设置，单击【应用】按钮。

（2）在【刚体组】对话框，如图 8-41 所示。

① 在【刚体组对象】组，激活【选择对象（2）】，在图形区选择 2 个连接 2。

② 在【名称】组文本框输入"连接 2"。

完成以上设置，单击【应用】按钮。

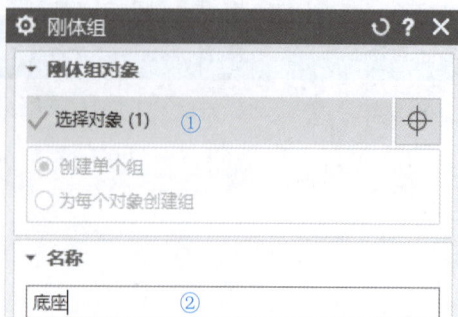

图 8-40　新建"底座"刚体

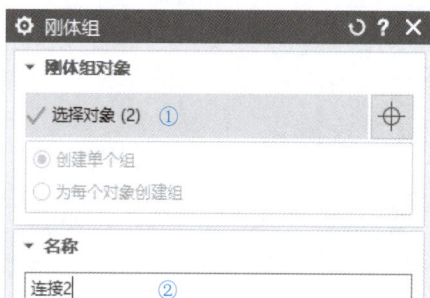

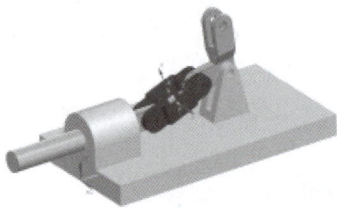

图 8-41　新建"连接 2"刚体

（3）依次创建"连接 1"和"柱塞"刚体。

📋 提示：关于刚体

刚体就是让实体有物理性质，如质量、惯性、可以受重力影响等。

4. 新建运动副

（1）单击【运动模拟设计】选项卡 |【关系】组 |【运动副】按钮 ，出现【运动副】对话框，如图 8-42 所示。

① 在【运动副】下拉列表中选择【固定副】选项。

② 在【运动对象】组，激活【选择对象（1）】，在图形区选择底座。

③ 在【名称】组文本框输入"底座"。

完成以上设置，单击【应用】按钮。

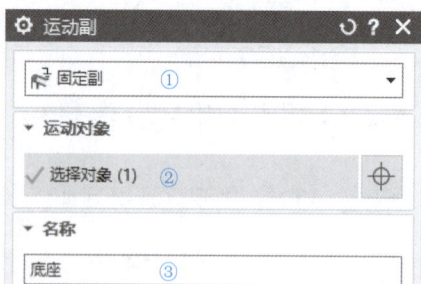

图 8-42　创建"固定副"

📋 提示：关于固定副

固定副：将一个构件固定到另一个构件上，固定副所有自由度被约束，自由度个数为零。

固定副用在以下场合。

① 将刚体固定到一个固定的位置。

② 将两个刚体固定在一起，此时两个刚体将一起运动。

（2）出现【运动副】对话框，如图 8-43 所示。

① 在【运动副】下拉列表中选择【旋转副】选项。

② 在【运动对象】组，激活【选择第一个对象（1）】，在图形区选择"连接 1"，激活【选择第二个对象（1）】，在图形区选择"底座"。

③ 在【轴】组，激活【指定矢量】，在图形区选择"连接 1"和"底座"连接的孔内径，自动识别【指定点】为孔中心。

④ 在【名称】组文本框输入"连接 1"。

完成以上设置，单击【应用】按钮。

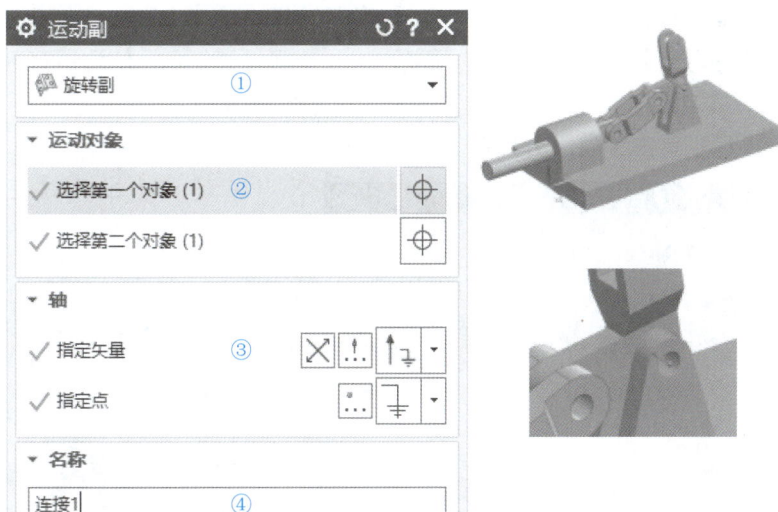

图 8-43　创建"旋转副"——连接 1

（3）出现【运动副】对话框，如图 8-44 所示。

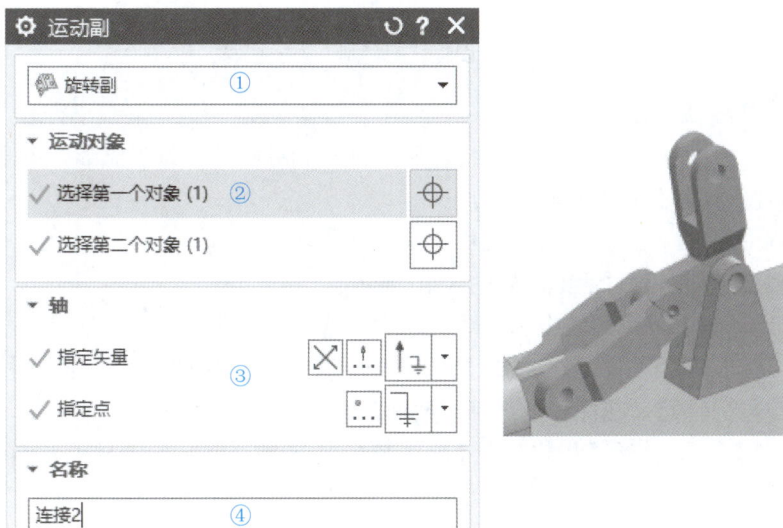

图 8-44　创建"旋转副"——连接 2

① 在【运动副】下拉列表中选择【旋转副】选项。

② 在【运动对象】组，激活【选择第一个对象（1）】，在图形区选择"连接2"，激活【选择第二个对象（1）】，在图形区选择"连接1"。

③ 在【轴】组，激活【指定矢量】，在图形区选择"连接2"和"连接1"连接的孔内径，自动识别【指定点】为孔中心。

④ 在【名称】组文本框输入"连接2"。

完成以上设置，单击【应用】按钮。

（4）出现【运动副】对话框，如图8-45所示。

① 在【运动副】下拉列表中选择【旋转副】选项。

② 在【运动对象】组，激活【选择第一个对象（1）】，在图形区选择"柱塞"，激活【选择第二个对象（1）】，在图形区选择"连接2"。

③ 在【轴】组，激活【指定矢量】，在图形区选择"柱塞"和"连接2"连接的孔内径，自动识别【指定点】为孔中心。

④ 在【名称】组文本框输入"柱塞"。

完成以上设置，单击【应用】按钮。

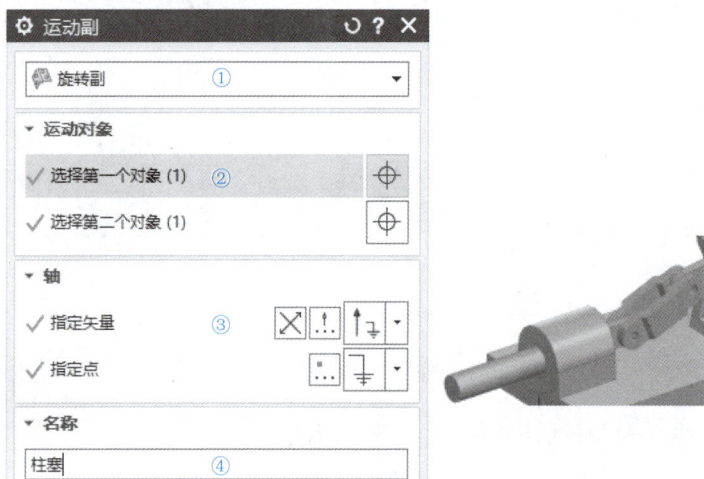

图 8-45　创建"旋转副"——柱塞

📋 **提示：关于旋转副**

① 实现动作：旋转副实现两个连杆绕同一轴作相对转动，但不能沿轴线平移。

② 自由度：仅包含一个旋转自由度。

③ 驱动能力：可以作为驱动，提供绕轴旋转的动力。

（5）出现【运动副】对话框，如图8-46所示。

① 在【运动副】下拉列表中选择【滑动副】选项。

② 在【运动对象】组，激活【选择第一个对象（1）】，在图形区选择"柱塞"，激活【选择第二个对象（1）】，在图形区选择"底座"。

③ 在【轴】组，激活【指定矢量】，在图形区选择"柱塞"圆柱面，自动识别圆柱轴。

④ 在【名称】组文本框输入"柱塞"。

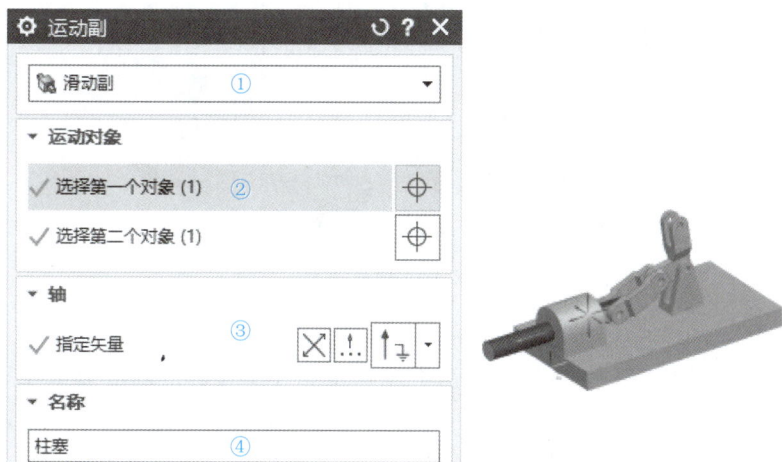

图 8-46　创建"滑动副"

完成以上设置，单击【应用】按钮。

📑 **提示：关于滑动副**

组成运动副的两个构件之间只能按照某一方向做相对移动，滑动副具有一个平移自由度。

5. 设置位置马达

单击【运动模拟设计】选项卡｜【运动】组｜【位置马达】按钮👆，出现【位置马达】对话框，如图 8-47 所示。

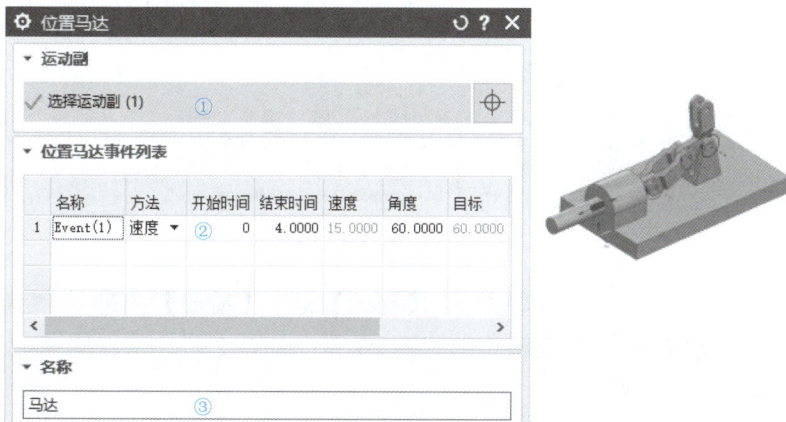

图 8-47　设置位置马达

① 在【运动副】组，激活【选择运动副（1）】，在图形区选择旋转副"连接 1"。

② 在【位置马达事件列表】组，在列表中双击【结束时间】并在文本框输入 4，按 Enter 键确认；双击【角度】文本框，输入 60，按 Enter 键确认；即马达在 0 ～ 4s，旋转 60°。

③ 在【名称】组文本框输入"马达"。

完成以上设置，单击【确定】按钮。

6. 动画演示

单击【运动模拟设计】选项卡｜【动画】组｜【播放】按钮▷，"连接 1"旋转 60°，连接 1 带动连接 2 和柱塞在底座上进行运动，如图 8-48 所示。

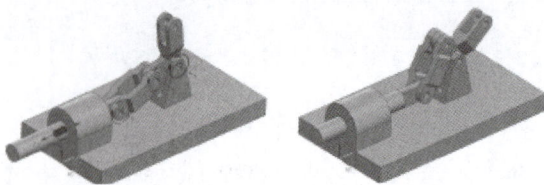

图 8-48　动画演示

7. 编辑马达

（1）在【动画导航器】中右击【马达】图标选择【编辑】选项或双击【马达】图标，出现【位置马达】对话框，如图 8-49 所示。

① 在【位置马达事件列表】组，在空白表格处右击选择【插入】选项，出现位置马达的第 2 个控制行程，在其列表中双击【结束时间】并在文本框输入 9，按 Enter 键确认；双击【角度】文本框输入 –90，按 Enter 键确认；即马达在 4 ～ 9s，反方向旋转 90°。

② 在【位置马达事件列表】组，在空白表格处右击选择【插入】选项，出现位置马达的第 3 个控制行程，在其列表中双击【结束时间】并在文本框输入 12，按 Enter 键确认；双击【角度】文本框输入 30，按 Enter 键确认；即马达在 9 ～ 12s，旋转 30°。

完成以上设置，单击【确定】按钮。

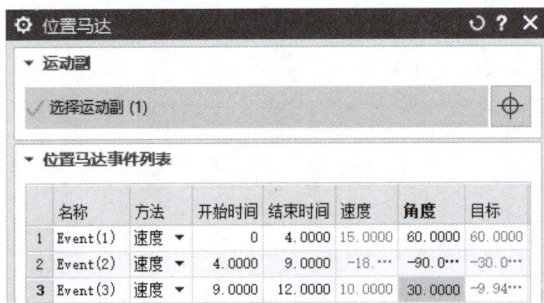

图 8-49　编辑马达

（2）单击【运动模拟设计】选项卡 |【动画】组 |【播放】按钮 ⊙，"连接 1" 旋转 60°，然后反方向旋转 90°，再旋转 30°，连接 1 带动连接 2 和柱塞在底座上进行往复运动，形成 1 次完整的运动周期。

8. 导出电影

单击【运动模拟设计】选项卡 |【动画】组 |【导出电影】按钮 ，出现【导出电影】对话框。

在【电影文件】组，单击【位置】文本框输入 "D:\NX-Study\ 模块八 \ 课题 3\"，单击【确定】按钮，导出动画视频。

9. 存盘

选择【文件】|【保存】命令，保存文件。

【任务拓展】

创建运动模拟基础（2）拓展练习如图 8-50 所示。

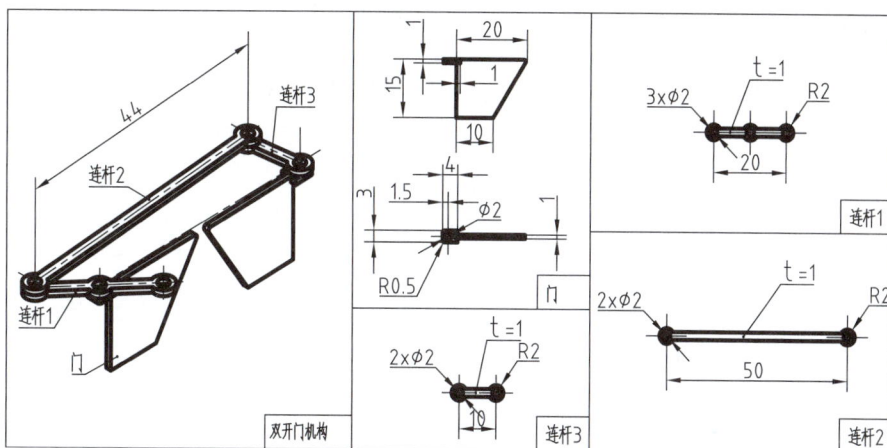

（a）拓展练习 1- 双开门机构

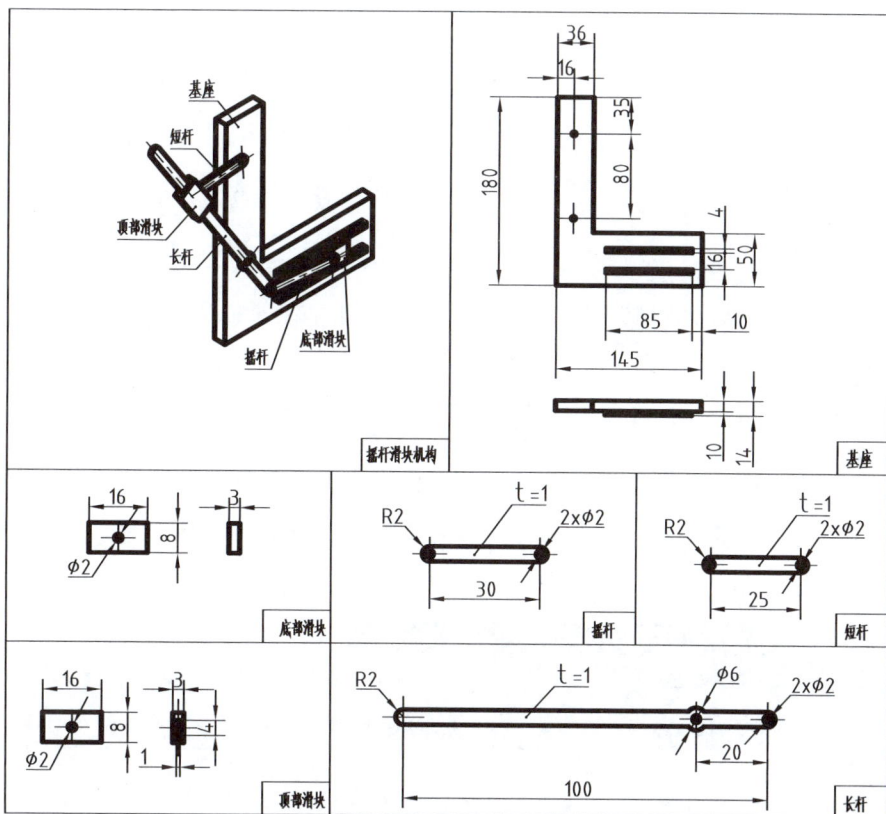

（b）拓展练习 2- 摇杆滑块机构

图 8-50　创建运动模拟基础（2）拓展练习

课题 8.4　创建运动模拟基础（3）

【学习目标】

掌握创建机构运动简图运动模拟的方法。

视频讲解

【工作任务】

建立曲柄滑块机构草图，完成运动仿真，如图 8-51 所示。

已知：∠BAC=90°，L_{AB}=60mm，L_{AC}=120mm，ω_1=π/3rad/s。

【任务实施】

1. 新建文件

新建文件并保存为"曲柄滑块机构草图.prt"，如图 8-52 所示。

图 8-51　曲柄滑块机构草图　　　　图 8-52　曲柄摇杆

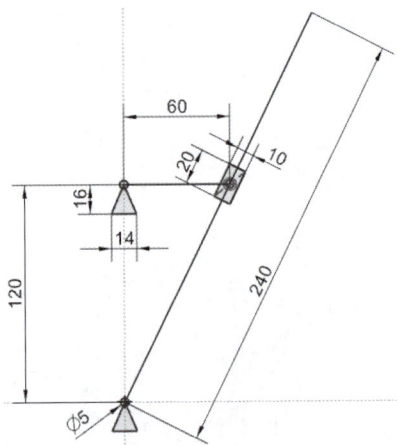

2. 新建解算方案

单击【运动模拟设计】选项卡｜【定义】组｜【新建解算方案】按钮，建立【解算方案 1】。

3. 新建刚体

（1）单击【运动模拟设计】选项卡｜【定义】组｜【刚体组】按钮，出现【刚体组】对话框，如图 8-53 所示。

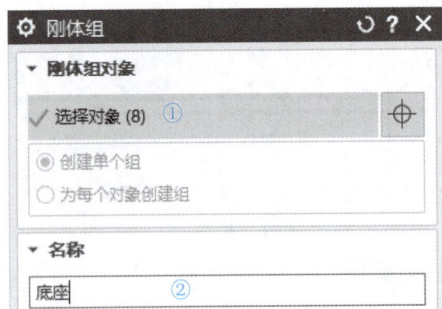

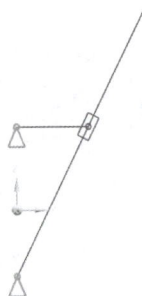

图 8-53　新建"底座"刚体

① 在【刚体组对象】组，激活【选择对象（8）】，在图形区选择 2 个三角形和 2 个圆。

② 在【名称】组文本框输入"底座"。

完成以上设置，单击【应用】按钮。

（2）在【刚体组】对话框，如图 8-54 所示。

① 在【刚体组对象】组，激活【选择对象（1）】，在图形区选择曲柄直线。

② 在【名称】组文本框输入"曲柄"。

完成以上设置，单击【应用】按钮。

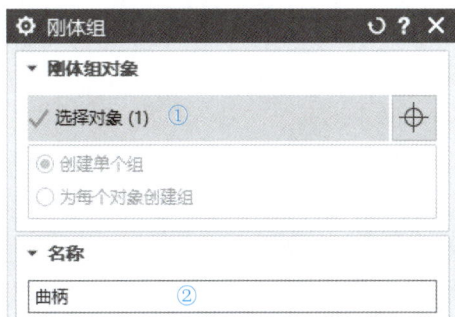

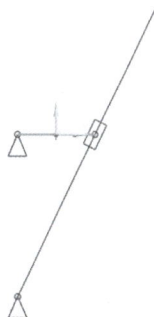

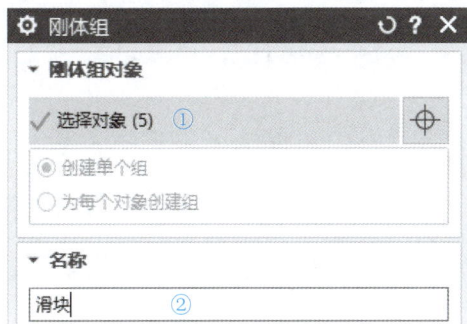

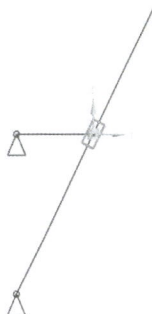

图 8-54　新建"曲柄"刚体

（3）在【刚体组】对话框，如图 8-55 所示。

① 在【刚体组对象】组，激活【选择对象（5）】，在图形区选择滑块曲线。

② 在【名称】组文本框输入"滑块"。

完成以上设置，单击【应用】按钮。

图 8-55　新建"滑块"刚体

（4）在【刚体组】对话框，如图 8-56 所示。

① 在【刚体组对象】组，激活【选择对象（0）】，在图形区选择摇杆曲线。

② 在【名称】组文本框输入"摇杆"。

完成以上设置，单击【确定】按钮。

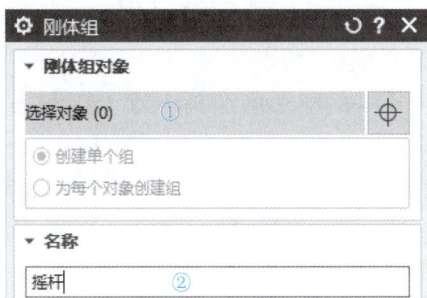

图 8-56　新建"摇杆"刚体

4. 新建运动副

（1）单击【运动模拟设计】选项卡｜【关系】组｜【运动副】按钮，出现【运动副】对话框，如图 8-57 所示。

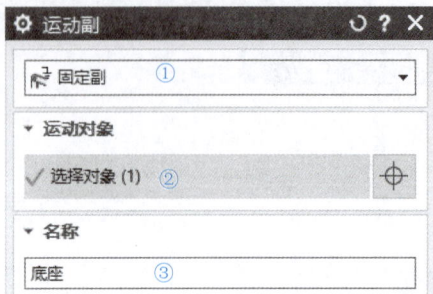

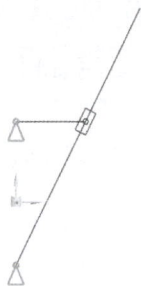

图 8-57　创建"固定副"

① 在【运动副】下拉列表中选择【固定副】选项。

② 在【运动对象】组，激活【选择对象（1）】，在图形区选择底座。

③ 在【名称】组文本框输入"底座"。

完成以上设置，单击【应用】按钮。

（2）出现【运动副】对话框，如图 8-58 所示。

图 8-58　创建"旋转副"——曲柄

① 在【运动副】下拉列表中选择【旋转副】选项。

② 在【运动对象】组，激活【选择第一个对象（1）】，在图形区选择"曲柄"，激活【选择第二个对象（1）】，在图形区选择"底座"。

③ 在【轴】组，激活【指定矢量】，在图形区选择平行于 X 轴方向，激活【指定点】，在图形区选择"曲柄"和"底座"连接的圆，自动识别圆中心。

④ 在【名称】组文本框输入"曲柄"。

完成以上设置，单击【应用】按钮。

（3）出现【运动副】对话框，如图 8-59 所示。

① 在【运动副】下拉列表中选择【旋转副】选项。

图 8-59　创建"旋转副"——摇杆

② 在【运动对象】组，激活【选择第一个对象（1）】，在图形区选择"摇杆"，激活【选择第二个对象（1）】，在图形区选择"底座"。

③ 在【轴】组，激活【指定矢量】，在图形区选择平行于 X 轴方向，激活【指定点】选项，在图形区选择"摇杆"和"底座"连接的圆，自动识别圆中心。

④ 在【名称】组文本框输入"摇杆"。

完成以上设置，单击【应用】按钮。

（4）出现【运动副】对话框，如图 8-60 所示。

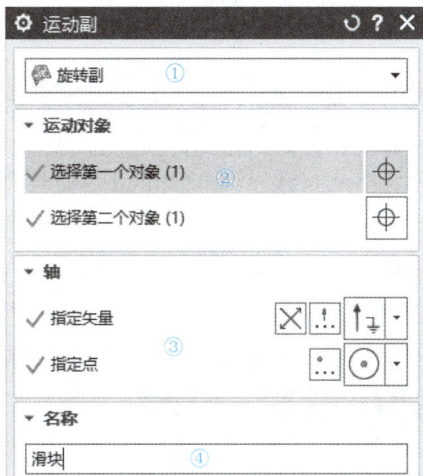

图 8-60　创建"旋转副"——滑块

① 在【运动副】下拉列表中选择【旋转副】选项。

② 在【运动对象】组，激活【选择第一个对象（1）】，在图形区选择"滑块"，激活【选择第二个对象（1）】，在图形区选择"曲柄"。

③ 在【轴】组，激活【指定矢量】，在图形区选择平行于 X 轴方向，激活【指定点】，在图形区选择"滑块"和"曲柄"连接的圆，自动识别圆中心。

④ 在【名称】组文本框输入"滑块"。

完成以上设置，单击【应用】按钮。

（5）出现【运动副】对话框，如图 8-61 所示。

① 在【运动副】下拉列表中选择【滑动副】选项。

② 在【运动对象】组，激活【选择第一个对象（1）】，在图形区选择"摇杆"，激活【选择第二个对象（1）】，在图形区选择"滑块"。

③ 在【轴】组，激活【指定矢量】，在图形区选择"摇杆"直线，自动识别直线轴。

④ 在【名称】组文本框输入"滑动副"。

完成以上设置，单击【确定】按钮。

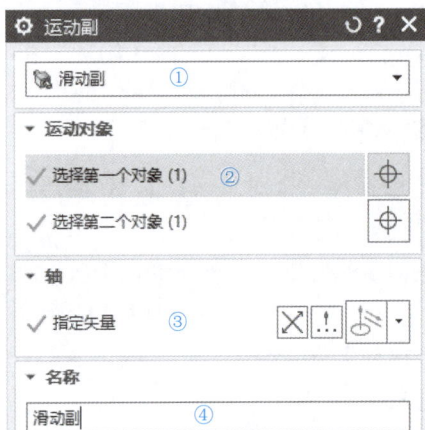

图 8-61　创建"滑动副"

5. 设置位置马达

（1）单击【运动模拟设计】选项卡 | 【运动】组 | 【位置马达】按钮，出现【位置马达】对话框，如图 8-62 所示。

① 在【运动副】组，激活【选择运动副（1）】，在图形区选择旋转副"曲柄"。

② 在【位置马达事件列表】组，在列表中双击【结束时间】并在文本框输入 6，按 Enter 键确认；双击【角度】文本框，输入 360，按 Enter 键确认；即马达在 0 ～ 6s，旋转 360°。

③ 在【名称】组文本框输入"马达"。

完成以上设置，单击【确定】按钮。

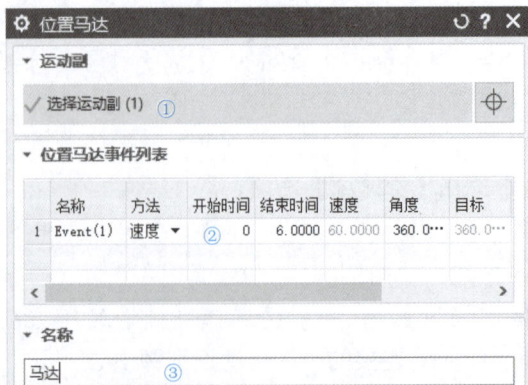

图 8-62　设置位置马达

（2）单击【运动模拟设计】选项卡｜【动画】组｜【播放】按钮⊳，"曲柄"旋转360°，曲柄带动连杆后使摇杆摆动。

6. 查看报告——监视和图

（1）单击【运动模拟设计】选项卡｜【报告】组｜【监视】按钮，出现【监视】对话框，如图 8-63 所示。

① 在【监视】下拉列表中选择【距离】选项。

② 在【第一组】组，激活【选择对象（1）】，在图形区选择"滑块"圆心。

③ 在【第二组】组，激活【选择对象（1）】，在图形区选择"底座"圆心。

完成以上设置，单击【确定】按钮。

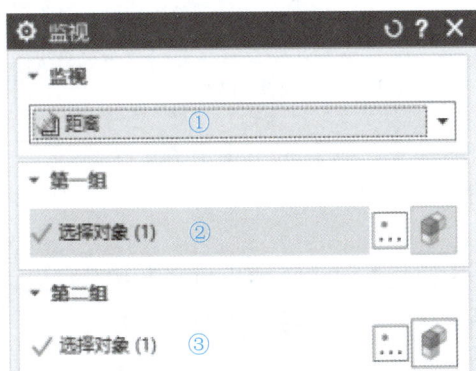

图 8-63　监视

（2）单击【运动模拟设计】选项卡｜【报告】组｜【图】按钮，出现【图】对话框。

（3）单击【运动模拟设计】选项卡｜【动画】组｜【播放】按钮⊳，"曲柄"旋转，在【图】对话框中生成【监视】角度变化曲线，在图形区动态显示角度变化，如图 8-64 所示。

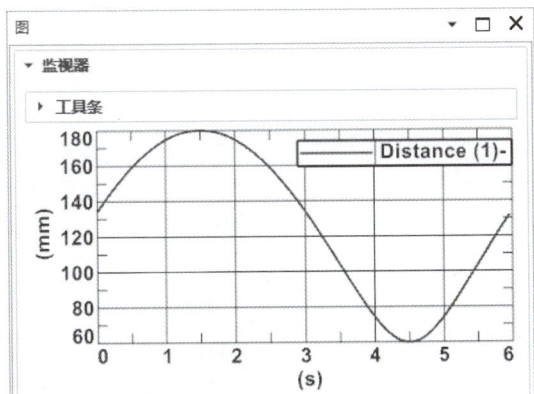

图 8-64　查看报告——监视和图

7. 查看报告——轨迹生成器

（1）单击【运动模拟设计】选项卡｜【报告】组｜【轨迹生成器】按钮，出现【轨迹生成器】对话框，如图 8-65 所示。

① 在【刚体组】组，激活【选择对象（1）】，在图形区选择"连杆"。

② 激活【指定点】，在图形区选择"连杆"和"摇杆"连接圆柱中心。

完成以上设置，单击【确定】按钮。

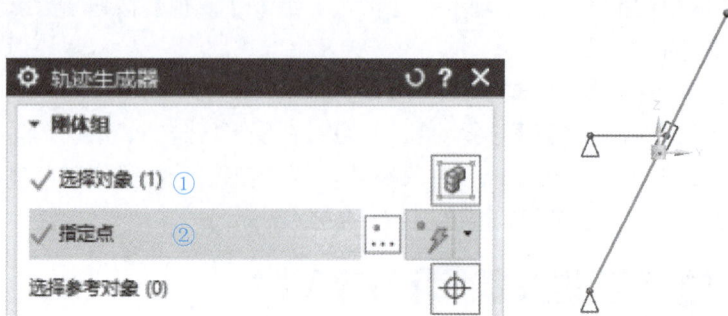

图 8-65　查看报告——轨迹生成器

（2）单击【运动模拟设计】选项卡|【动画】组|【播放】按钮⊳，"曲柄"旋转，查看轨迹，如图 8-66 所示。

8. 生成动画

单击【运动模拟设计】选项卡|【动画】组|【导出电影】按钮，出现【导出电影】对话框，选择保存路径，保存为"曲柄摇杆机构 .avi"。

9. 存盘

选择【文件】|【保存】命令，保存文件。

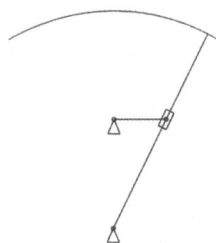

图 8-66　查看轨迹

【任务拓展】

绘制草图，完成运动仿真，如图 8-67 所示。

（1）已知：$L_{AB}=100$mm，$L_{BC}=L_{CD}=400$mm，$L_{EF}=200$mm，$\angle CEF=60°$，$\omega_1=\pi/3$rad/s。

（2）已知：$L_{AB}=140$mm，$L_{BC}=L_{CD}=250$mm，$L_{CD}=200$mm，$L_{CE}=260$mm，$L_{DE}=360$mm，$\omega_1=\pi/3$rad/s。

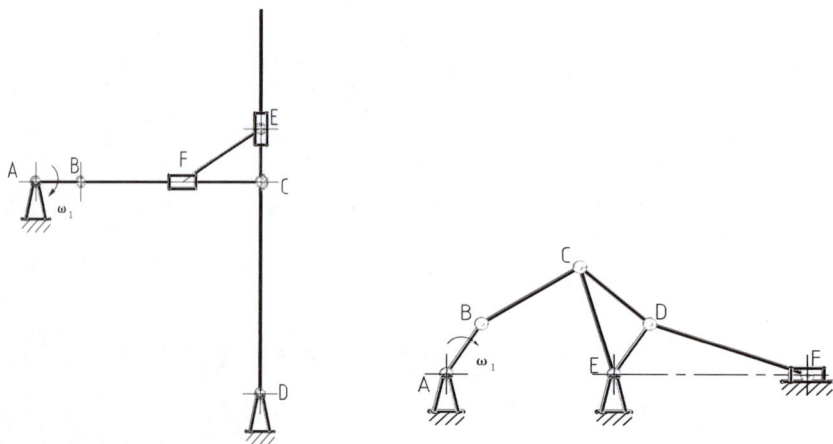

（a）拓展练习 1- 曲柄滑块机构　　　　（b）拓展练习 2- 曲柄滑块机构

图 8-67　创建运动模拟基础（3）拓展练习

课题 8.5　提高练习

建立装配模型，如图 8-68 所示。

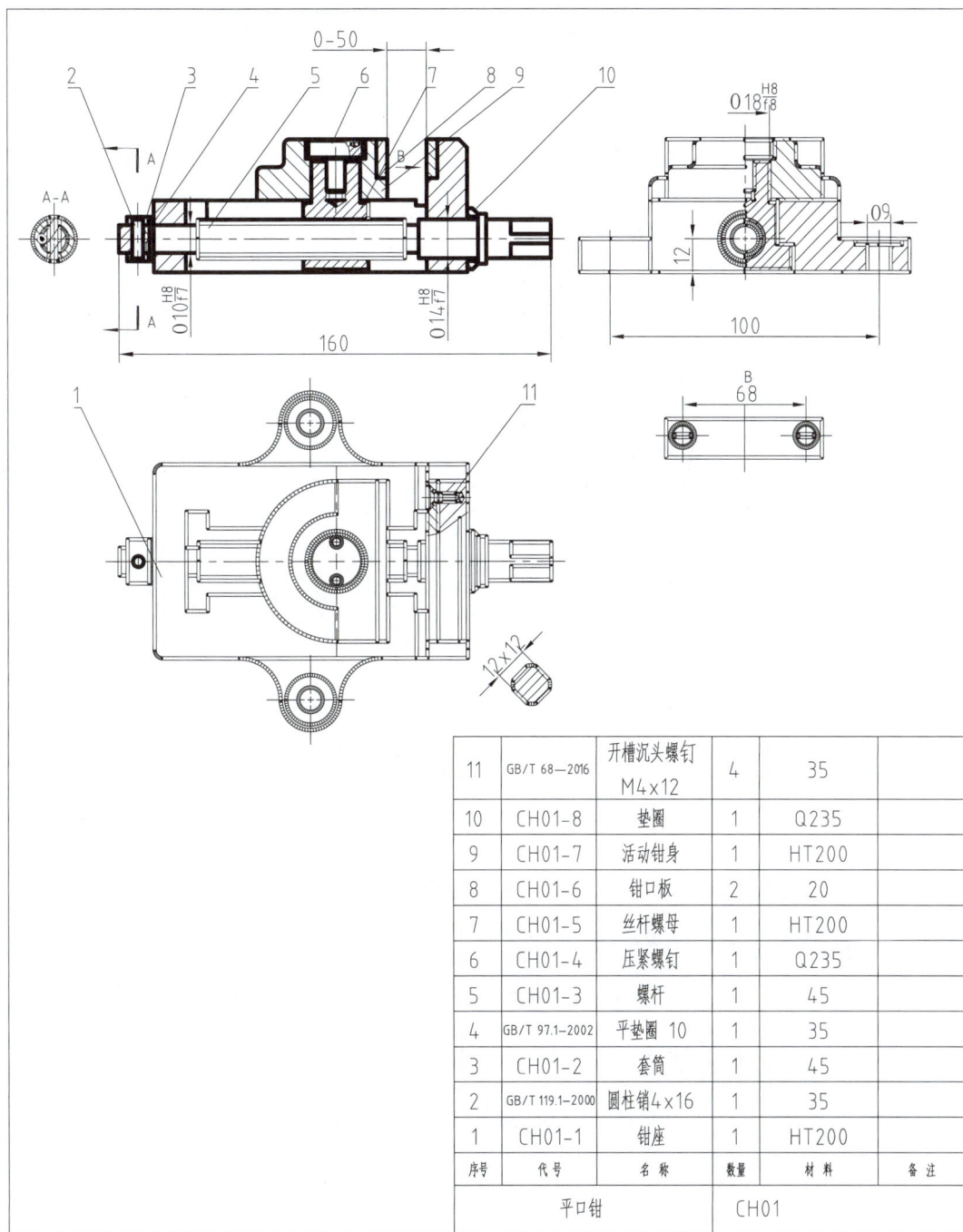

11	GB/T 68—2016	开槽沉头螺钉 M4×12	4	35	
10	CH01-8	垫圈	1	Q235	
9	CH01-7	活动钳身	1	HT200	
8	CH01-6	钳口板	2	20	
7	CH01-5	丝杆螺母	1	HT200	
6	CH01-4	压紧螺钉	1	Q235	
5	CH01-3	螺杆	1	45	
4	GB/T 97.1—2002	平垫圈 10	1	35	
3	CH01-2	套筒	1	45	
2	GB/T 119.1—2000	圆柱销4×16	1	35	
1	CH01-1	钳座	1	HT200	
序号	代号	名称	数量	材料	备注
平口钳			CH01		

图 8-68　提高练习

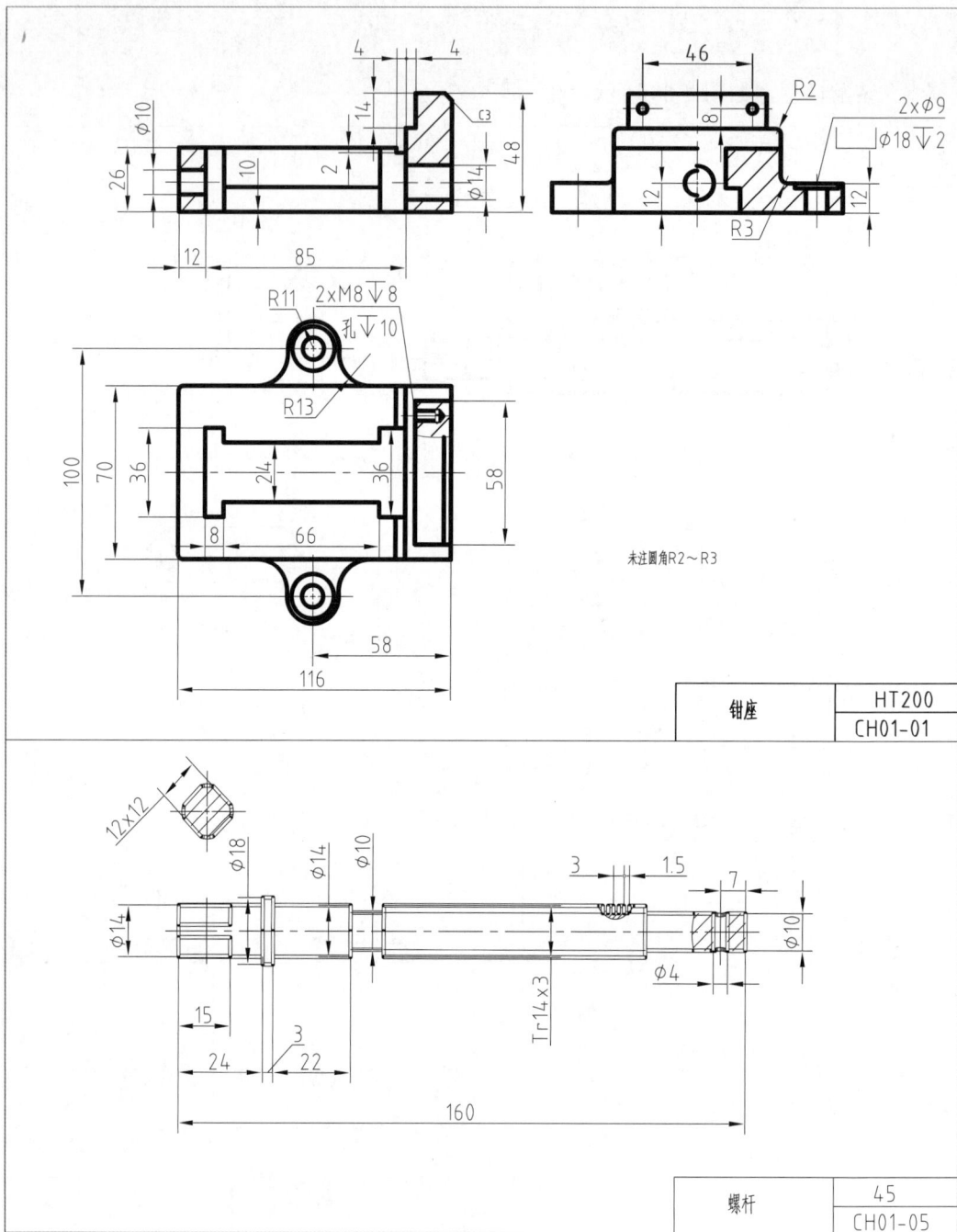

钳座　HT200　CH01-01

螺杆　45　CH01-05

未注圆角R2~R3

图 8-68 （续）

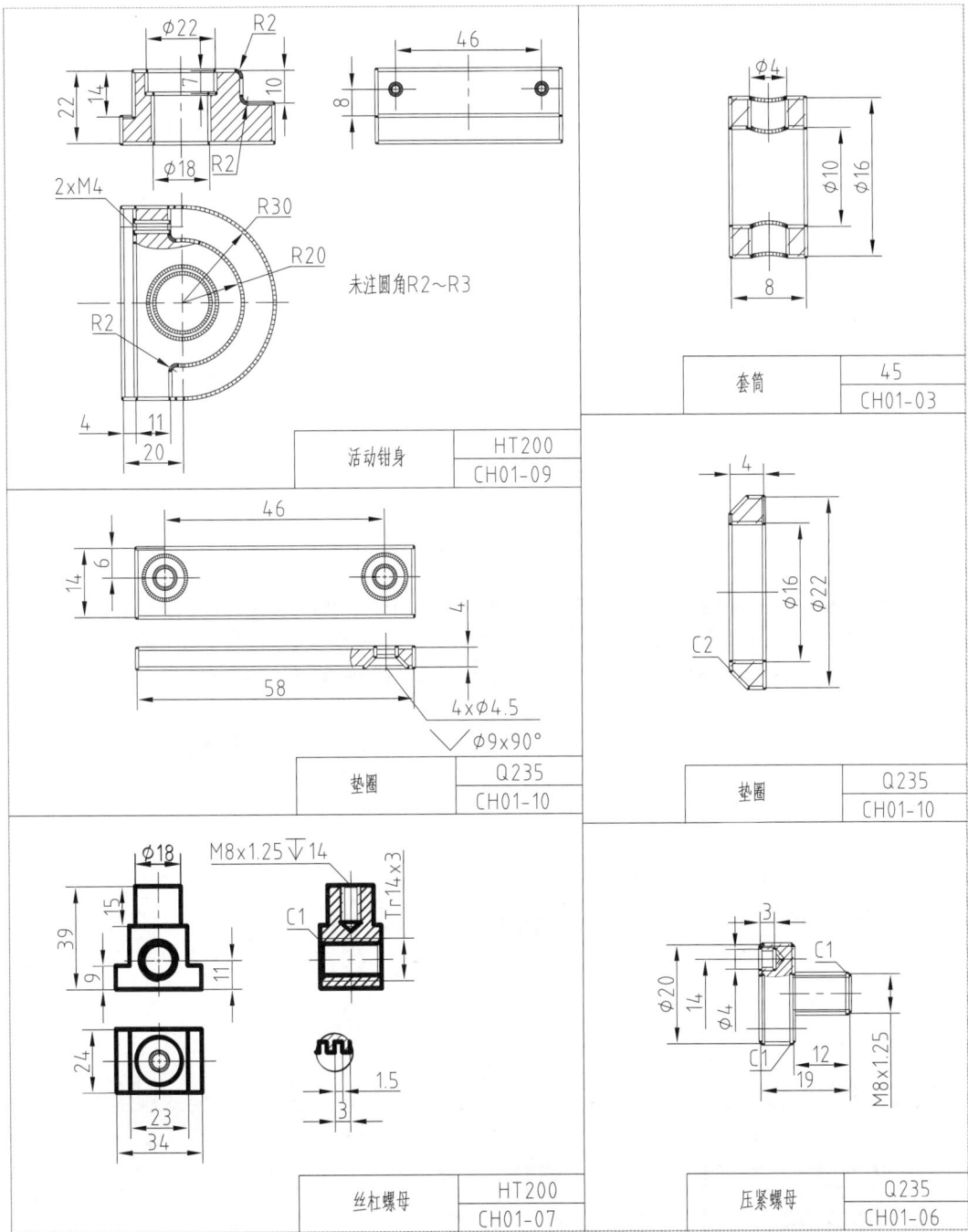

套筒	45
	CH01-03

活动钳身	HT200
	CH01-09

未注圆角R2~R3

垫圈	Q235
	CH01-10

垫圈	Q235
	CH01-10

丝杠螺母	HT200
	CH01-07

压紧螺母	Q235
	CH01-06

（a）练习1-平口钳

图 8-68 （续）

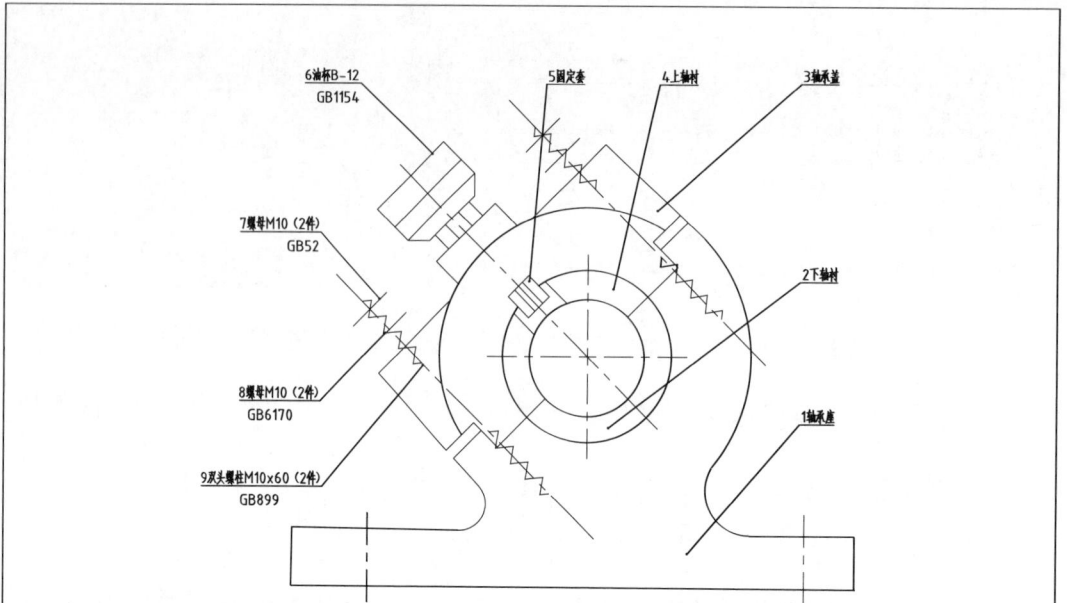

斜滑动轴承工作原理

　　斜滑动轴承用于安装面为倾斜时使用（倾角为45°±30′）、规格尺寸为Φ30H8为对开式。由轴承座1，轴承盖3，上轴衬4，下轴衬2，固定套5，双头螺柱9，螺母7、8，油杯6组成，固定套与轴承盖为过盈配合，一端插入上轴衬的孔内。轴承座与轴承座用双头螺柱连接，使用双螺母锁紧。油杯为B型旋盖式油杯，容量为12cm³，拧动旋盖，可将干油经固定套压入轴衬中进行润滑。

| 斜滑动轴承 | ZP03 |

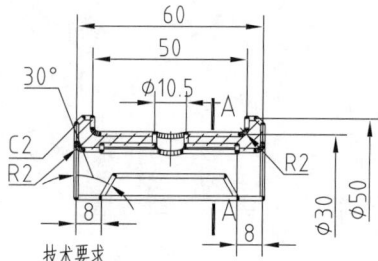

| 上轴瓦 | QAL9-4 |
| | ZP03-04 |

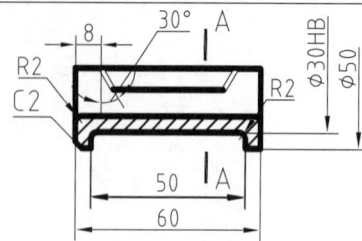

技术要求
1. 棱角刮圆。
2. 与上轴称同时加工。

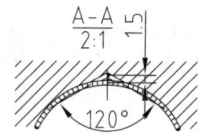

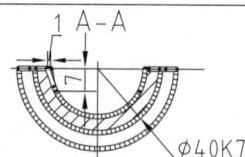

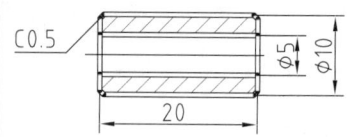

| 下轴瓦 | QAL9-4 |
| | ZP03-02 |

| 固定套 | Q235 |
| | ZP03-05 |

技术要求
1. 棱角刮圆。
2. 与上轴称同时加工。

图 8-68　（续）

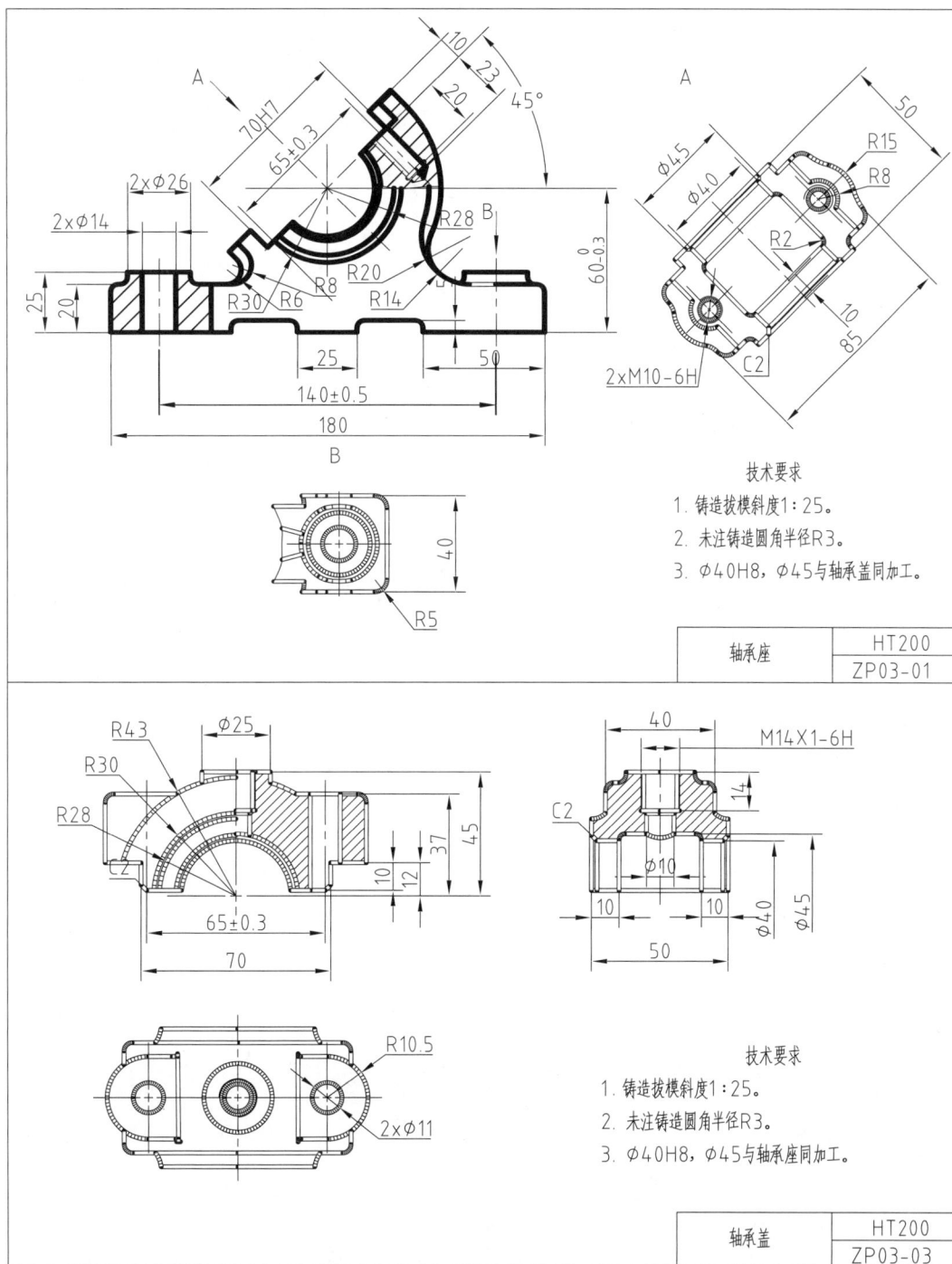

技术要求
1. 铸造拔模斜度1:25。
2. 未注铸造圆角半径R3。
3. φ40H8，φ45与轴承盖同加工。

| 轴承座 | HT200 |
| | ZP03-01 |

技术要求
1. 铸造拔模斜度1:25。
2. 未注铸造圆角半径R3。
3. φ40H8，φ45与轴承座同加工。

| 轴承盖 | HT200 |
| | ZP03-03 |

（b）练习2-斜滑动轴承

图 8-68 （续）

模块九 工程图的构建

绘制产品的平面工程图是从模型设计到生产的一个重要环节，也是从概念产品到现实产品的一座桥梁和描述语言。因此，在完成产品的零部件建模、装配建模及其工程分析之后，一般要绘制其平面工程图。

课题 9.1 物体外形的表达——视图

视频讲解

【学习目标】

（1）熟悉构建工程图环境。
（2）掌握构建工程图流程。
（3）掌握创建基本视图、向视图、局部视图和斜视图的方法。

【工作任务】

按要求完成如下操作：
完成压紧杆的视图表达方案，如图 9-1 所示。

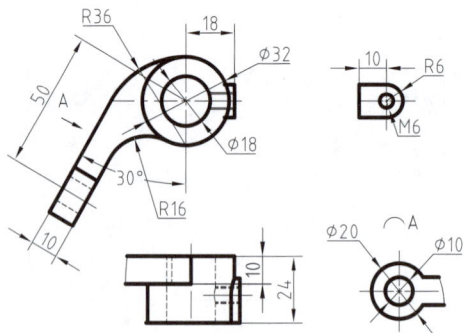

图 9-1 压紧杆的视图表达方案

【任务实施】

1. 新建"压紧杆"文件并新建工程图

选择【文件】|【新建】命令，出现【新建】对话框，如图 9-2 所示。

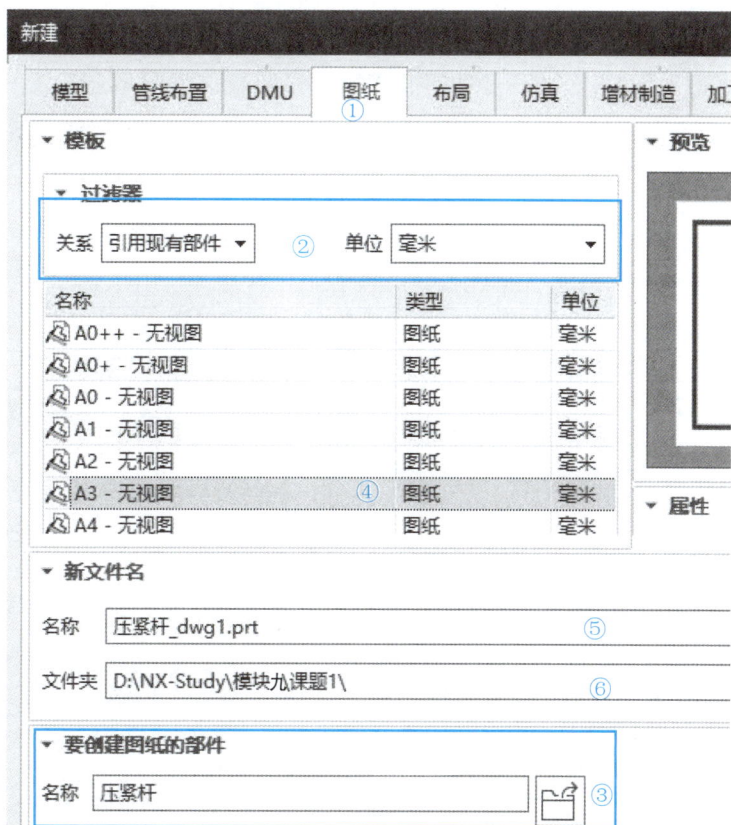

图 9-2　新建工程图

① 单击【图纸】选项卡。

② 在【关系】下拉列表选择【引用现有部件】选项，在【单位】下拉列表中选择【毫米】选项。

③ 在【要创建图纸的部件】组，单击【打开】按钮，出现【选择 CAD 源部件】对话框，单击【打开】按钮，出现【部件名】对话框，选择"压紧杆.prt"部件，单击【确定】按钮，选择【CAD 源部件】对话框，单击【确定】按钮，返回【新建】对话框。

④ 在【模板】列表框中选定【A3- 无视图】模板。

⑤ 在【新文件名】组，在【名称】文本框输入"压紧杆 _dwg1.prt"。

⑥ 在【文件夹】文本框输入"D:\NX-Study\ 模块九 \ 课题 1\"。

完成以上设置，单击【确定】按钮，进入制图环境。

2. 添加基本视图

单击【主页】选项卡 |【视图】组 |【基本视图】按钮 ，出现【基本视图】对话框，如图 9-3 所示。

① 在【模型视图】组，从【要使用的模型视图】列表中选择【右视图】选项。

② 在【比例】组，从【比例】列表中选择【1:1】选项。

③ 在图纸区域左上角指定一点，添加【主视图】。

④ 向下垂直拖动鼠标，指定一点，添加【俯视图】。

单击鼠标中键完成基本视图的添加。

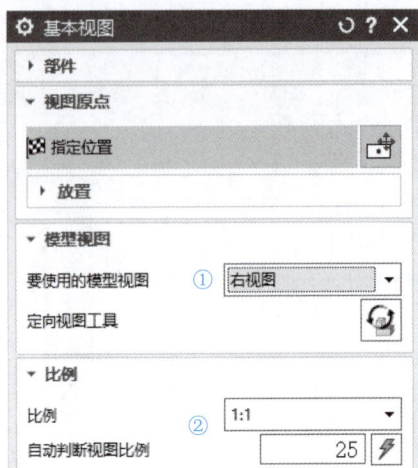

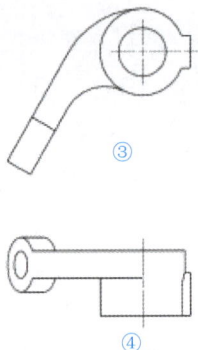

图 9-3　添加基本视图

3. 添加向视图

（1）单击【主页】选项卡｜【视图】组｜【投影视图】按钮，出现【投影视图】对话框，如图 9-4 所示。

① 在【父视图】组，激活【选择视图】，在图形区选择主视图。

② 向左拖动鼠标，指定一点，添加【右视图】。

③ 选择右视图，将其拖到主视图的右边，即为向视图。

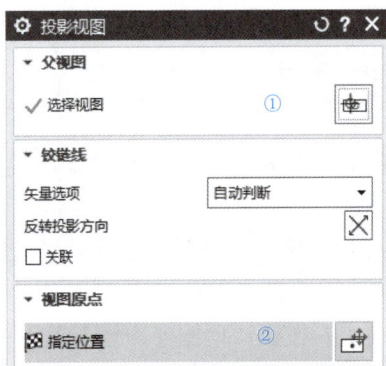

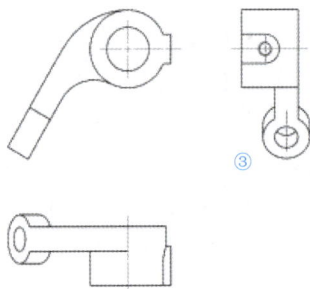

图 9-4　添加向视图

（2）选中右视图，选择【编辑】｜【视图】｜【边界】按钮，出现【视图边界】对话框。

① 选择【手工生成矩形】选项。

② 锚点位置选择螺纹孔中心。

③ 在左视图绘制矩形。

如图 9-5 所示，创建局部视图。

（3）选中右视图，选择【编辑】｜【视图】｜【视图相关编辑】命令，出现【视图相关编辑】对话框。

单击【添加编辑】按钮，选中要擦除的线，单击鼠标中键，如图 9-6 所示，完成创建局部视图。

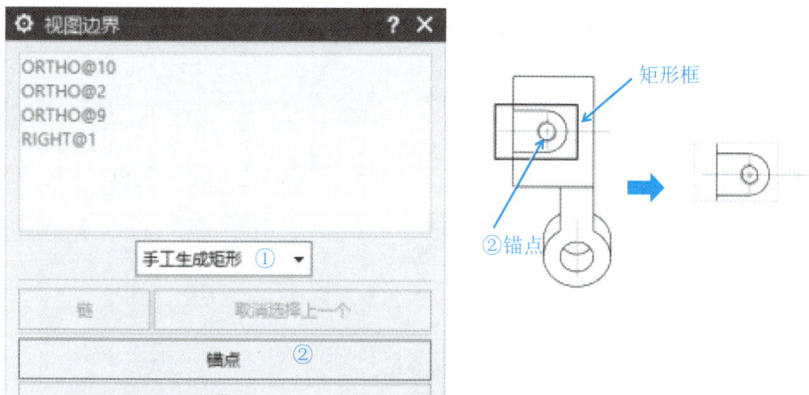

图 9-5　创建局部视图

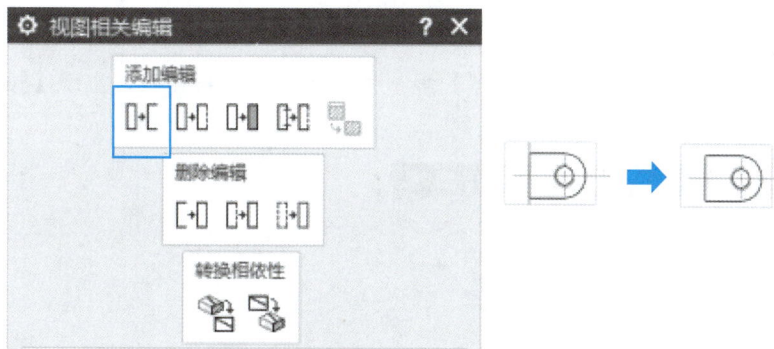

图 9-6　左视图中的局部视图

4. 创建俯视图的局部视图

（1）右击俯视图，在快捷菜单选择【活动草图视图】命令。

（2）单击【草图】选项卡｜【草图】组｜【样条】按钮，出现【艺术样条】对话框，在俯视图中绘制曲线，退出草图绘制，如图 9-7 所示。

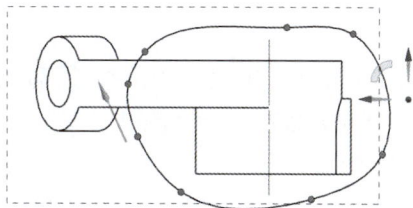

图 9-7　绘制封闭曲线

（3）选中俯视图，选择【编辑】｜【视图】｜【边界】按钮，出现【视图边界】对话框，如图 9-8 所示。

① 选择【断裂线 / 局部放大图】选项。

② 设置锚点位置。

③ 选中封闭曲线。

完成以上设置，单击【确定】按钮。

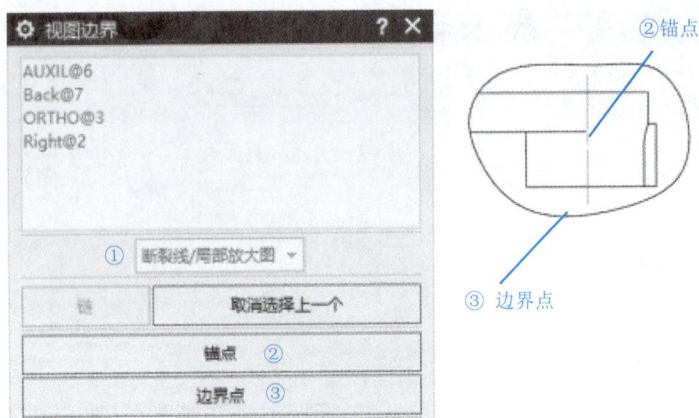

图 9-8　俯视图中的局部视图

5. 建立斜视图

（1）单击【主页】选项卡｜【视图】组｜【投影视图】按钮，出现【投影视图】对话框，如图 9-9 所示。

图 9-9　添加投影视图

① 在【父视图】组，激活【选择视图】，在图形区选择主视图。

② 在【铰链线】组，从【矢量选项】列表中选择【已定义】选项，在图形区选择模型左侧直线；单击【反转投影方向】按钮，反转视图投影方向指向右下角。

③ 在【视图原点】组，在图纸区域右下角指定一点，添加【投影视图】。

（2）对齐工程视图。

右击斜视图边界，从快捷菜单中选择【设置】按钮，出现【设置】对话框，如图 9-10 所示。

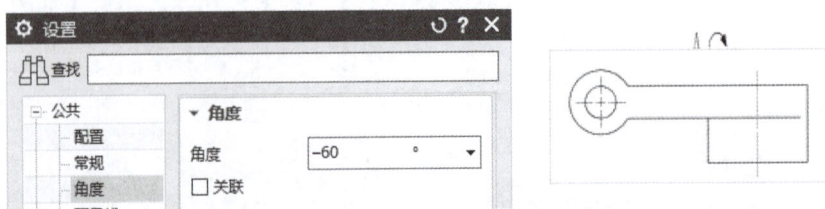

图 9-10　对齐斜视图

展开【公共】|【角度】，右侧出现【角度】组，在【角度】文本框输入 –60。
完成设置，单击【确定】按钮。

（3）创建局部视图，如图 9-11 所示。

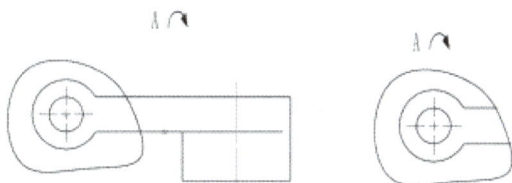

图 9-11　创建局部视图

6. 存盘

选择【文件】|【保存】命令，保存文件。

【任务拓展】

模型外形的表达——视图拓展练习如图 9-12 所示。

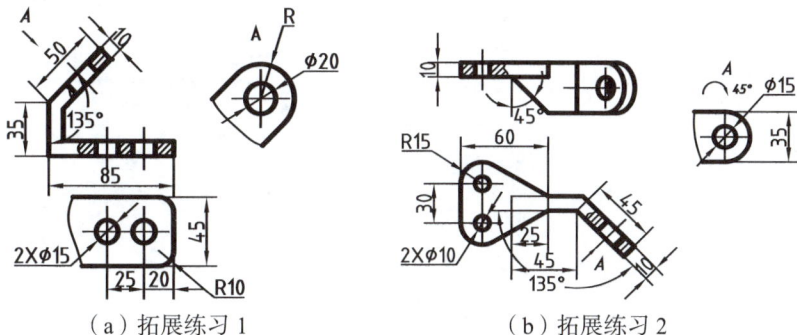

（a）拓展练习 1　　　　　　　　（b）拓展练习 2

图 9-12　模型外形的表达——视图拓展练习

课题 9.2　物体内形的表达——剖视图

【学习目标】

掌握创建全剖视图、半剖视图和局部剖视图的方法。

【工作任务】

完成底坐的视图表达方案，如图 9-13 所示。

【任务实施】

1. 新建"剖视图"文件

新建文件并保存为"剖视图.prt"，完成零件绘制并保存。

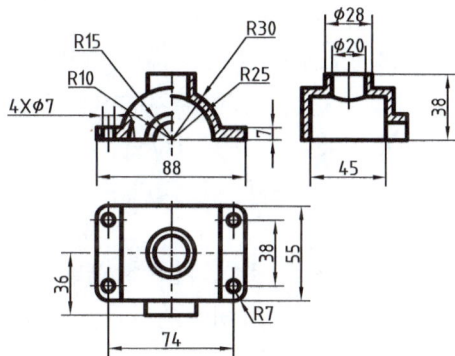

图 9-13　底座的视图表达方案

2. 新建工程图

新建工程图并保存为"剖视图 _dwg.prt"。

3. 添加基本视图——俯视图

（1）单击【主页】选项卡|【视图】组|【基本视图】按钮，出现【基本视图】对话框，如图 9-14 所示。

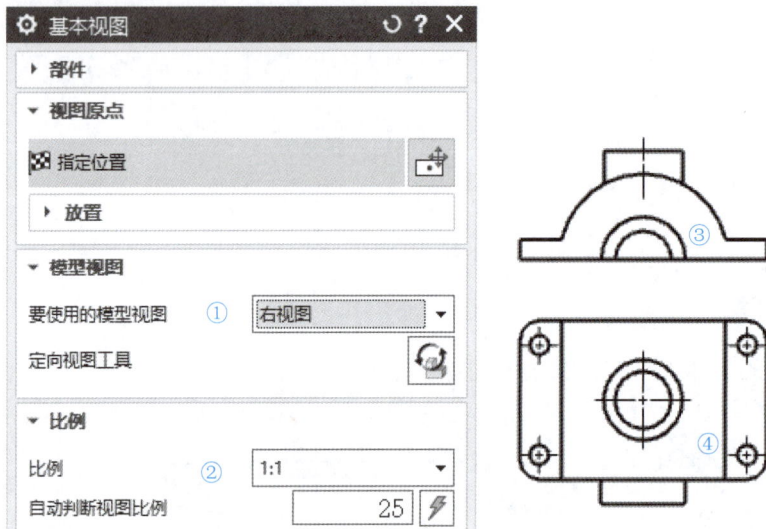

图 9-14　添加基本视图——俯视图

① 在【模型视图】组，从【要使用的模型视图】列表中选择【右视图】选项。

② 在【比例】组，从【比例】列表中选择【1:1】选项。

③ 在图纸区域左上角指定一点，添加【主视图】。

④ 向下垂直拖动鼠标，指定一点，添加【俯视图】。

单击鼠标中键完成基本视图的添加。

（2）选中主视图，单击 DEL 键，删除主视图。

4. 建立半剖视图

单击【主页】选项卡|【视图】组|【剖视图】按钮，出现【剖视图】对话框。

① 在【剖切线】组，在【定义】下拉列表中选择【动态】选项，在【方法】下拉列表中选择【半剖】选项。

② 定义剖切位置。

移动鼠标到视图，捕捉轮廓线圆心点，如图 9-15 所示。

③ 移动鼠标到视图，捕捉半剖位置轮廓线中点，定义折弯线位置，如图 9-16 所示。

④ 移动鼠标到指定位置，确定剖视图的中心，如图 9-17 所示。

⑤ 单击鼠标，创建半剖视图，如图 9-18 所示。

5. 建立局部剖视图

（1）右击主视图，在快捷菜单选择【活动草图视图】命令。

（2）单击【草图】选项卡|【草图】组|【样条】按钮，出现【艺术样条】对话框，在主视图中绘制封闭曲线，如图 9-19 所示，退出草图绘制。

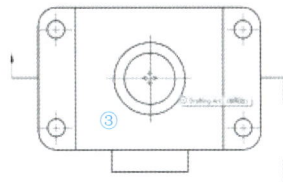

图 9-15 捕捉轮廓线中点

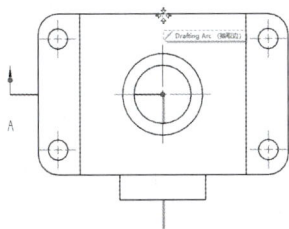

图 9-16 捕捉半剖位置轮廓线中点

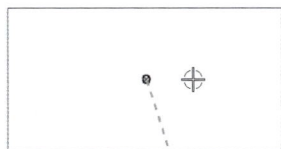

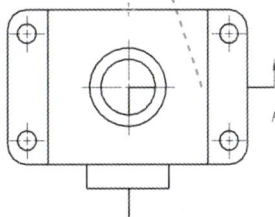

图 9-17 移动鼠标到指定位置

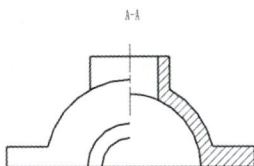

图 9-18 创建半剖视图

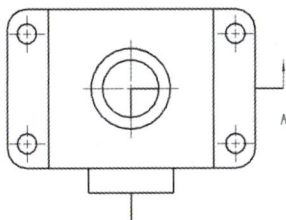

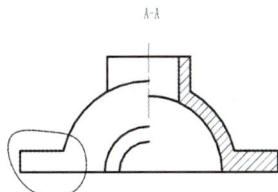

图 9-19 绘制封闭曲线

（3）单击【主页】选项卡 | 【视图】组 | 【局部剖】按钮，出现【局部剖】对话框。

① 选择生成局部视图的视图，选中主视图。

② 定义基点，在俯视图选择基点，如图 9-20 所示。

②基点

图 9-20　定义基点

③ 定义拉伸矢量，默认矢量方向，如图 9-21 所示。

📝 **说明**：单击【矢量反向】按钮，调整方向。

④ 在图形区选择截断线，如图 9-22 所示。

单击鼠标中键，创建局部剖视图，如图 9-23 所示。

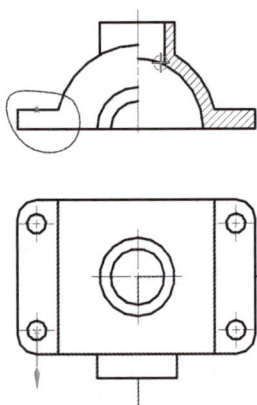

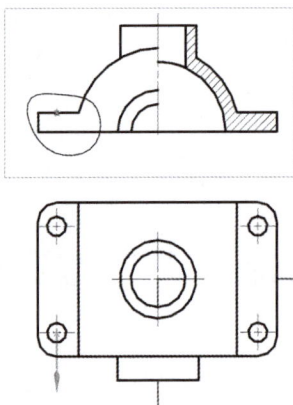

图 9-21　定义矢量　　　　图 9-22　选择截断线　　　　图 9-23　局部剖视图

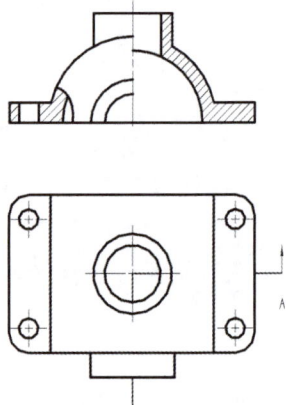

6. 建立全剖视图

单击【主页】选项卡 | 【视图】组 | 【剖视图】按钮，出现【剖视图】对话框。

① 在【剖切线】组，在【定义】下拉列表中选择【动态】选项，在【方法】下拉列表中选择【简单剖 / 阶梯剖】选项。

② 定义剖切位置。

移动鼠标到视图，捕捉轮廓线中点，如图 9-24 所示。

③ 确定剖视图的中心。

移动鼠标到指定位置，如图 9-25 所示。

④ 单击鼠标中键，创建全剖视图，如图 9-26 所示。

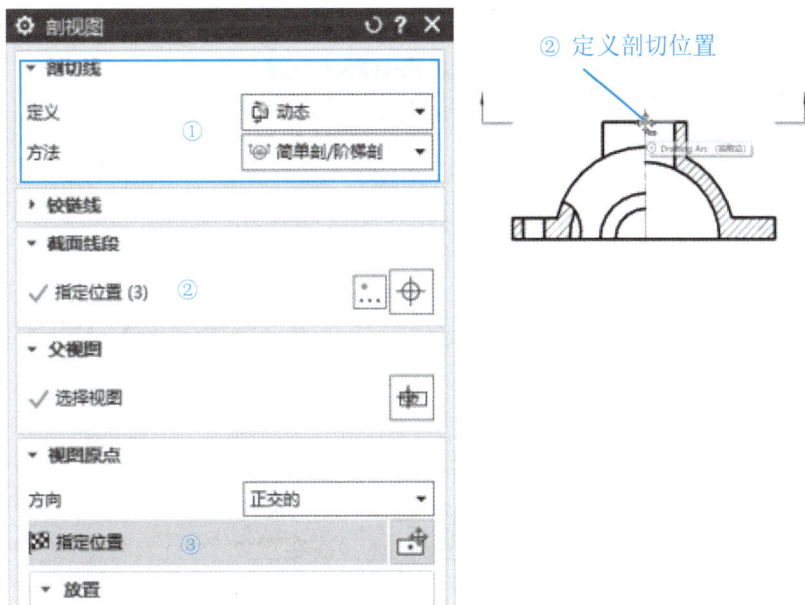

图 9-24　定义剖切位置

图 9-25　移动鼠标到指定位置

图 9-26　创建全剖视图

7. 创建轴测半剖视图

单击【主页】选项卡 |【视图】组 |【剖视图】按钮，出现【剖视图】对话框。

①～④ 同建立半剖视图。

⑤ 移动鼠标到指定位置，单击右键，选择【剖视图工具】选项，出现【剖视图工具】对话框和【剖视图】预览对话框。

➢ 在【预览显示】组，在【显示】下拉列表中选择【剖切】选项。

➢ 在【方向】组勾选【使用预览窗口中的方向】复选框。

在【剖视图】预览无误，如图 9-27 所示。

⑥ 移动到指定位置，单击鼠标中键，创建轴测半剖视图，如图 9-28 所示。

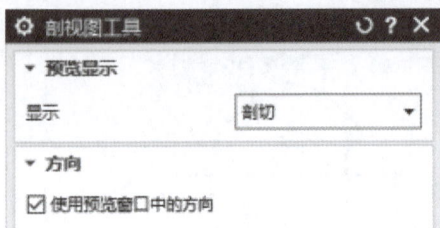

图 9-27 【剖视图】预览

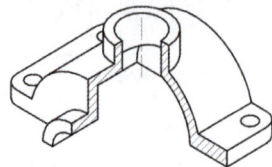

图 9-28　创建轴测半剖视图

8. 存盘

选择【文件】|【保存】命令，保存文件。

【任务拓展】

模型内形的表达——剖视图拓展练习如图 9-29 所示。

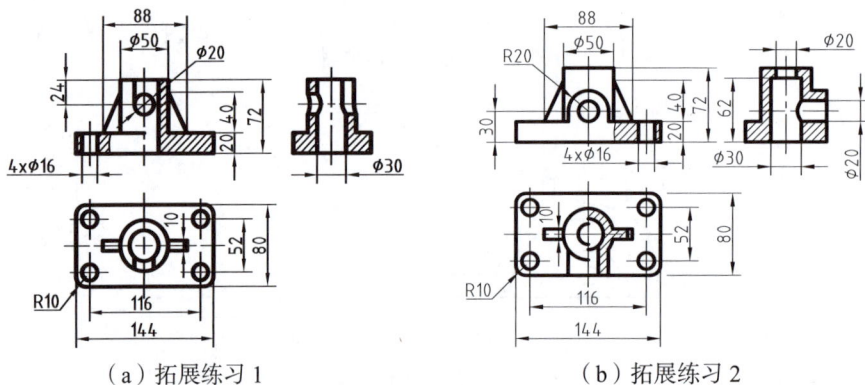

（a）拓展练习 1　　　　　　　　　　（b）拓展练习 2

图 9-29　模型内形的表达——剖视图拓展练习

课题 9.3　创建零件工程图

视频讲解

【学习目标】

（1）掌握创建移出断面和局部放大视图的方法。
（2）掌握创建中心线的方法。
（3）掌握标注尺寸公差、表面结构、几何公差和技术要求的方法。
（4）掌握零件标题栏填写的方法。

【工作任务】

创建轴零件工程图，如图 9-30 所示。

【任务实施】

1. 新建"零件图 - 轴"文件

新建文件并保存为"零件图 - 轴.prt"，完成零件绘制。

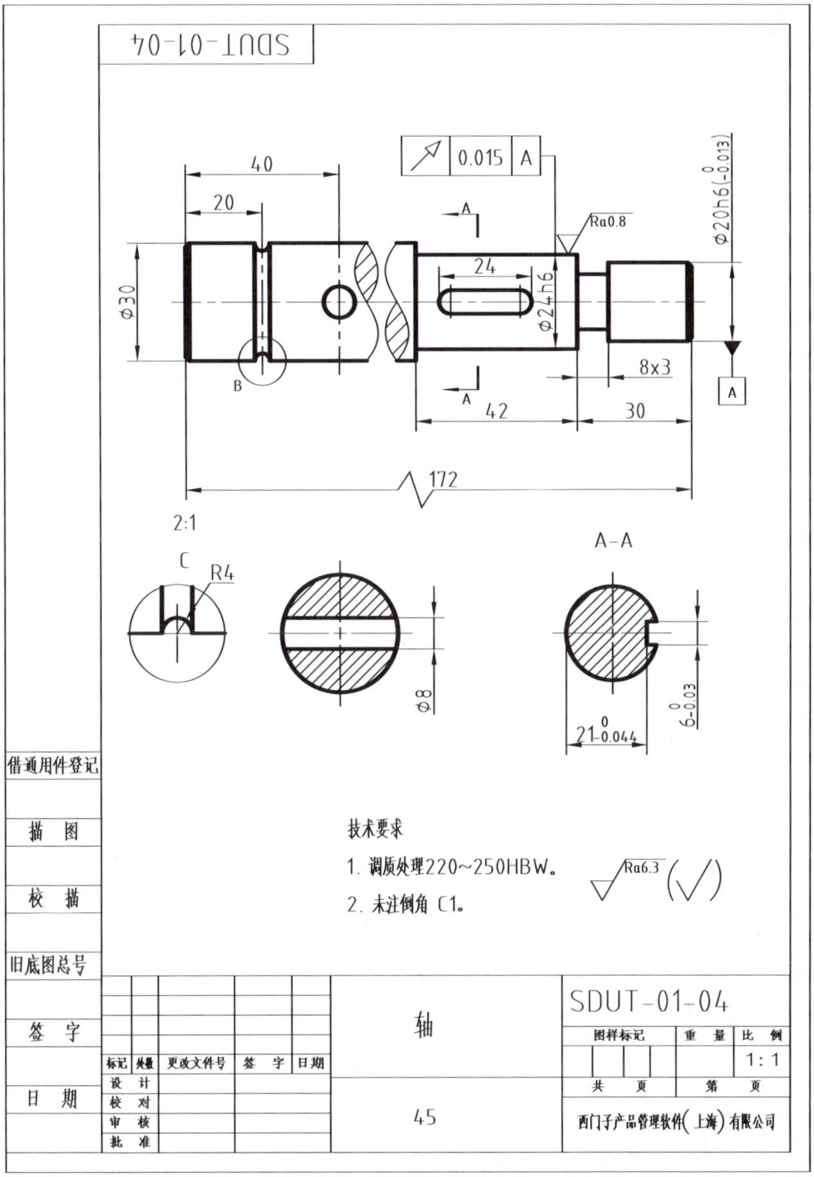

图 9-30 轴零件工程图

2. 填写属性

创建属性值。

选择【文件】菜单 |【属性】命令，出现【显示部件属性】对话框，如图 9-31 所示。

在【部件属性】组，在列表中选择【DB_PART_NAME】，在对应【值】文本输入栏输入"轴"，按 Enter 键确认。

选择【DB_PART_NO】，在对应【值】文本输入栏输入 SDUT-01-004，按 Enter 键确认。

在【标题 / 别名】文本输入框输入"材料"，在【值】文本输入框输入 45，按 Enter 键确认。

完成以上设置，单击【确定】按钮。

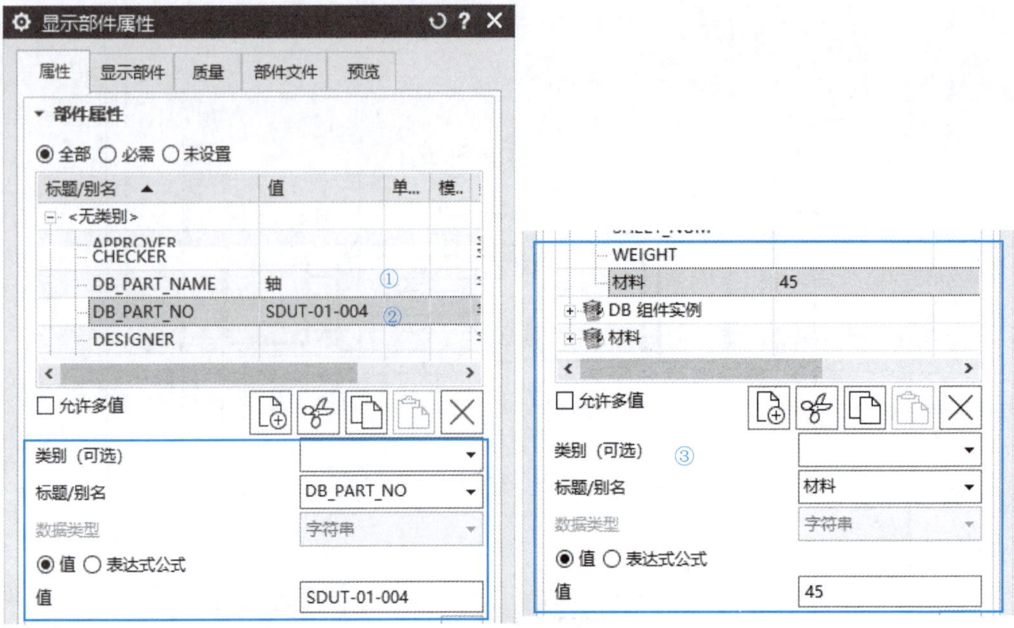

图 9-31　创建属性值

3. 新建工程图

新建工程图并保存为"零件图 - 轴 _dwg.prt"，进入制图环境。

4. 添加基本视图——主视图

单击【主页】选项卡｜【视图】组｜【基本视图】按钮，出现【基本视图】对话框。

① 在【模型视图】组，从【要使用的模型视图】列表中选择【右视图】选项。

② 在【比例】组，从【比例】列表中选择【1:1】选项。

③ 在图纸区域左上角指定一点，添加【主视图】。

单击鼠标中键完成基本视图的添加框，如图 9-32 所示。

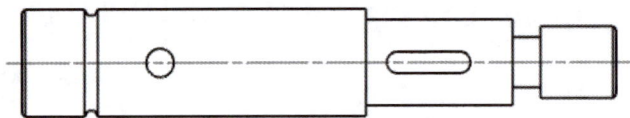

图 9-32　新建工程图

5. 创建断开视图

单击【主页】选项卡｜【视图】组｜【断开视图】按钮，出现【断开视图】对话框，如图 9-33 所示。

① 在【类型】列表中选择【常规】选项。

② 在【主模型视图】组，选择视图。

③ 在【断裂线 1】组，激活【指定锚点】，选择断裂线 1 锚点。

④ 在【断裂线 2】组，激活【指定锚点】，选择断裂线 2 锚点。

📋 **提示**：保证【对齐选项】按钮 ⊕ 激活，并且【曲线上的点】按钮 ╱ 处于激活状态。

⑤ 在【剖面线设置】组，从【样式】列表中选择【实心杆状线】 〰 ▾。

单击鼠标中键生成断开视图。

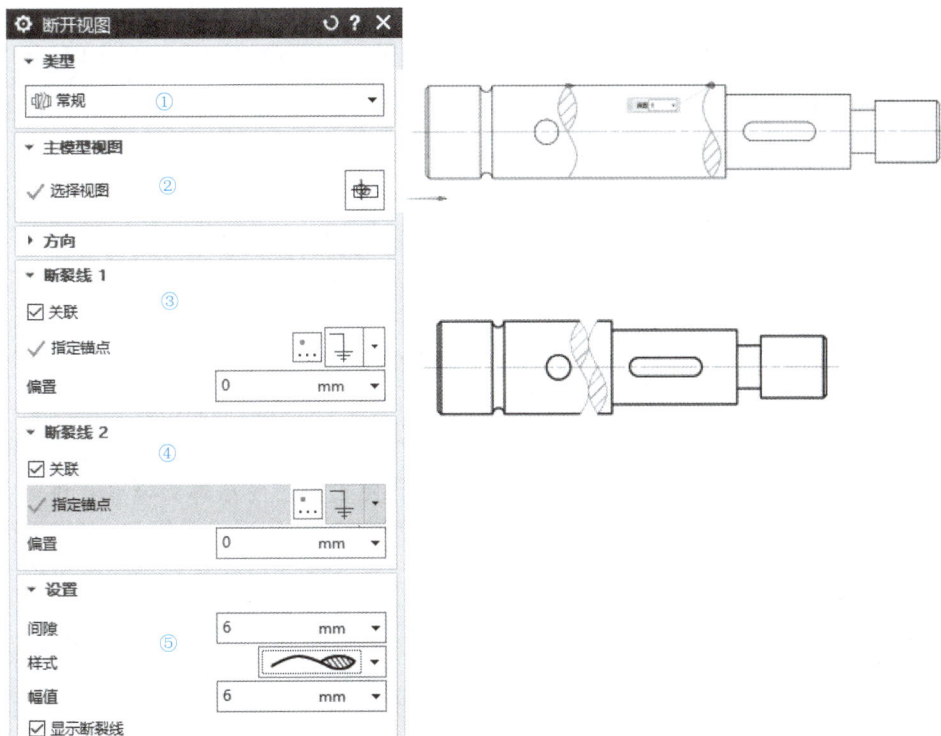

图 9-33　创建断开视图

6. 建立移出断面 1

（1）单击【主页】选项卡 | 【视图】组 | 【剖视图】按钮，出现【剖视图】对话框，如图 9-34 所示。

① 在【剖切线】组，在【定义】列表中选择【动态】选项，在【方法】列表中选择【简单剖 / 阶梯剖】选项。

② 移动鼠标到视图，捕捉轮廓线中点，定义剖切位置。

③ 确定剖视图的中心。

移动鼠标到指定位置，单击鼠标，创建全剖视图。

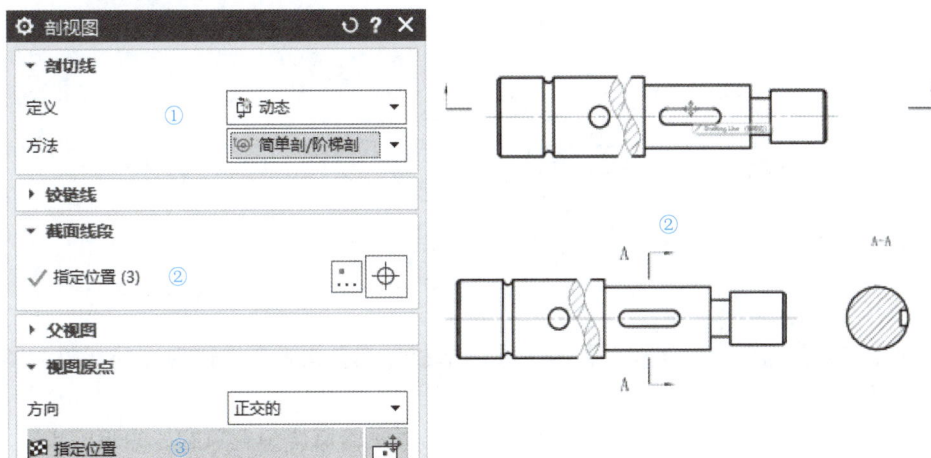

图 9-34　创建全剖视图

（2）双击剖面视图边界，出现【设置】对话框，如图 9-35 所示。

① 展开【截面】|【设置】，右侧出现【设置】组，取消【背景】复选框，完成设置，单击【确定】按钮。

② 移动剖面视图【A-A】位置。

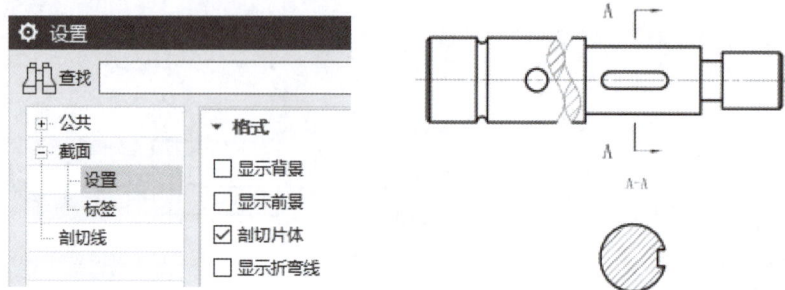

图 9-35　移动剖面视图

7. 建立移出断面 2

单击【主页】选项卡|【视图】组|【剖视图】按钮▦，出现【剖视图】对话框。

① 在【剖切线】组，在【定义】列表中选择【动态】选项，在【方法】列表中选择【简单剖／阶梯剖】选项。

② 定义剖切位置。

移动鼠标到视图，捕捉轮廓线中心点。

③ 确定剖视图的中心。

移动鼠标到指定位置，单击鼠标，创建全剖视图。

④ 移动视图。

将"剖面视图 B-B"移到键槽下方合适位置，如图 9-36 所示。

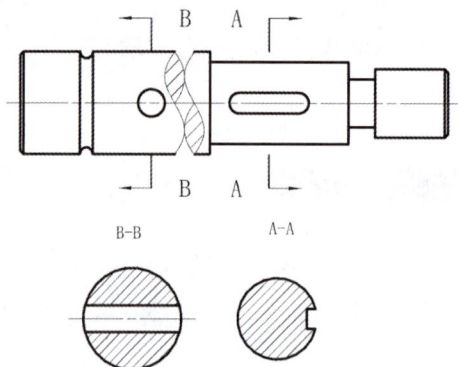

图 9-36　建立移出剖面

8. 建立局部放大视图

单击【主页】选项卡|【视图】组|【局部放大图】按钮◌，出现【局部放大图】对话框，如图 9-37 所示。

① 从【类型】列表中选择【圆形】选项。

② 在【边界】组，激活【指定中心点】，在左侧沟槽下端中心位置拾取圆心，激活

【指定边界点】，拖动光标，在适当的大小拾取半径。

③ 在【比例】组，从【比例】列表中选择【2:1】选项。

④ 在左侧沟槽正下方放置局部放大图。

单击鼠标中键创建局部放大视图。

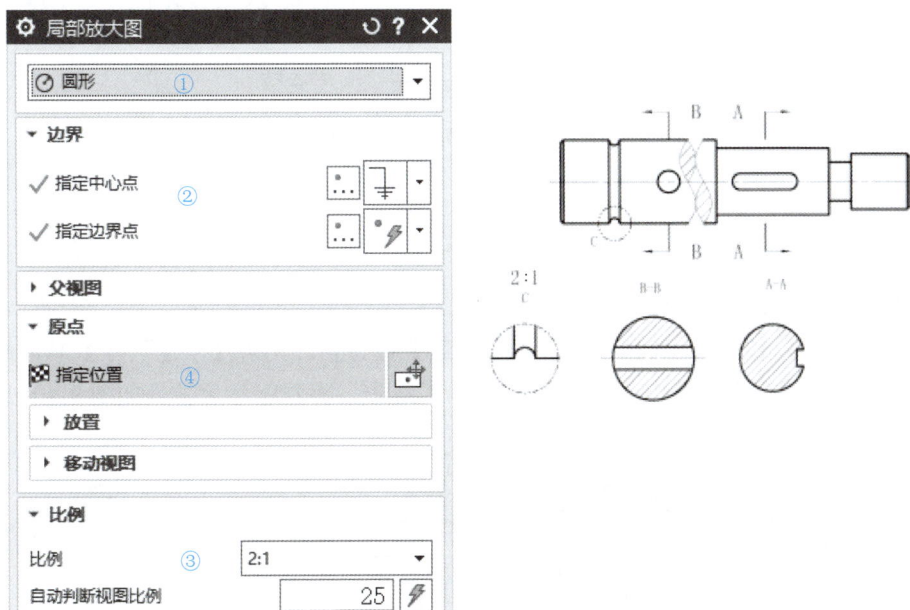

图 9-37　创建局部放大图

9. 创建中心标记

（1）单击【主页】选项卡｜【注释】组｜【中心标记】按钮⊕，出现【中心标记】对话框，在视图上选择圆，如图 9-38 所示，完成设置，单击【确定】按钮。

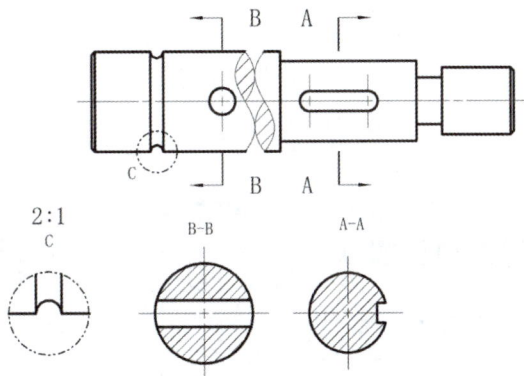

图 9-38　创建中心标记

（2）完成其他中心标记。

10. 创建 2D 中心线

（1）单击【主页】选项卡｜【注释】组｜【2D 中心线】按钮，出现【2D 中心线】对话框，如图 9-39 所示，从【类型】列表中选择【基于曲线】选项，分别在各视图中选择关于要确定中心线对称的两条边线，完成设置，单击【确定】按钮。

图 9-39　创建中心标记

（2）完成其他 2D 中心线。

11. 标注模型尺寸

1）使用自动判断的尺寸标注尺寸

单击【主页】选项卡｜【尺寸】组｜【快速】按钮，出现【快速尺寸】对话框，在【测量】组，从【方法】列表中选择【自动判断】选项，标注水平尺寸，如图 9-40 所示。

图 9-40　标注尺寸

2）使用圆柱形标注圆柱直径尺寸

单击【主页】选项卡｜【尺寸】组｜【快速】按钮，出现【快速尺寸】对话框，在【测量】组，从【方法】列表中选择【圆柱式】选项，标注圆柱直径尺寸，如图 9-41 所示。

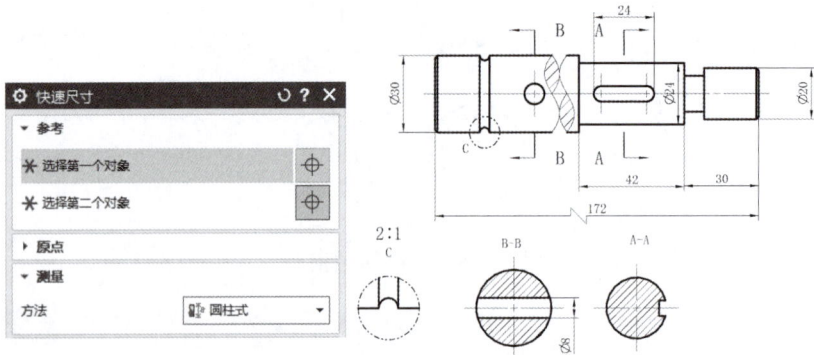

图 9-41　使用圆柱形标注圆柱直径尺寸

3）使用半径尺寸标注半径

单击【主页】选项卡｜【尺寸】组｜【快速】按钮，出现【快速尺寸】对话框，在

【测量】组，从【方法】列表中选择【径向】选项，标注半径，如图 9-42 所示。

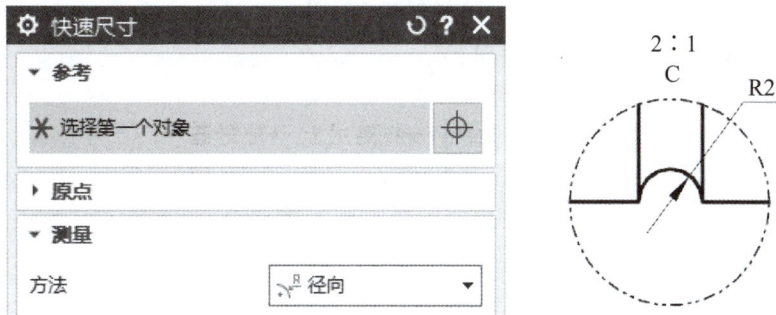

图 9-42　标注半径尺寸

4）标注定位尺寸

单击【主页】选项卡 | 【尺寸】组 | 【快速】按钮 ，标注定位尺寸，如图 9-43 所示。

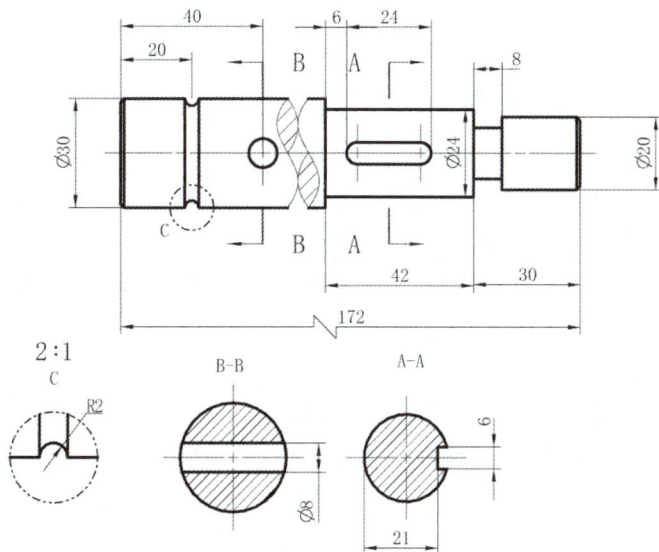

图 9-43　标注定位尺寸

📋 **提示：关于标注文本方位**

在尺寸编辑状态，右击尺寸，在快捷菜单选择【设置】命令，出现【设置】对话框，如图 9-44 所示。

① 展开【文本】 | 【方向和位置】，右侧出现【方向和定位】组。

图 9-44　文本方位

② 在【方向和定位】组，从【方位】列表中选择【水平文本】。

③ 从【位置】列表中选择【文本在短划线之上】。

完成以上设置，单击【关闭】按钮。

12. 创建拟合符号和公差

（1）双击 21 尺寸，出现【尺寸编辑】对话框。

① 设置公差形式，选择【双向公差】选项。

② 输入上、下偏差 $^{0}_{-0.044}$。

如图 9-45 所示，单击鼠标中键。

③ 同样操作，标注键槽宽度双向公差尺寸 6，如图 9-46 所示，单击鼠标中键。

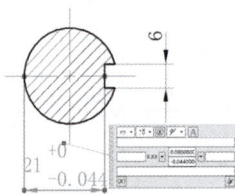

图 9-45　输入双向公差　　　图 9-46　双向公差

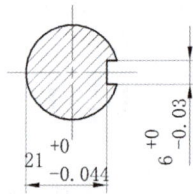

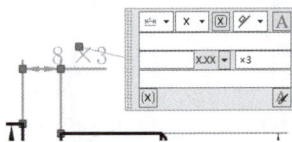

图 9-47　尺寸编辑

④ 双击退刀槽尺寸 8，出现【尺寸编辑】对话框。

在尺寸后添加文本框输入 ×3，如图 9-47 所示，单击鼠标中键。

（2）选择【GC 工具箱】选项卡|【维度】组|【公差配合优先级表】按钮，出现【公差配合优先级表】对话框，如图 9-48 所示。

① 在【注释】组中激活【选择尺寸（1）】，选择 $\phi20$ 尺寸。

② 在【公差配合优先级表】组，从【公差配合表类型】列表中选择【基轴制】选项。

③ 在公差表中单击"|h6"。

④ 在【注释】组，从【拟合公差样式】列表中选择【带公差配合符号】选项。

完成以上设置，单击【确定】按钮。

13. 表面结构标注

单击【主页】选项卡|【注释】组|【表面粗糙度符号】按钮√，出现【表面粗糙度】对话框。

① 在【属性】组，从【除料】列表中选择【修饰符，需要除料】选项。

② 在【切除（f1）】文本框中输入"Ra 0.8"。

③ 在【指引线】组，激活【选择终止对象】，在图形区拾取边上一点，向左拖动，移动到合适位置，定位粗糙度符号，如图 9-49 所示。

14. 几何公差

（1）单击【主页】选项卡|【注释】组|【基准特征符号】按钮，出现【基准特征符号】对话框。

① 在【基准标识符】组，在【字母】文本框输入 A。

② 在【原点】组，激活【指定位置】，在其上面适当位置拾取一点，向右拖动，如图 9-50 所示，单击鼠标左键。

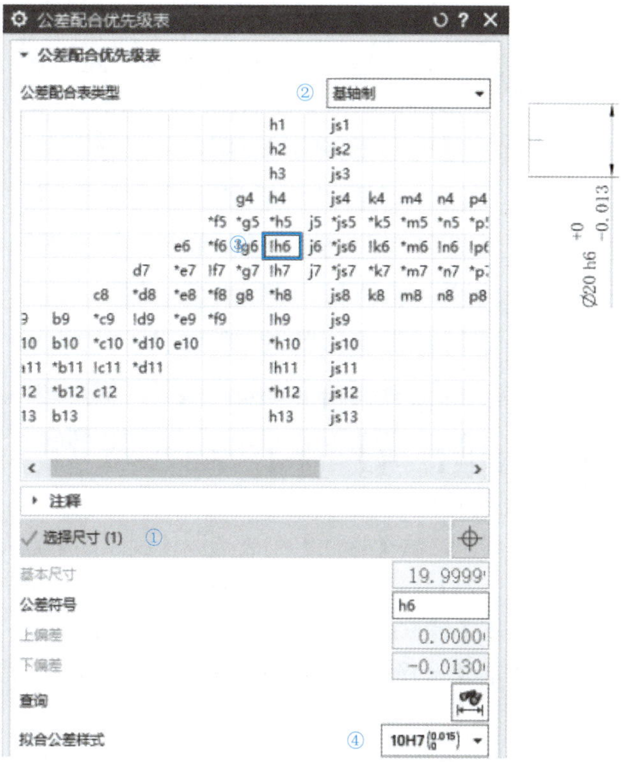

图 9-48　拟合公差

图 9-49　创建表面粗糙度符号

图 9-50　创建基准特征符号

（2）单击【主页】选项卡｜【注释】组｜【特征控制框】按钮，出现【特征控制框】选项卡和【特征控制框】对话框。

① 在【特征控制框】选项卡，从【特性】列表选取【圆跳动】选项。

② 在【公差】组，从【公差】列表选取【φ】选项，在文本框输入 0.015。

③ 在【基准参考】组，从【第一基准参考】列表选取【A】选项。

④ 在【指引线】组，激活【选择终止对象】，在图形区选择 φ24 尺寸箭头。向上拖动，如图 9-51 所示，左击鼠标。

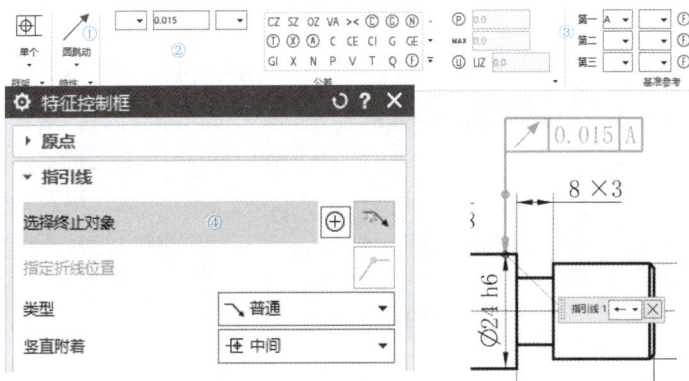

图 9-51　创建特征控制框

15. 技术要求

选择【GC 工具箱】选项卡｜【注释】组｜【技术要求库】命令，出现【技术要求】对话框。

① 在【原点】组，激活【指定位置】，在适当位置拾取一点作为指定位置，拾取另一点作为指定终点。

② 在【文本输入】组，在【从已有文本输入】文本框选择类似的条目，更改输入为"技术要求：调质处理 220~250HBW；未注倒角 C1"，如图 9-52 所示，单击鼠标左键。

16. 填写标题栏

选择【GC 工具箱】选项卡｜【标准化工具】组【属性工具】按钮，出现【属性工具】对话框。

图 9-52 技术要求

① 打开【属性同步】选项卡，在【同步方式】组，选择【主模型到图纸】单选项，完成设置，单击【应用】按钮，即把主模型属性同步到图纸标题栏中，如图 9-53 所示。

② 打开【属性填写】选项卡，如图 9-54 所示。

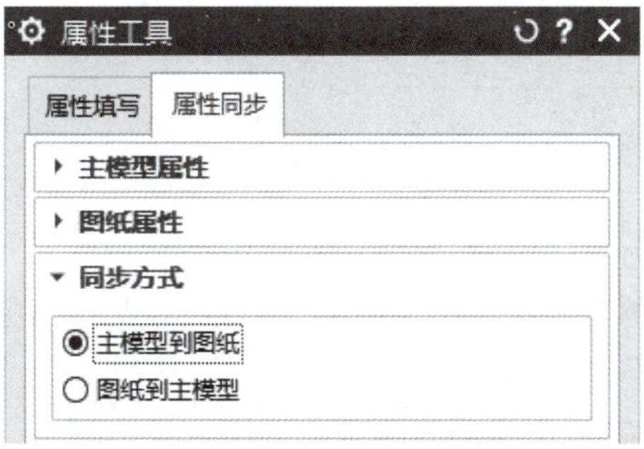

图 9-53 【属性同步】

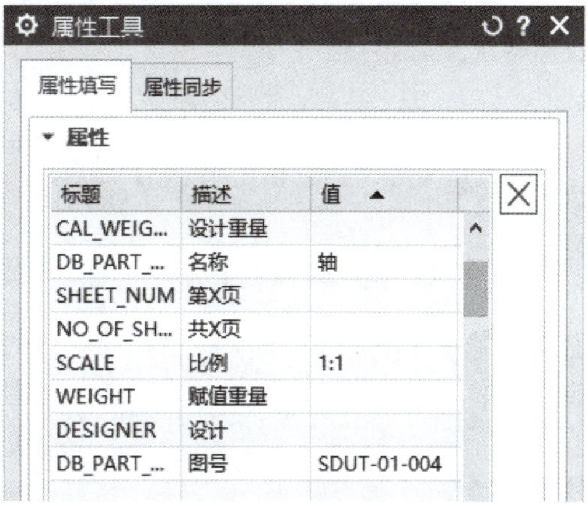

图 9-54 【属性填写】

在【属性】列表中选择【比例】，在对应【值】列上出现文本输入栏，选择 "1:1"，按 Enter 键确认。

③ 完成设置，单击【应用】按钮，标题栏显示如图 9-55 所示。

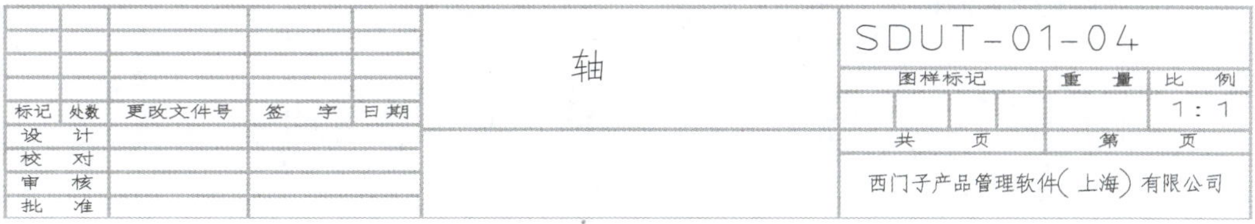

图 9-55 填写属性

图 9-56　图层设置

导入材料属性的步骤如下。

① 选择【格式】｜【图层设置】命令，出现【图层设置】对话框，把 170 层设为可选，如图 9-56 所示。

② 在标题栏中选择材料显示区，右击选择【导入】｜【属性】命令，出现【导入属性】对话框。

③ 从【导入】列表中选择【工作部件属性】选项。

④ 在【属性】列表中选择【材料】选项，如图 9-57 所示。

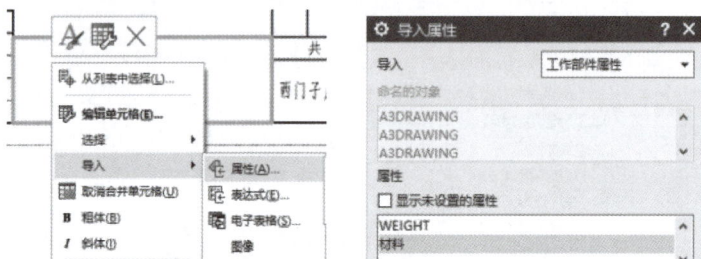

图 9-57　导入属性

⑤ 单击【应用】按钮，新的属性值被添加进标题栏中，如图 9-58 所示。

图 9-58　导入新的属性

⑥ 选择【格式】｜【图层设置】命令，出现【图层设置】对话框，把 170 层设为仅可见。

17. 存盘

选择【文件】｜【保存】命令，保存文件。

【任务拓展】

创建零件工程图拓展练习如图 9-59 所示。

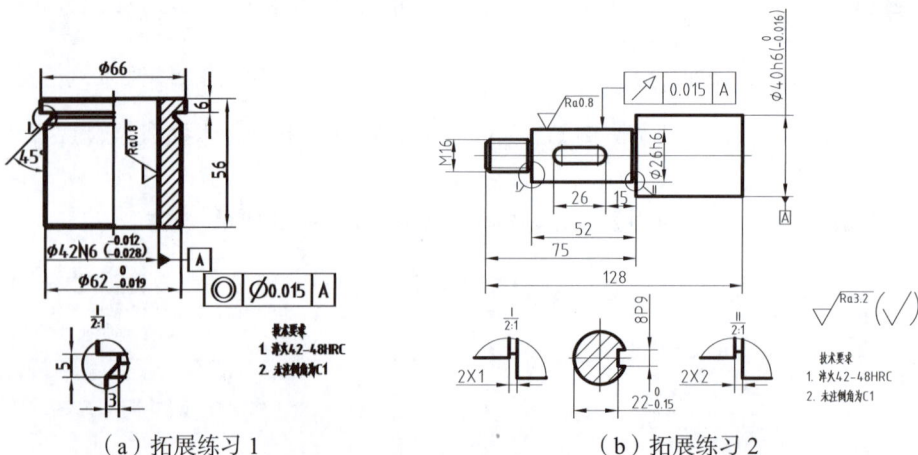

（a）拓展练习 1　　　　　　　　（b）拓展练习 2

图 9-59　创建零件工程图拓展练习

课题 9.4　创建装配工程图

【学习目标】

（1）掌握创建装配图的剖切的方法。

（2）掌握装配图尺寸标注、零件序号和技术要求的方法。

（3）掌握装配明细表填写的方法。

【工作任务】

创建计数器装配工程图，如图 9-60 所示。

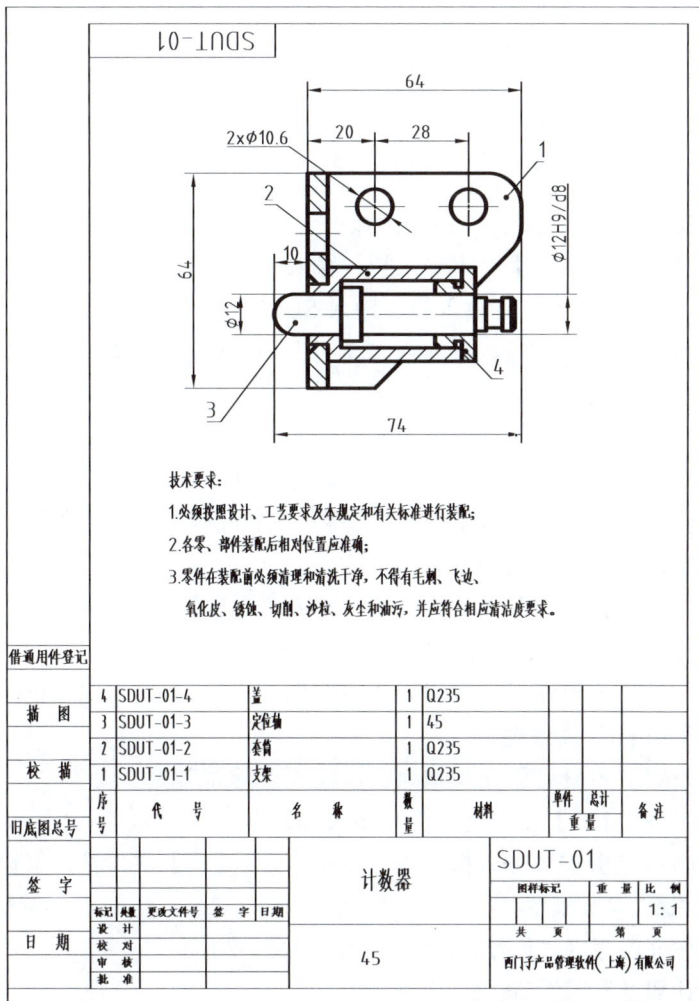

图 9-60　计数器装配工程图

【任务实施】

1. 新建文件

（1）分别新建文件"支架.prt""盖.prt""定位轴.prt""套筒.prt"，如图 9-61 所示。

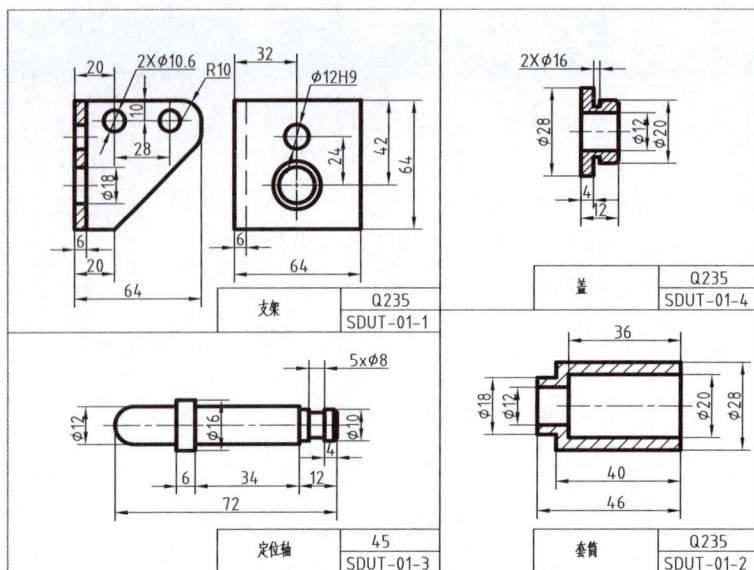

图 9-61 计数器零件

（2）创建"支架.prt"属性值。

① 在【DB_PART_NAME】文本输入栏，输入"支架"。

② 在【DB_PART_NO】文本输入栏，输入 SDUT-01-1。

③ 在【标题 / 别名】文本输入框输入"材料"，在【值】文本输入框输入 Q235A。

（3）创建"盖.prt"属性值。

① 在【DB_PART_NAME】文本输入栏，输入"盖"。

② 在【DB_PART_NO】文本输入栏，输入 SDUT-01-4。

③ 在【标题 / 别名】文本输入框输入"材料"，在【值】文本输入框输入 Q235A。

（4）创建"定位轴.prt"属性值。

① 在【DB_PART_NAME】文本输入栏，输入"定位轴"。

② 在【DB_PART_NO】文本输入栏，输入 SDUT-01-3。

③ 在【标题 / 别名】文本输入框输入"材料"，在【值】文本输入框输入 45。

（5）创建"套筒.prt"属性值。

① 在【DB_PART_NAME】文本输入栏，输入"套筒"。

② 在【DB_PART_NO】文本输入栏，输入 SDUT-01-2。

③ 在【标题 / 别名】文本输入框输入"材料"，在【值】文本输入框输入 Q235A。

2. 新建"计数器"装配模型

（1）新建文件并保存为"计数器.prt"，如图 9-62 所示。

（2）创建"计数器"属性值。

① 在【DB_PART_NAME】文本输入栏，输入"计数器"。

② 在【DB_PART_NO】文本输入栏，输入 SDUT-01。

3. 新建工程图

引用"计数器.prt"部件，运用"A4- 装配 - 无视图"模板，新建工
程图"计数器 _dwg.prt"，进入制图环境。

图 9-62 计数器

4. 添加基本视图——主视图

单击【主页】选项卡 |【视图】组 |【基本视图】按钮，出现【基本视图】对话框，装配基本视图如图 9-63 所示。

① 在【模型视图】组，从【要使用的模型视图】列表中选择【右视图】选项。

② 在【比例】组，从【比例】列表中选择【1：1】选项。

③ 在图纸区域左上角指定一点，添加【主视图】。

④ 向下垂直拖动鼠标，指定一点，添加【俯视图】。

⑤ 单击鼠标中键。

5. 剖切主视图

（1）右击主视图，在快捷菜单选择【活动草图视图】命令。

（2）单击【草图】选项卡 |【草图】组 |【矩形】按钮，在主视图中绘制矩形，如图 9-64 所示，完成草图。

图 9-63 装配基本视图

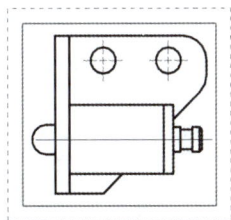

（3）单击【主页】选项卡 |【视图】组 |【局部剖】按钮，出现【局部剖】对话框。

① 选择生成局部视图的视图，选中主视图。

② 定义基点，在俯视图选择基点。

③ 定义拉伸矢量，默认矢量方向。

④ 选择截断线，在图形区选择矩形线。

完成以上设置，单击【确定】按钮，如图 9-65 所示。

（4）单击【主页】选项卡 |【视图】组 |【视图中剖切】按钮，出现【视图中剖切】对话框，如图 9-66 所示。

图 9-64 绘制封闭曲线

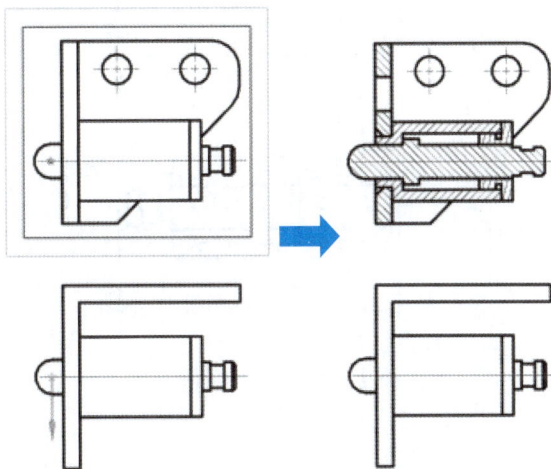

① 在【视图】组，激活【选择视图（1）】，在图形区选择需编辑视图。

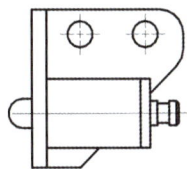

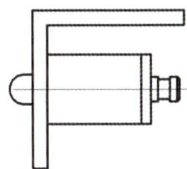

图 9-65 局部剖视图

② 在【体或组件】，激活【选择对象（1）】，在图形区选择非剖切部分。

③ 在【操作】组，选中【变成非剖切】单选按钮。

完成以上设置，单击【确定】按钮。

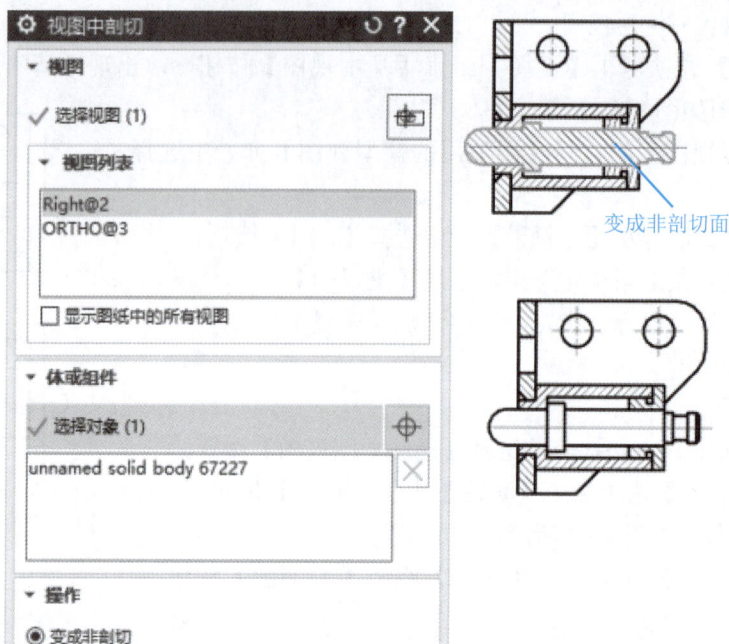

图 9-66 编辑装配剖视图

6. 添加中心线，标注尺寸

（1）运用【主页】选项卡｜【注释】组｜【中心标记】命令和【2D 中心线】命令，在合适的位置为装配工程图添加中心线。

（2）运用【主页】选项卡｜【注解】组｜【快速尺寸】按钮，为装配图工程图标注"性能尺寸""装配尺寸""安装尺寸""外形尺寸"和"其他重要尺寸"，如图 9-67 所示。

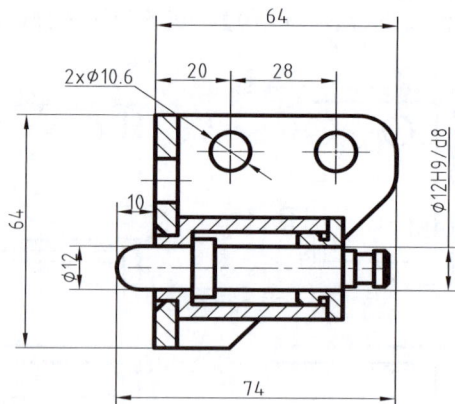

图 9-67 装配尺寸标注

7. 填写技术要求

单击【主页】选项卡｜【注释】组｜【注释】按钮A，出现【注释】对话框。

① 在【文本输入】组文本框输入以下内容，如图 9-68 所示。

技术要求：

● 必须按照设计、工艺要求及本规定和有关标准进行装配；

● 各零、部件装配后相对位置应准确；

● 零件在装配前必须清理和清洗干净，不得有毛刺、飞边、氧化皮、锈蚀、切削、沙粒、灰尘和油污，并应符合相应清洁度要求。

② 将输入的文本放置在右下角合适位置。

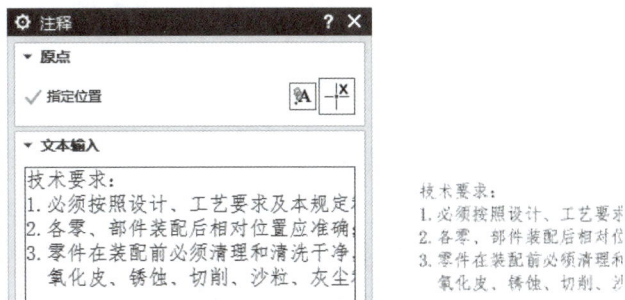

图 9-68　填写技术要求

8. 填上标题栏和明细表

（1）主模型属性同步到图纸标题栏中。

单击【GC 工具箱】选项卡 |【标准化工具】组 |【属性工具】按钮✎，出现【属性工具】对话框。

打开【属性同步】选项卡，在【同步方式】组，选择【主模型到图纸】单选项，单击【应用】按钮，即把主模型属性同步到图纸标题栏中。

（2）填写属性。

打开【属性填写】选项卡，在【属性】列表中选择【比例】，在对应【值】列上出现文本输入栏，选择"1:1"，按 Enter 键确认。

标题栏显示如图 9-69 所示。

图 9-69　标题栏显示

（3）导入材料属性。

① 选择【格式】|【图层设置】命令，出现【图层设置】对话框，把 170 层设为可选。

② 在明细栏中选择【材料】的单元格，右击选择【选择】|【列】命令，如图 9-70 所示，选择【材料】这一列。

③ 选择的【材料】列，右击选择【设置】选项 🖉，出现【设置】对话框。

展开【零件明细表】|【列】，出现【内容】组，单击【属性名称】按钮✎，如图 9-71 所示。

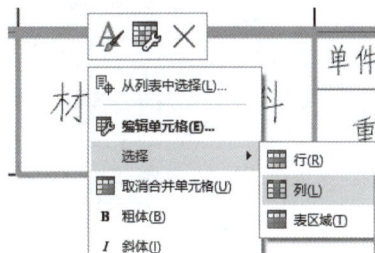

图 9-70　选择【材料】列

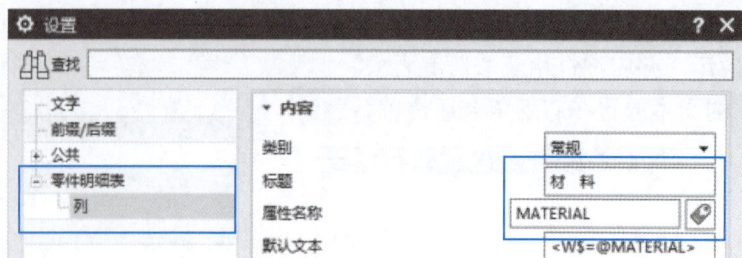

图 9-71 【设置】对话框

④ 出现【属性名称】对话框，在列表中选择【材料】选项，如图 9-72 所示，完成设置，单击【确定】按钮返回到【设置】对话框。在【设置】对话框，单击【确定】按钮。

⑤ 明细栏中【材料】一列导入各个部件的【材料】属性值，如图 9-73 所示。

图 9-72 【属性名称】对话框

图 9-73 导入【材料】属性值

⑥ 选择【格式】|【图层设置】命令，出现【图层设置】对话框，把 170 层设为仅可见。

9. 标注零件序号

单击【主页】选项卡|【注释】组|【符号标注】按钮，出现【符号标注】对话框，如图 9-74 所示。

① 在【类型】下拉列表中选择【下划线】选项。

② 在【文本】文本框输入 1。

③ 在【指引线】组，激活【选择终止对象】，在图形区选择底座，把序号放置到合适位置，单击左键确定。

④ 重复步骤，按照零件明细表顺序标注序号 2 ～ 4。

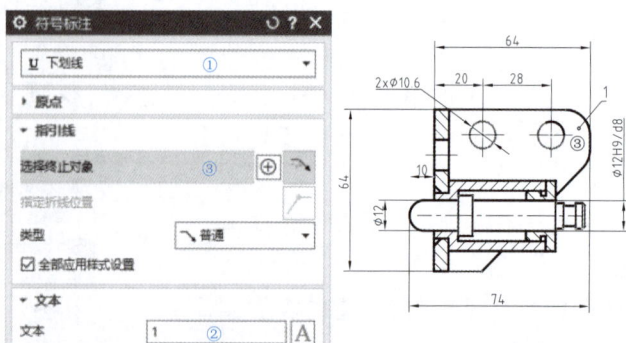

图 9-74 标注零件序号

10. 存盘

选择【文件】|【保存】命令，保存文件。

📋 **提示：关于修改模板**

UG NX 2406 版本中有自带的图框，其中零件名称、材料、重量（赋值重量）、零件图号、页码、页数、比例、设计都可以在【GC 工具箱】|【属性工具】|【属性】中填写，而且在装配时有关联性，但它自带的图框中的字体（中文：chinesef_fs，标注：blockfont）以及公司名称：西门子产品管理软件（上海）有限公司要修改，但调入图框用GC 工具箱填写属性时，这些项目是选不中的，是因为设置了图层仅可见。

修改方法如下。

（1）使用【制图工具】选项卡，选择【图纸格式】组|【定义标题块】【边界和区域】和【标记为模板】命令，定义制图模板。

（2）选择【格式】|【图层设置】命令，出现【图层设置】对话框，把170层设为可选。

（3）选中需修改的单元格，右击，选择【设置】命令，修改文本，更改字体及字体大小。

（4）选择【格式】|【图层设置】命令，出现【图层设置】对话框，把170层设为仅可见。

【任务拓展】

创建装配工程图拓展练习如图 9-75 所示。

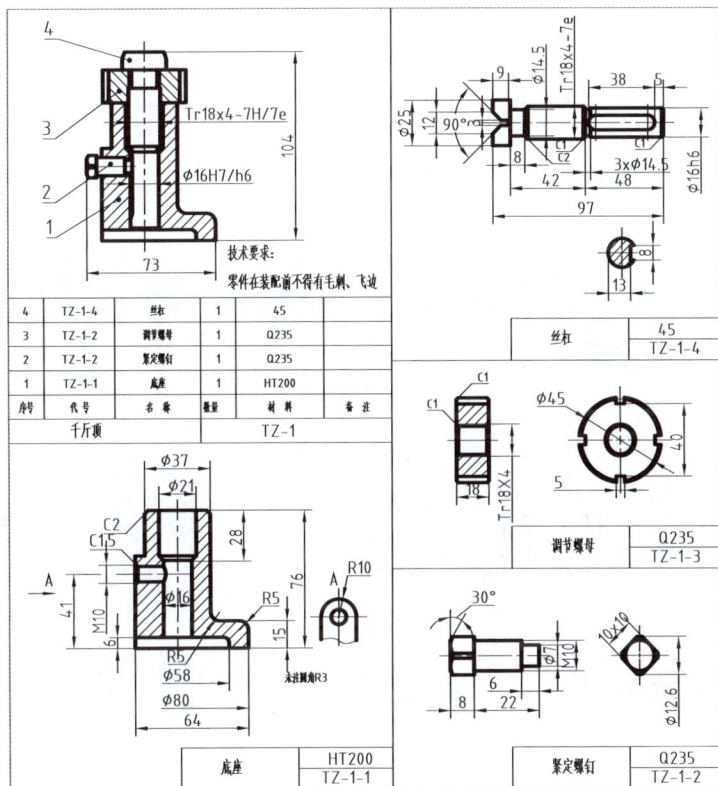

（a）拓展练习 1- 千斤顶

图 9-75　创建装配工程图拓展练习

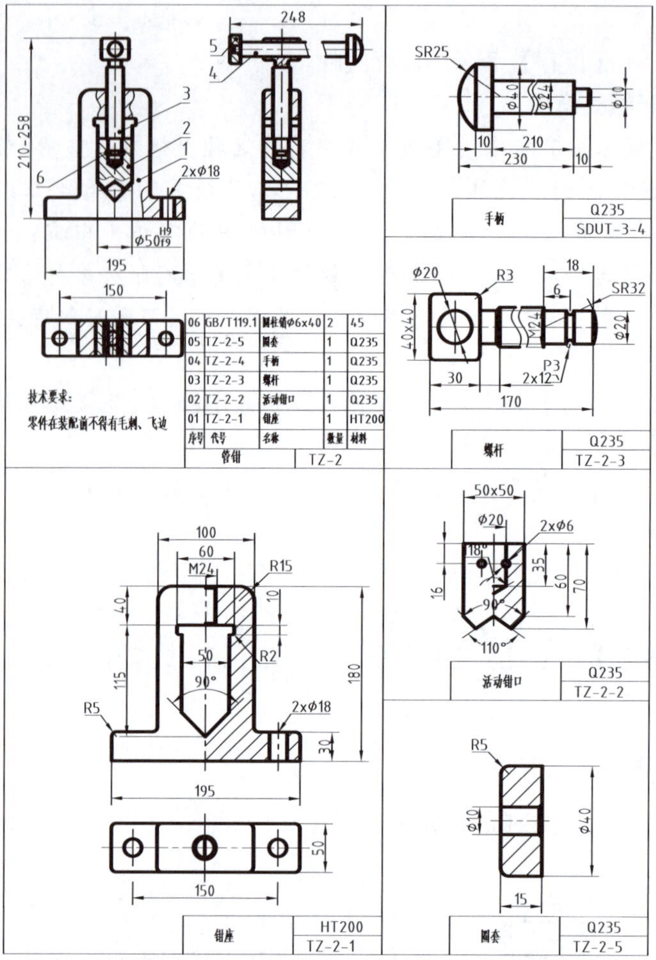

（b）拓展练习 2- 管钳

图 9-75 （续）

课题 9.5　提高练习

创建工程图，如图 9-76 所示。

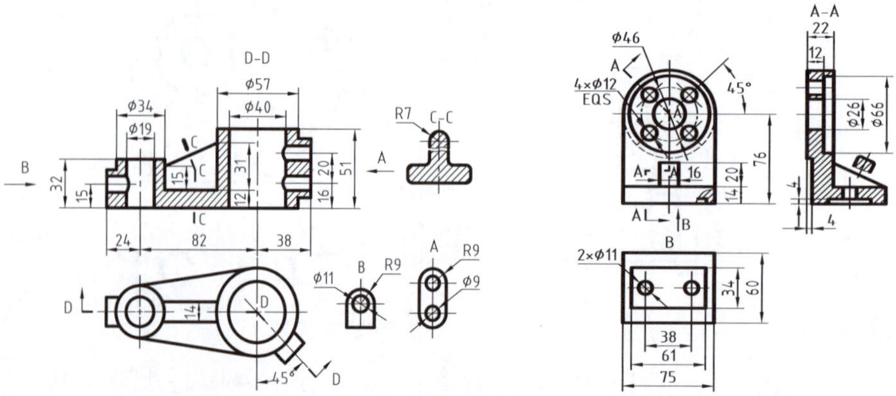

（a）练习 1　　　　　　　　　　　　　（b）练习 2

图 9-76　提高练习

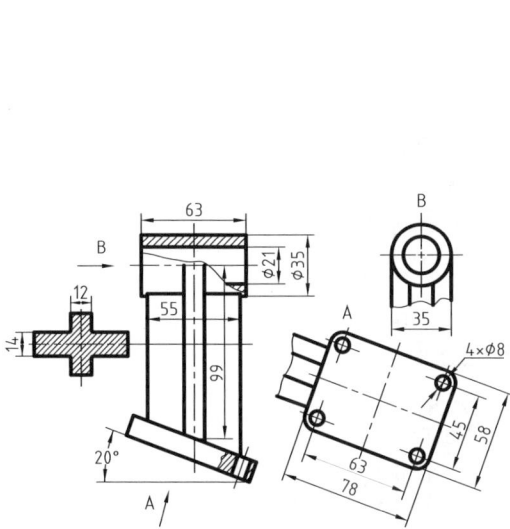

（c）练习3

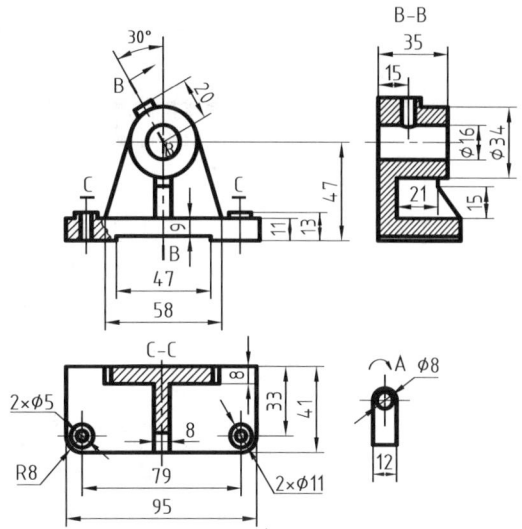

（d）练习4

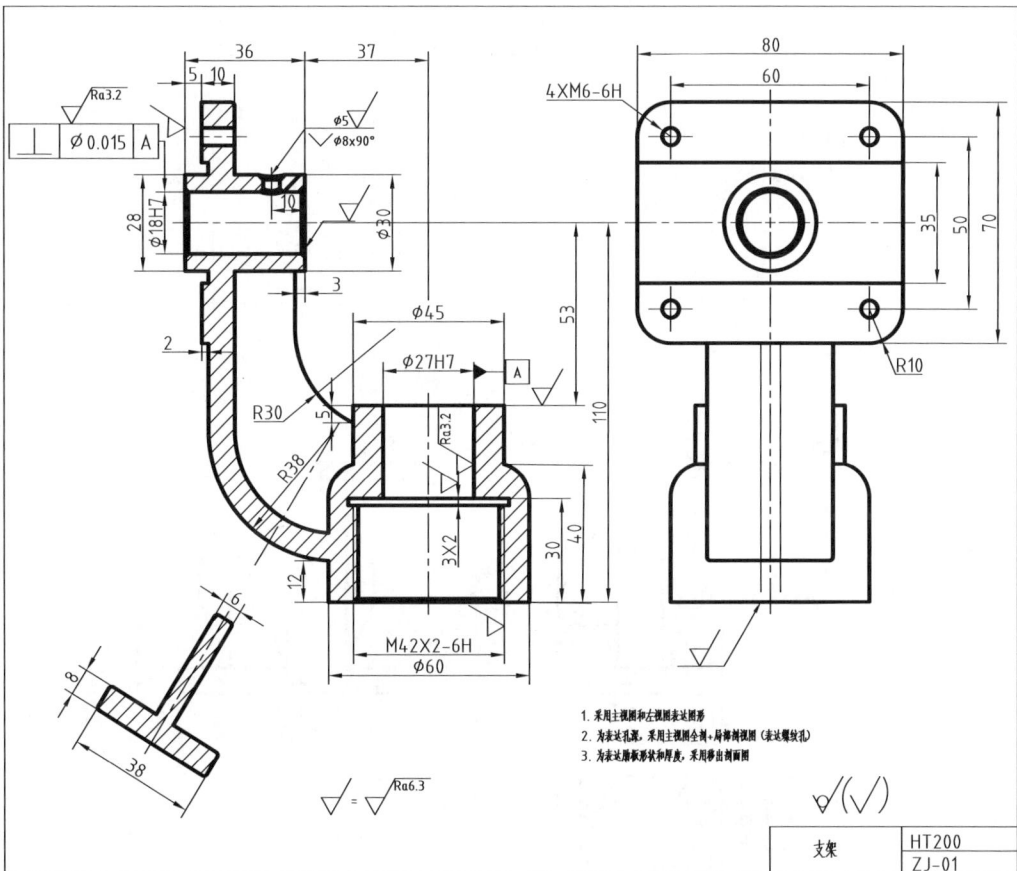

（e）练习5

图 9-76 （续）

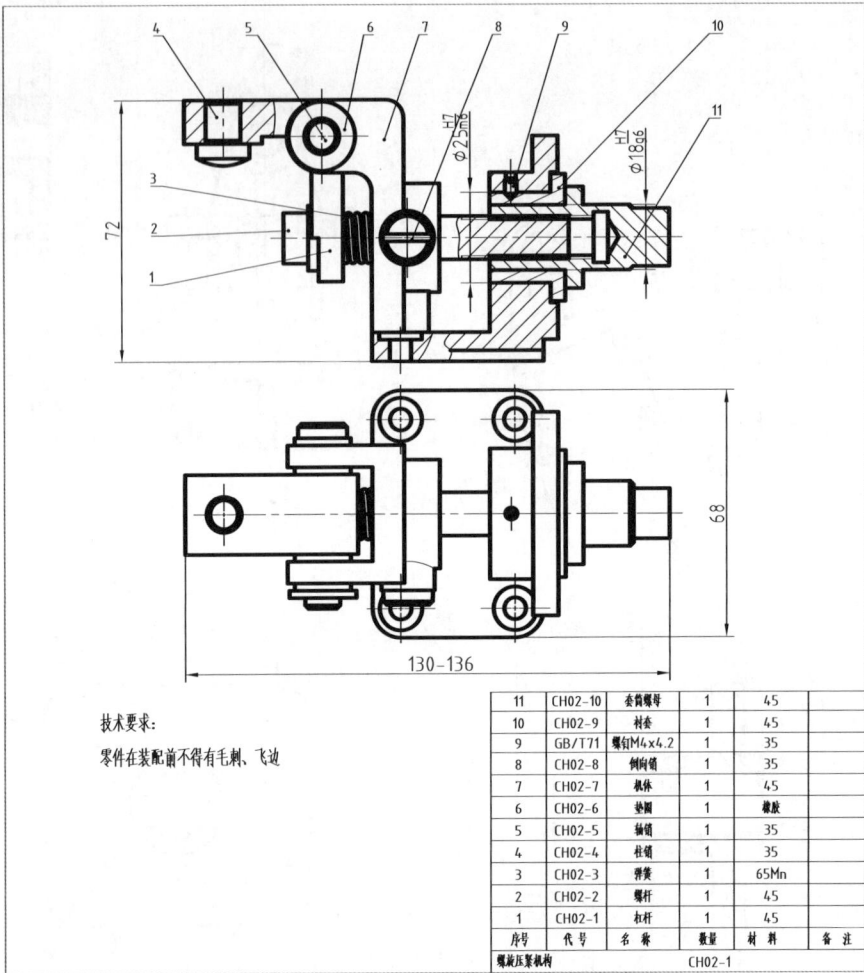

技术要求：

零件在装配前不得有毛刺、飞边

11	CH02-10	套筒螺母	1	45	
10	CH02-9	衬套	1	45	
9	GB/T71	螺钉M4×4.2	1	35	
8	CH02-8	侧沟销	1	35	
7	CH02-7	机体	1	45	
6	CH02-6	垫圈	1	橡胶	
5	CH02-5	轴销	1	35	
4	CH02-4	柱销	1	35	
3	CH02-3	弹簧	1	65Mn	
2	CH02-2	螺杆	1	45	
1	CH02-1	扛杆	1	45	
序号	代 号	名 称	数量	材 料	备 注
螺旋压紧机构				CH02-1	

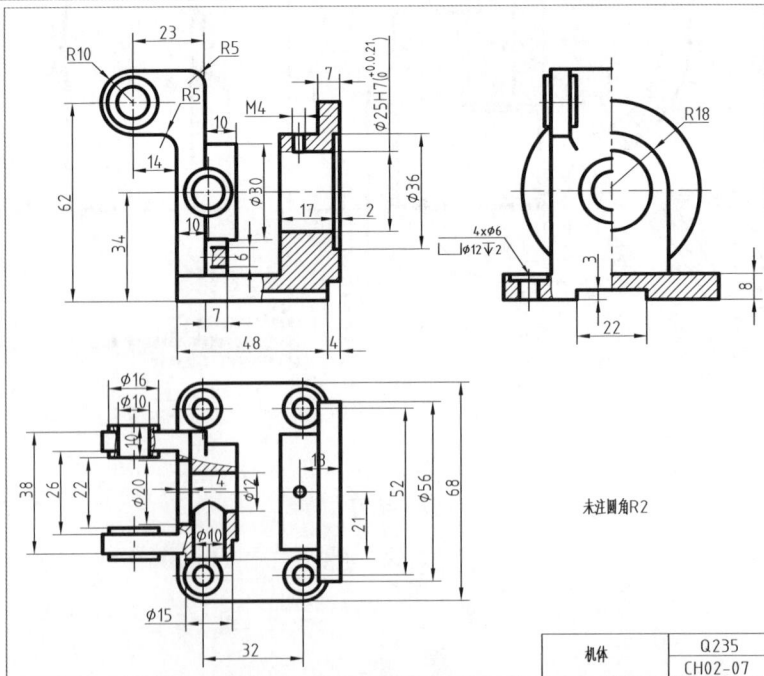

机体	Q235
	CH02-07

图 9-76（续）

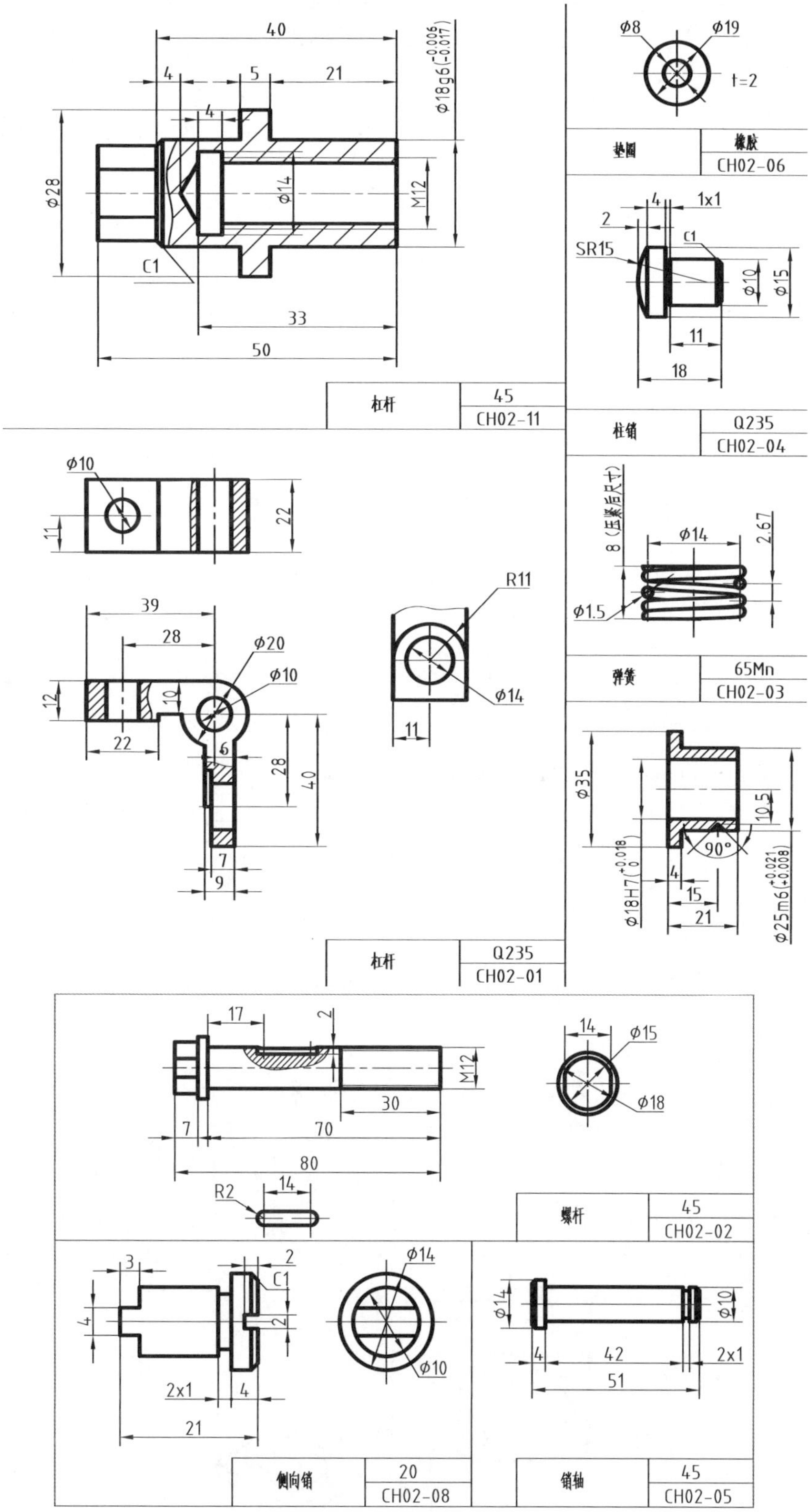

（f）练习 6- 螺旋压紧装置

图 9-76 （续）

数控铣削加工的基本概念是指在数控机床上，通过控制系统发出指令使刀具做符合要求的各种运动，以数字和字母形式表示工件的形状和尺寸等技术要求和加工工艺要求进行的加工。

数控铣削加工的对象主要包括平面轮廓零件、变斜角类零件、空间曲面轮廓零件、孔和螺纹等。

课题 10.1　平面铣加工（一）

视频讲解

平面铣（mill_planar）是 UG NX CAM 模块中最简单和常用的加工方法，属于固定轴铣削加工，主要用于开放式平面或底面为平面、侧壁为垂直面的棱柱或型腔的 CAM 规划，通常用于去除毛坯大部分余量的粗加工，也可以用于精加工。

【学习目标】

（1）熟悉 UG NX CAM 环境。
（2）理解平面铣的特点与应用。
（3）掌握平面铣的创建步骤。
（4）掌握平面铣操作相关对话框的参数设置与应用。

【工作任务】

完成如图 10-1 所示零件的建模和 CAM 规划。

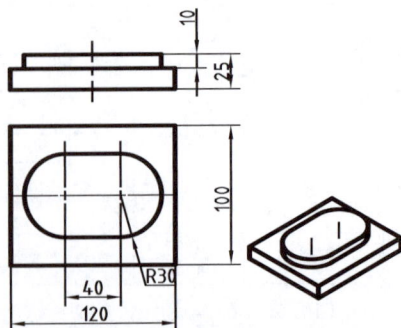

图 10-1　平面铣加工（1）实例

【任务实施】

1. 新建模型

根据图 10-1，完成待加工模型的建立，命名为"平面铣加工（1）实例.prt"，并存盘。

2. 确定数控加工方案

凸台高度为 10，侧壁为直壁，可创建平面铣（mill_planar）操作完成该零件的粗精加工 CAM 规划，选用 $\phi 8$ 镶片式合金平底立铣刀加工。

3. 启动加工环境

选择【文件】|【加工】命令，出现【加工环境】对话框，如图 10-2 所示。

① 从【CAM 会话配置】列表中选择【cam_general】选项。

② 从【要创建的 CAM 组装】列表中选择【mill_planar】选项。

完成以上设置，单击【确定】按钮，进入加工环境。

图 10-2　启动加工环境

📋 提示：工序导航器

进入加工环境后在资源条选项中单击【工序导航器】按钮，切换至【工序导航器】显示模式，工序导航器具有 4 个用来创建和管理 NC 程序的分级视图，每个视图都根据视图主题组织相同的工序集，即工序在程序中的顺序、所用刀具、加工的几何体和所用的加工方法 4 个视图主题。

① 程序顺序视图：根据在机床上执行的顺序组织工序，每个程序组代表一个独立的输出至后处理器或 CLSF 的程序文件。

② 机床视图：根据使用的切削刀具组织工序，并显示所有从刀具库调用的或在当前组装中创建的刀具。

③ 几何视图：根据加工几何体和 MCS 方位组织工序。每个几何体组根据机床上执行的顺序显示工序。

④ 加工方法视图：根据共享相同参数值的公共加工应用（如粗加工、半精加工和精加工）组织工序。

如图 10-3 所示，当前激活的是【程序顺序视图】按钮，在工序导航器中显示的为存放操作程序的文件夹（默认状态只有【未用项】和【PROGRAM】项，这两项为并列关系，其父项为【NC_PROGRAM】），用户可以根据需求创建所需的程序文件夹并为所创建的程序文件夹选择相应的父项。

4. 创建程序

如图 10-3 所示，将工序导航器切换至【工序导航器——程序顺序视图】显示模式。

单击【主页】选项卡|【插入】组|【创建程序】按钮，出现【创建程序】对话框，如图 10-4 所示。

① 从【类型】列表中选择【mill_planar】选项。

② 在【程序子类型】组，单击【程序】按钮。

③ 在【位置】组，从【程序】列表中选择【NC_PROGRAM】

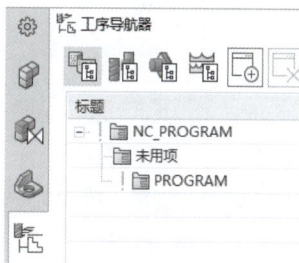

图 10-3　工序导航器及导航器显示工具栏

选项，为新创建的程序指定父项。

④ 在【名称】文本框中输入 CONTOUR，为新创建的程序命名。

完成以上设置，单击【确定】按钮。

⑤ 出现【程序】对话框，单击【确定】按钮。在【工序导航器——程序顺序视图】中将显示新建的程序文件夹 CONTOUR，该文件夹作为后续所创建操作的存储文件夹（UG NX 对所输入的英文字母统一按大写表达）。

图 10-4　创建程序

5. 创建刀具

单击【导航器】工具栏中的【机床视图】按钮，将工序导航器切换至【工序导航器——机床视图】显示模式。

单击【主页】选项卡｜【插入】组｜【创建刀具】按钮，出现【创建刀具】对话框，如图 10-5 所示。

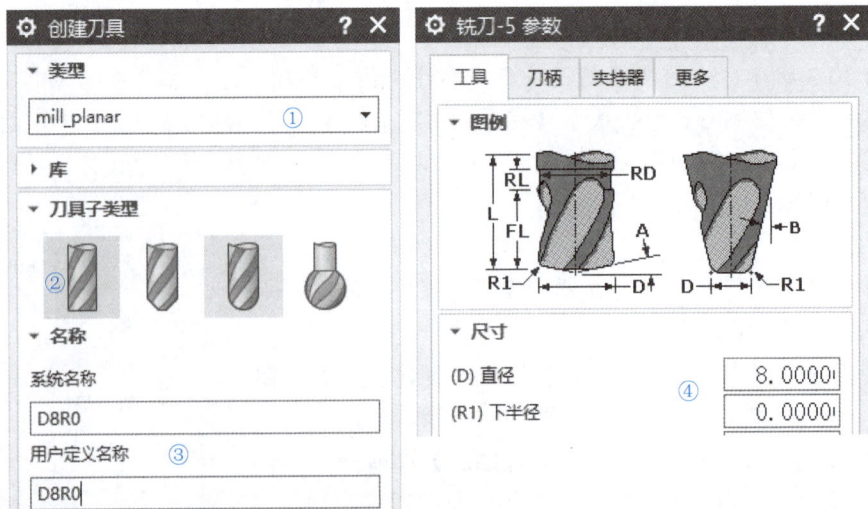

图 10-5　创建刀具

① 在【类型】列表中选择【mill_planar】选项。

② 在【刀具子类型】组，单击【Mill】按钮，创建一把平底立铣刀。

③ 在【名称】文本框中输入 D8R0。

完成以上设置，单击【确定】按钮。

④ 出现【铣刀 -5 参数】对话框，在【直径】文本框输入 8，在【下半径】文本框输入 0，完成设置，单击【确定】按钮。此时【工序导航器——机床视图】中将显示新建的刀具"D8R0"，其父项为"GENERIC_MACHINE"。

6. 创建加工坐标系、安全距离、指定部件和毛坯几何体

（1）创建加工坐标系和安全距离。

单击【导航器】工具栏中的【几何视图】按钮，将工序导航器切换到【工序导航器——几何视图】显示模式，右击【MCS_MAIN】，选择【编辑】命令，出现【MCS Main】对话框，如图 10-6 所示。

① 在【机床坐标系】组，单击【自动判断】按钮，选择模型上表面，将 MCS 坐标原点放置于模型上表面中心处，完成加工坐标系设置。

② 在【安全设置】组，从【安全设置选项】列表中选择【平面】选项，选择模型上表面，在图形区【距离】文本框输入 10。

完成以上设置，单击【确定】按钮。

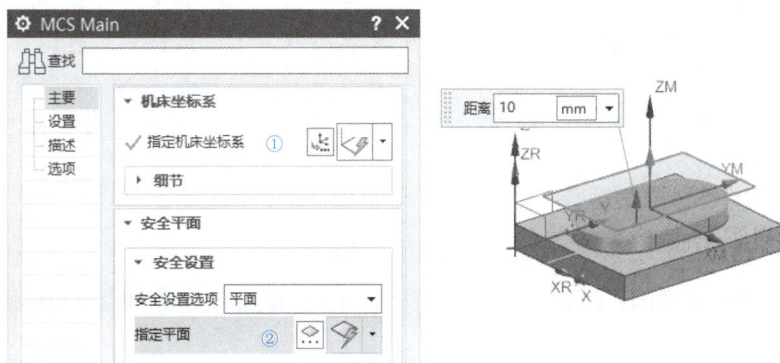

图 10-6　设置安全距离

提示：加工坐标系 & 安全距离

加工坐标系（Machine Coordinate System，MCS），可理解为数控加工程序中各坐标系的绝对坐标参考系（即数控编程中的工件坐标系或编程坐标系），其 X/Y/Z 轴的方向应与所选用的机床设备相对应，可选择工件上的点作为加工坐标系的原点，也可选择工件外的一点作为加工坐标系的原点，为了方便工件装夹时的对刀操作，一般选择工件上表面的中心或角点作为加工坐标系的原点。

安全距离，也称参考距离，其含义为当刀具从离工件较远的点以快速定位的方式靠近工件时，刀具先快速运动到参考平面，然后以切削进给速度逼近工件开始切削。安全平面为刀具快速靠近工件时提供了一道安全屏障，避免撞刀的发生。

（2）指定部件和毛坯几何体。

在【工序导航器】中，右击【WORKPIECE】，选择【编辑】命令，出现【工件】对话框，如图 10-7 所示。

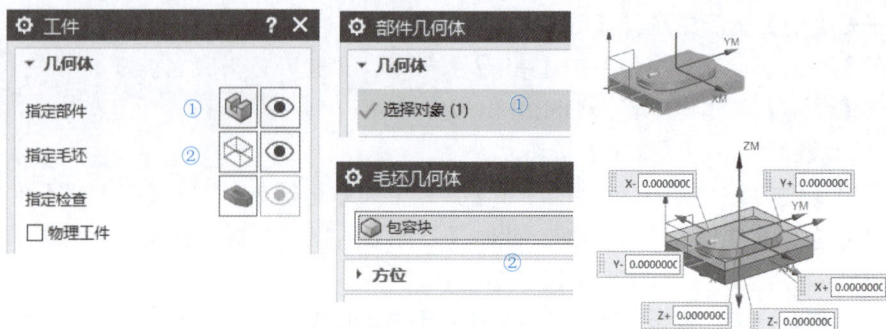

图 10-7　指定部件和毛坯几何体

① 单击【指定部件】按钮，出现【部件几何体】对话框，在绘图区域选择实体模型作为部件几何体，完成设置，单击【确定】按钮，返回【部件几何体】对话框。

② 单击【指定毛坯】按钮，打开【毛坯几何体】对话框，选择【包容块】选项，完成设置，单击【确定】按钮，返回【部件几何体】对话框。

完成以上设置，单击【确定】按钮。

📋 提示:【工件】对话框

【工件】对话框主要功能是为要创建的 CAM 规划指定加工对象，包括【指定部件】和【指定毛坯】，如果所规划的刀具路径要考虑与工艺系统中其他部分，如避开夹具与工件接触部分，就需要用到【指定检查】。在【毛坯几何体】对话框中，可以在【类型】列表中选择毛坯的类型，此例中选择最常用的"包容块"即将所指定的"部件几何体"进行包容，通过分析"部件几何体"在 X/Y/Z 三个方向的最小外廓尺寸，用于指定 CAM 规划中部件几何体的毛坯。

7. 创建几何体

（1）单击【主页】选项卡 |【插入】组 |【创建几何体】按钮，出现【创建几何体】对话框，如图 10-8 所示。

① 在【类型】列表中选择【mill_planar】选项。

② 在【几何体子类型】组，单击【MILL_AREA】按钮。

③ 在【位置】组，从【几何体】列表中选择【WORKPIECE】选项。

④ 在【名称】文本框中输入 MILL_AREA。

完成以上设置，单击【确定】按钮，出现【铣削区域】对话框。

（2）在【铣削区域】对话框中单击【指定切削区域】按钮，弹出【切削区域】对话框，如图 10-9 所示。

① 在【选择方法】列表中选择【面】选项。

② 激活【选择对象】，在图形区选择零件中凸台的基面作为驱动几何。

图 10-8　创建几何体

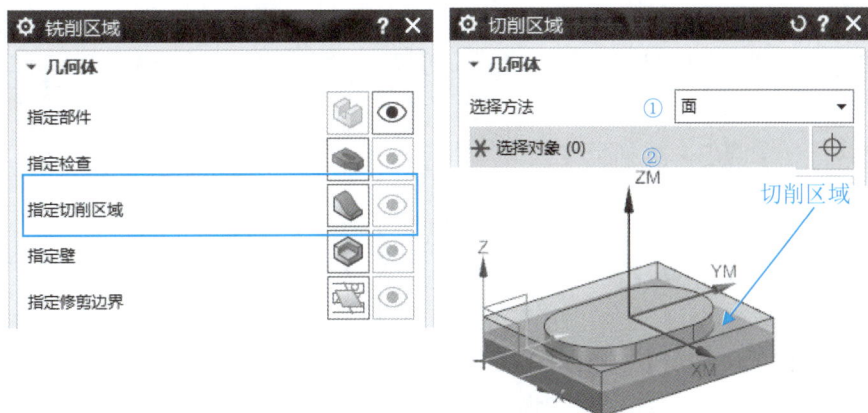

图 10-9　指定切削区域

完成以上设置，单击【确定】按钮，返回【铣削区域】对话，单击【确定】按钮。

8. 创建方法

单击【主页】选项卡 |【插入】组 |【创建方法】按钮，出现【创建方法】对话框，如图 10-10 所示。

① 在【类型】列表中选择【mill_planar】选项。

② 在【方法子类型】组，单击【MILL_METHOD】按钮。

③ 在【位置】组，在【方法】列表中选择【METHOD】选项。

④ 在【名称】文本框输入"MILL_F"。

完成以上设置，单击【确定】按钮。

⑤ 出现【铣削方法】对话框，在【部件余量】文本框输入 0。

完成设置，单击【确定】按钮。

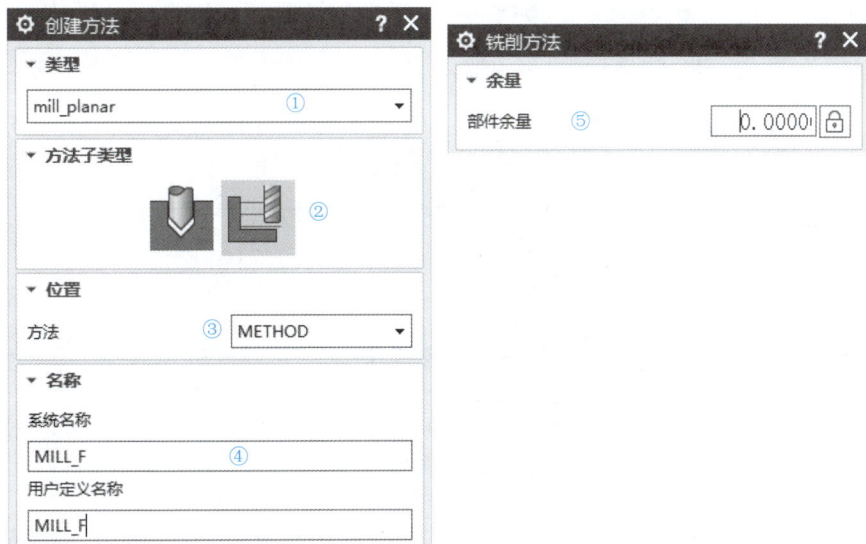

图 10-10　创建方法

9. 创建工序操作

（1）单击【主页】选项卡 |【插入】组 |【创建工序】按钮，出现【创建工序】对

话框，如图 10-11 所示。

① 在【类型】列表中选择【mill_ planar】选项。

② 在【工序子类型】选项中单击【底壁加工】▥按钮。

③ 在【位置】组，从【程序】列表中选择【CONTOUR】选项，从【刀具】列表中选择【D8R0（铣刀 -5 参数）】选项，从【几何体】列表中选择【MILL_AREA】选项，在【方法】列表中选择【MILL_F】选项。

④ 在【名称】文本框输入"FLOOR_WALL"。

完成以上设置，单击【确定】按钮，出现【底壁铣】对话框。

（2）在【底壁铣】对话框，单击左侧【主要】组，如图 10-12 所示。

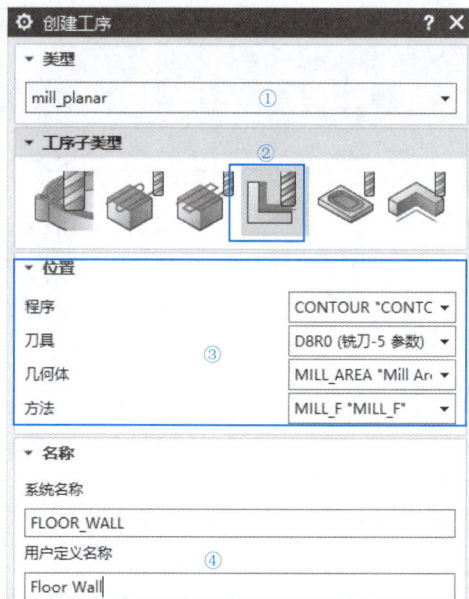

图 10-11　创建工序操作

图 10-12　设置操作参数 - 主要

① 在【主要】组，【刀具】列表中选择【D8R0（铣刀 -5 参数）】选项。

② 在【切削模式】列表中选择【跟随周边】选项。

③ 在【余量】组，【部件余量】【毛坯余量】【检查余量】均为 0。

④ 在【毛坯】组，在【毛坯】列表中选择【厚度】选项，在【底面毛坯厚度】文本框输入 10。

⑤ 在【刀轨设置】组，在【步距】列表中选择【恒定】选项，在【最大距离】文本框输入 80，即在 XY 平面中刀具轨迹之间的间距为刀具直径的 80%；在【每刀切削深度】文本框输入 2。

（3）在【底壁铣】对话框，单击左侧【几何体】组，如图 10-13 所示。

图 10-13 设置操作参数 - 几何体

在【几何体】组，在【几何体】列表中选择【MILL_AREA】。

（4）在【底壁铣】对话框，单击左侧【进给率和速度】组，如图 10-14 所示。

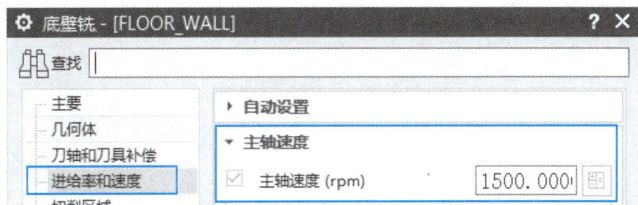

图 10-14 设置操作参数 - 进给率和速度

在【主轴速度】组，在【主轴速度】文本框输入 1500，单击【基于此值计算进给率和速度】按钮，自动计算【表面速度】和【每齿进给量】参数。

（5）在【底壁铣】对话框，单击左侧【策略】组，如图 10-15 所示。

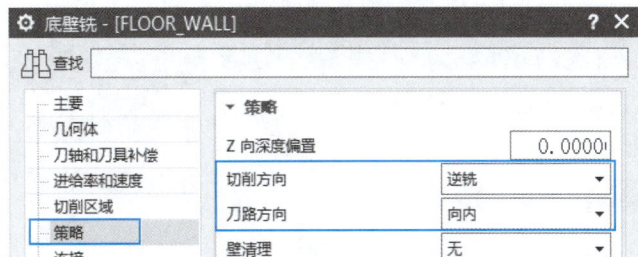

图 10-15 设置操作参数 - 策略

在【策略】组，在【切削方向】列表中选择【逆铣】选项；在【刀路方向】列表中选择【向内】选项。

（6）在【底壁铣】对话框，单击左侧【非切削移动】|【进刀】组，如图 10-16 所示。

在【开放区域】组，在【进刀类型】列表中选择【线性】选项；在【斜坡角】文本框输入 15，在【高度】文本框输入 3。

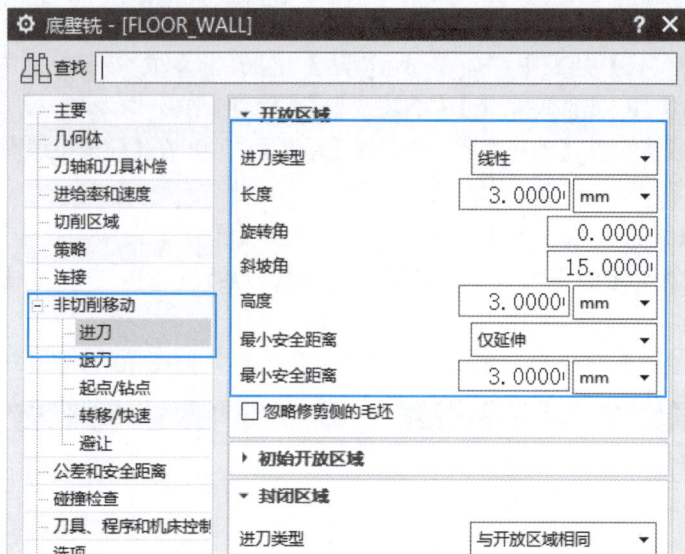

图 10-16 设置操作参数 - 非切削移动

在【封闭区域】组，在【进刀类型】列表选择
【与开放区域相同】选项。

10. 生成刀轨与仿真验证

（1）在【底壁铣】对话框，在【操作】组，单
击【生成】按钮，系统开始计算刀轨，最终生成
刀轨，如图 10-17 所示。

（2）刀轨仿真验证。

在【底壁铣】对话框，单击【确认】按钮，
出现【刀轨可视化】对话框，选择【3D 动态】选项
卡，单击【播放】按钮，如图 10-18 所示。

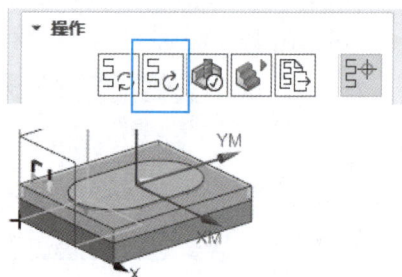

图 10-17 生成刀轨

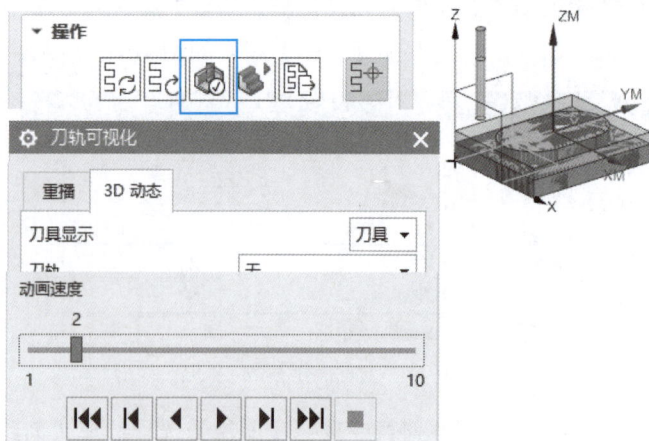

图 10-18 3D 仿真验证加工

11. 刀轨后处理

在【程序顺序视图】选择刀轨【FLOOR_WALL】，单击【主页】|【工序】组|【后

处理】按钮🖳，出现【后处理】对话框，如图 10-19 所示。

　① 在【后处理器】组选择【MILL_3_AXIS】选项，即使用 3 轴加工中心铣削加工。

　② 在【文件名】文本框输入"平面铣加工（1）实例"。

　③ 在【输出目录】文本框输入"D:\NX-Study\ 模块十 \ 课题 1\"。

　完成以上设置，单击【确定】按钮，在相应的文件目录下生产"平面铣加工（1）实例.prt"文件，可用记事本程序打开和编辑。

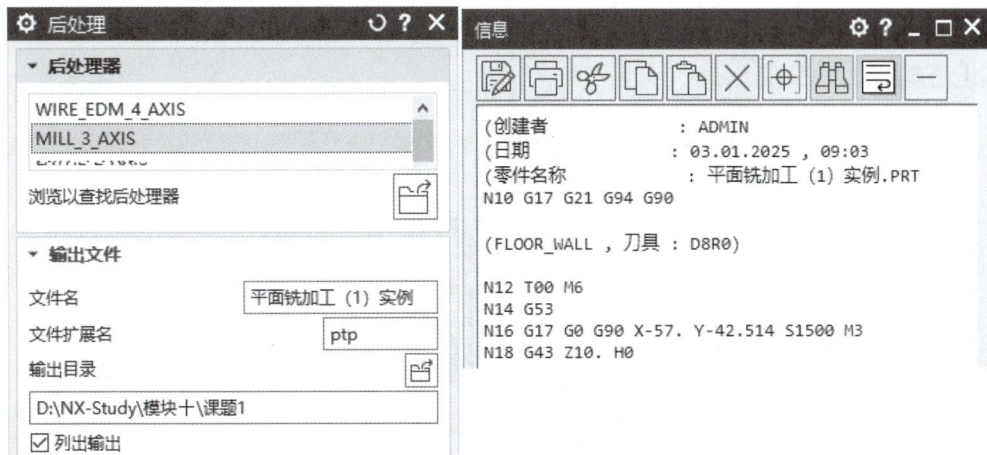

图 10-19　后处理操作

12. 存盘

选择【文件】|【保存】命令，保存文件。

📑 **提示：UG NX 中 CAM 规划的一般步骤**

从完成课题 10.1 的过程中，可以总结出在 UG NX 中完成工件 CAM 规划的一般步骤：完成工件建模—进入加工环境—创建程序—创建刀具—创建几何体—创建加工方法—创建工序—刀轨可视化—刀轨后处理。在 CAM 规划过程中，可通过切换【工序导航器】来查看每一步操作结果。

　① 【创建程序】用于组织和分类所创建的操作，对于一个加工对象来说可以按粗精加工的方式将所创建的若干操作进行分类整理，如可以创建"粗加工"程序组文件夹和"精加工"程序组文件夹来对所创建的操作进行分类管理。

　② 【创建刀具】UG NX 提供了多种类型的铣刀供编程人员选用，包括立铣刀、面铣刀、球刀、T 型铣刀和自定义铣刀等。设置刀具参数时，只需设置刀具的直径和底角半径即可，其他参数选择默认。加工时，工艺人员需要在工艺说明卡中注明刀具的类型和实际长度。

　③ 【创建几何体】几何体对象定义了加工几何体和工件在机床上的放置方向，包括机床坐标系、部件和毛坯，其中机床坐标系为父项，部件和毛坯为子项。

　④ 【创建加工方法】加工方法用于定义对加工对象的切削方法，系统已经定义了粗加工、半精加工、精加工，用户可以根据自己的需求创建加工方法。在加工方法中，编程人员可以定义"内公差""外公差""部件余量""切削方式""进给率和速度"等选项。

　⑤ 【创建工序】一个工序或一段加工程序称为一个操作，它包括刀具轨迹规划过程中所需设定的所有参数，包括选定加工坐标系、几何体、刀具、加工方法 4 个父项，还需选定工序类型以及工序子类型，并在其中完成切削模式、切削参数以及非切削参数等各项参

数设置。

⑥【刀轨可视化】刀轨可视化主要用于对刀具切削工件的过程进行仿真检查，包括刀具在空间中的运动轨迹、切削参数等，包括 3D 动态和 2D 动态仿真。

⑦【刀轨后处理】在完成刀具轨迹规划和仿真后，所形成的操作文件还不是能直接驱动机床加工的 NC 代码，UG NX 生成的刀具轨迹文件为 CLSF 标准格式。在 UG NX 提供的后处理器中可以选择与所使用机床硬件配置及其数控系统相适应的后处理文件进行 NC 代码的转换，用户也可以根据需求自行使用 UG NX 提供的"后处理构造器"创建后处理文件。

【任务拓展】

建立如图 10-20 所示模型并完成 CAM 规划。

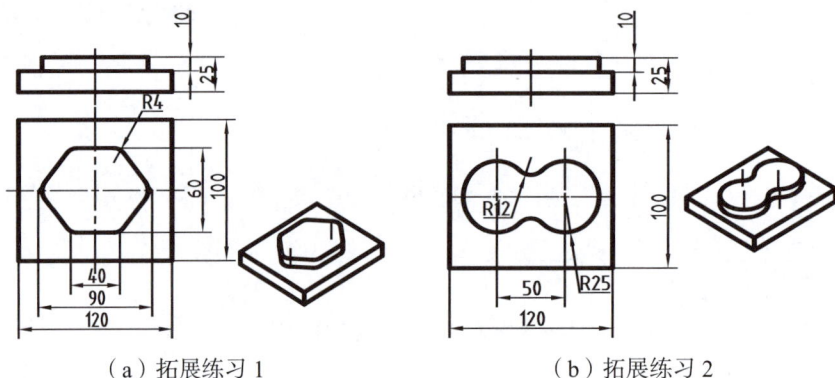

（a）拓展练习 1　　　　　　　（b）拓展练习 2

图 10-20　平面铣加工（一）拓展练习

课题 10.2　平面铣加工（二）

视频讲解

【学习目标】

（1）掌握利用平面铣（mill_planar）完成立壁型腔加工创建的方法。

（2）进一步深化对平面铣操作的理解以及各步骤的编辑。

【工作任务】

完成如图 10-21 所示零件的建模和 CAM 规划。

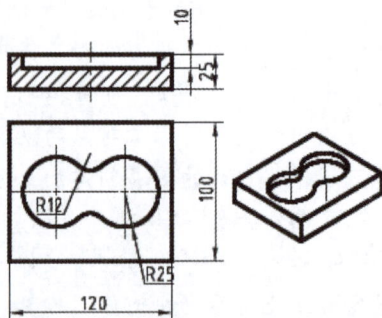

图 10-21　平面铣加工（二）实例

【任务实施】

1. 新建模型

根据图 10-21 所示，完成待加工模型的建立，命名为"平面铣加工（2）实例.prt"，并存盘。

2. 确定数控加工方案

凹槽深度为 10，侧壁为直壁，选用 $\phi8$ 镶片式合金平底刀完成特征平面铣加工。

3. 启动加工环境

选择【文件】|【加工】命令，出现【加工环境】对话框。

① 在【CAM 会话配置】列表中选择【cam_general】选项。

② 在【要创建的 CAM 组装】列表中选择【mill_planar】选项。

单击【确定】按钮，进入加工环境。

4. 创建程序

单击【主页】选项卡|【插入】组|【创建程序】按钮，出现【创建程序】对话框。

① 在【类型】列表中选择【mill_planar】选项。

② 在【名称】文本框中输入 CAVITY。

单击【确定】按钮，出现【程序】对话框，单击【确定】按钮。

5. 创建刀具

单击【主页】选项卡|【插入】组|【创建刀具】按钮，出现【创建刀具】对话框。

① 在【类型】列表中选择【mill_planar】选项。

② 激活【刀具子类型】组，选择【Mill】按钮。

③ 在【名称】文本框中输入 D8R0。

④ 单击【确定】按钮，出现【铣刀 -5 参数】对话框，在【直径】文本框输入 8。

单击【确定】按钮。

6. 创建加工坐标系、安全距离、指定部件和毛坯几何体

（1）创建加工坐标系和安全距离。

在【工序导航器】中，单击【导航器】工具栏的【几何视图】按钮，切换到【几何视图】，右击【MCS_MAIN】，选择【编辑】命令，出现【MCS Main】对话框，如图 10-22 所示。

① 单击左侧【主要】组，在【机床坐标系】组，单击【自动判断】按钮，选择模型上表面，将 MCS 坐标原点放置于模型上表面中心处，完成加工坐标系设置。

② 激活【安全设置】组，在【安全设置选项】列表中选择【平面】选项，选择模型上表面，在图形区【距离】文本框输入 10。

完成以上设置，单击【确定】按钮。

（2）指定部件和毛坯几何体。

在【工序导航器】中，右击【WORKPIECE】，选择【编辑】命令，出现【工件】对话框，如图 10-23 所示。

① 单击【指定部件】按钮，出现【部件几何体】对话框，在绘图区域选择实体模型作为部件几何体，完成设置，单击【确定】按钮，返回【部件几何体】对话框。

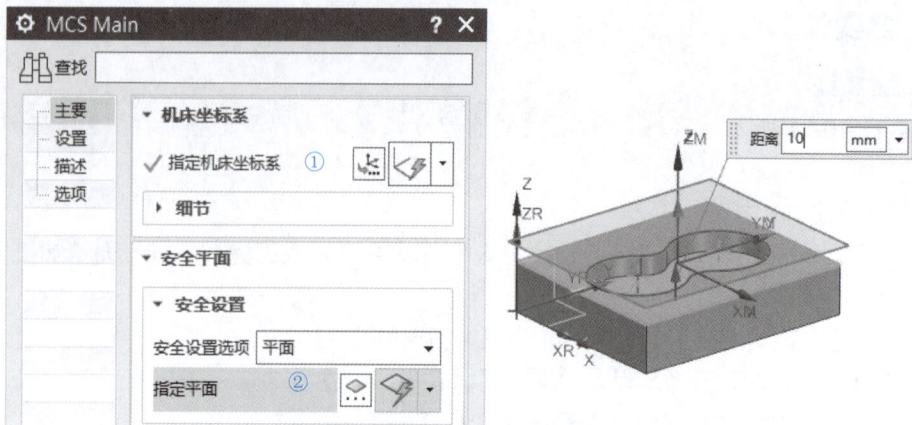

图 10-22　设置安全距离

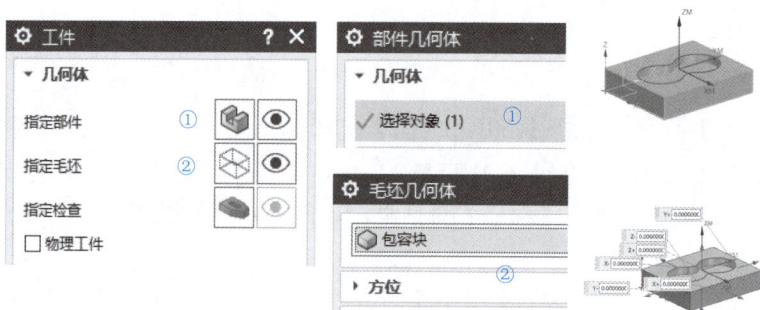

图 10-23　指定部件和毛坯几何体

② 单击【指定毛坯】按钮，打开【毛坯几何体】对话框，选择【包容块】选项，完成设置，单击【确定】按钮，返回【部件几何体】对话框。

完成以上设置，单击【确定】按钮。

7. 创建几何体

（1）单击【主页】选项卡 |【插入】组 |【创建几何体】按钮，出现【创建几何体】对话框，如图 10-24 所示。

① 在【类型】列表中选择【mill_planar】选项。

② 在【几何体子类型】组，单击【MILL_AREA】按钮。

③ 激活【位置】组，在【几何体】列表中选择【WORKPIECE】选项。

④ 在【系统名称】文本框中输入 MILL_AREA。

完成以上设置，单击【确定】按钮，出现【铣削区域】对话框。

（2）在【铣削区域】对话框中，单击【指定切削区域】按钮，出现【切削区域】对话框，如图 10-25 所示。

图 10-24　创建几何体

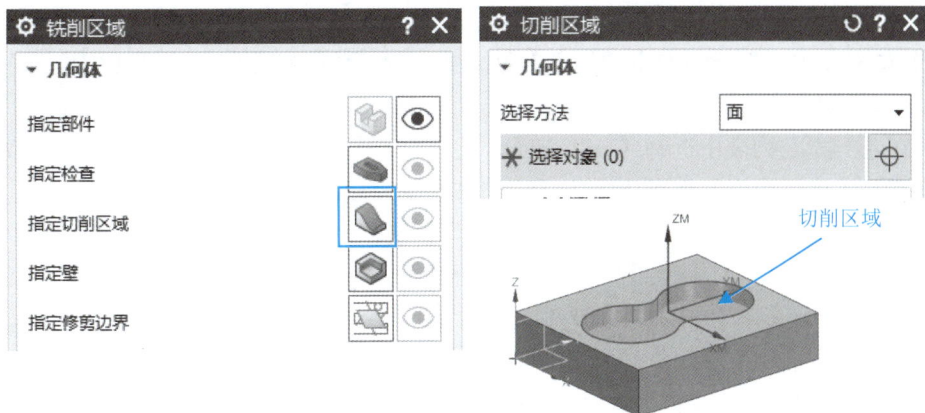

图 10-25 指定切削区域

① 在【选择方法】列表中选择【面】选项。

② 在图形区选择零件中型腔的底面作为驱动几何。

完成以上设置，单击【确定】按钮，返回【铣削区域】对话框，单击【确定】按钮。

8. 创建方法

单击【主页】选项卡｜【插入】组｜【创建方法】按钮，出现【创建方法】对话框，如图 10-26 所示。

① 在【类型】列表中选择【mill_planar】选项。

② 在【方法子类型】组，单击【MILL_METHOD】按钮。

③ 激活【位置】，在【方法】列表中选择【MILL_FINISH】选项。

④ 在【系统名称】文本框输入 MILL_F。

完成以上设置，单击【确定】按钮。

⑤ 出现【铣削方法】对话框，在【部件余量】文本框输入 0。

完成设置，单击【确定】按钮。

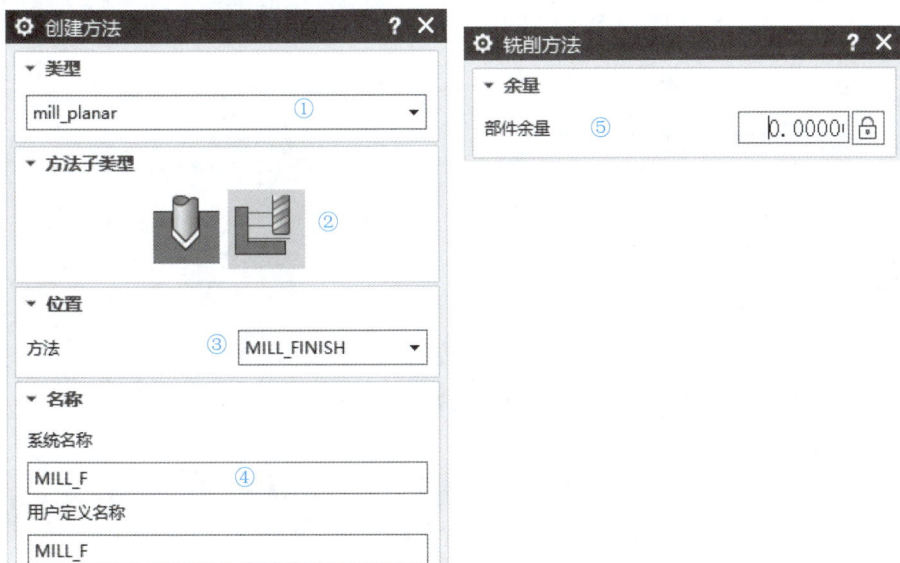

图 10-26 创建方法

9. 创建工序操作

（1）单击【主页】选项卡|【插入】组|【创建工序】按钮，出现【创建工序】对话框，如图 10-27 所示。

① 在【类型】列表中选择【mill_planar】选项。

② 在【工序子类型】选项中单击【底壁铣】按钮。

③ 激活【位置】组，在【程序】列表中选择【CONTOUR】选项，在【刀具】列表中选择【D8R0（铣刀 -5 参数）】选项，在【几何体】列表中选择【MILL_AREA】选项，在【方法】列表中选择【MILL_F】选项。

④ 在【系统名称】文本框输入 FLOOR_WALL。

完成以上设置，单击【确定】按钮，出现【底壁铣】对话框。

（2）在【底壁铣】对话框，单击左侧【主要】组，如图 10-28 所示。

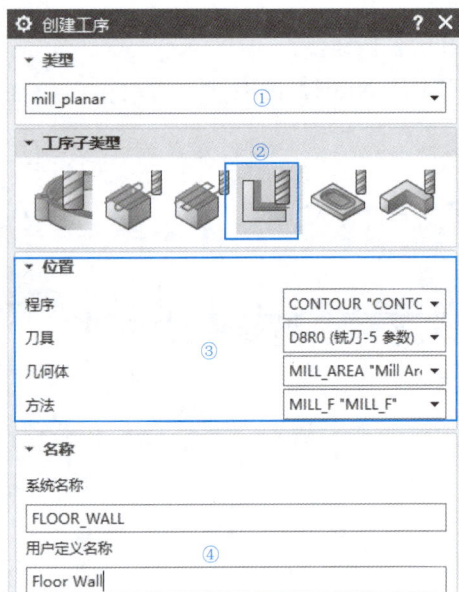

图 10-27　创建工序　　　　　　图 10-28　设置操作参数 - 主要

① 在【主要】组，在【刀具】列表中选择【D8R0（铣刀 -5 参数）】选项。

② 在【切削模式】列表中选择【跟随部件】选项。

③ 在【余量】组，【部件余量】【毛坯余量】【检查余量】均为 0。

④ 在【毛坯】组，在【毛坯】列表中选择【厚度】选项，在【底面毛坯厚度】文本框输入 10。

⑤ 在【刀轨设置】组，在【步距】列表中选择【% 刀具平直】选项，在【平面直径百分比】文本框输入 80，即在 XY 平面中刀具轨迹之间的间距为刀具直径的 80%；在【每

刀切削深度】文本框输入 2。

（3）在【底壁铣】对话框，单击左侧【几何体】组，如图 10-29 所示。

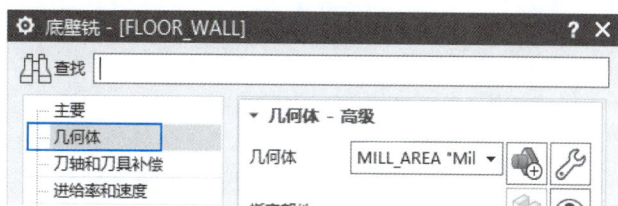

图 10-29 设置操作参数 - 几何体

在【几何体】组，在【几何体】列表中选择【MILL_AREA】。

（4）在【底壁铣】对话框，单击左侧【进给率和速度】组，如图 10-30 所示。

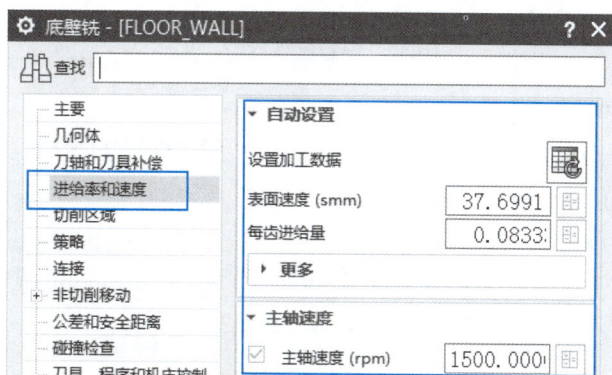

图 10-30 设置操作参数 - 进给率和速度

在【主轴速度】对话框，在【主轴速度】文本框输入 1500，单击【基于此值计算进给率和速度】按钮▦，自动计算【表面速度】和【每齿进给量】参数。

（5）在【底壁铣】对话框，单击左侧【策略】组，如图 10-31 所示。

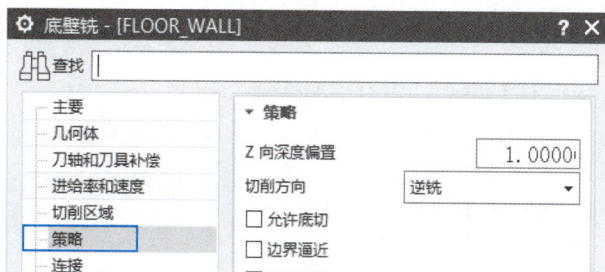

图 10-31 设置操作参数 - 策略

在【策略】组，在【Z 向深度偏置】文本框输入 1；在【切削方向】列表中选择【逆铣】选项。

（6）在【底壁铣】对话框，单击左侧【非切削移动】|【进刀】组，如图 10-32 所示。

在【开放区域】组，在【进刀类型】列表中选择【线性】选项；在【斜坡角】文本框输入 15，在【高度】文本框输入 3。

在【封闭区域】组，在【进刀类型】列表中选择【与开放区域相同】选项。

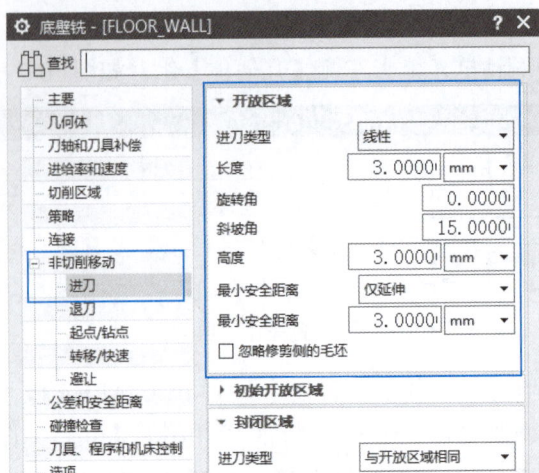

图 10-32　设置操作参数 - 进刀

10. 生成刀轨与仿真验证

（1）在【底壁铣】对话框的【操作】组中，单击【生成】按钮 ，系统开始计算刀轨，最终生成刀轨，如图 10-33 所示。

（2）刀轨仿真验证。

在【底壁铣】对话框，单击【确定】按钮 ，出现【刀轨可视化】对话框，选择【3D 动态】选项卡，单击【播放】按钮 ，如图 10-34 所示。

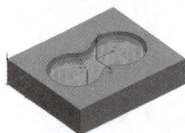

图 10-33　生成刀轨

图 10-34　3D 仿真验证加工

11. 存盘

选择【文件】|【保存】命令，保存文件。

【任务拓展】

建立如图 10-35 所示模型并完成 CAM 规划。

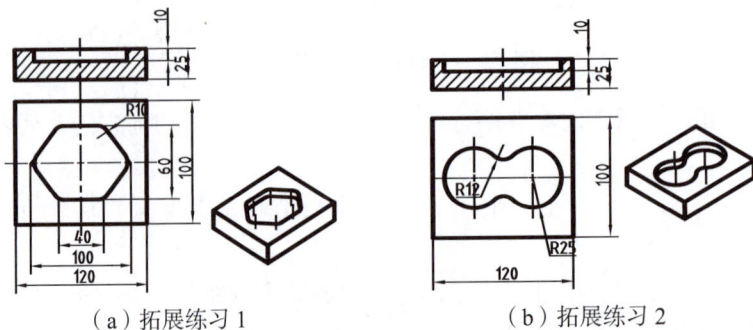

（a）拓展练习 1　　　　　　　　　（b）拓展练习 2

图 10-35　平面铣加工（二）拓展练习

课题 10.3　平面铣加工（三）

视频讲解

【学习目标】

（1）掌握【平面铣】工序子类型驱动几何体的选择方式。

（2）掌握面方式选择几何体参数的方法。

（3）掌握曲线 / 边方式选择几何体的方法。

（4）掌握【平面铣】工序子类型驱动几何体底面选择的方法。

【工作任务】

完成如图 10-36 所示零件的建模和 CAM 规划。

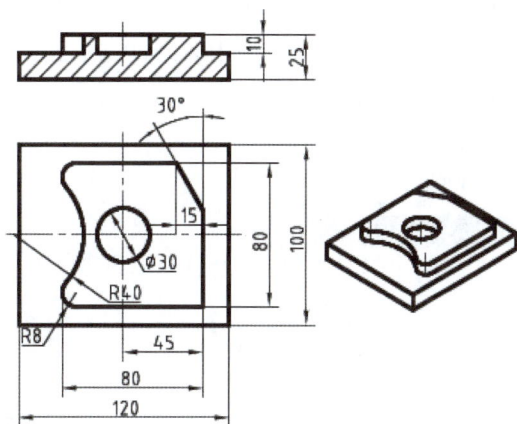

图 10-36　平面铣加工（三）实例

【任务实施】

1. 新建模型

根据图 10-36 所示，完成待加工模型的建立，命名为"平面铣加工（三）实例.prt"，并存盘。

2. 确定数控加工方案

凸台高度为 10，侧壁为直壁。选用 $\phi 8$ 镶片式合金平底刀加工。

3. 启动加工环境

选择【文件】|【加工】命令，出现【加工环境】对话框。

① 在【CAM 会话配置】列表中选择【cam_general】选项。

② 在【要创建的 CAM 组装】列表中选择【mill_planar】选项。

单击【确定】按钮，进入加工环境。

4. 创建程序

单击【主页】选项卡 |【插入】组 |【创建程序】按钮，出现【创建程序】对话框。

① 在【类型】列表中选择【mill_planar】选项。

② 在【名称】文本框中输入"CAVITY"。

单击【确定】按钮，出现【程序】对话框，单击【确定】按钮。

5. 创建刀具

单击【主页】选项卡|【插入】组|【创建刀具】按钮，出现【创建刀具】对话框。

① 在【类型】列表中选择【mill_planar】选项。

② 激活【刀具子类型】组，选择【Mill】按钮。

③ 在【名称】文本框中输入 D8R0。

④ 单击【确定】按钮，出现【铣刀 -5 参数】对话框，在【直径】文本框输入 8。

单击【确定】按钮。

6. 创建加工坐标系、安全距离、指定部件和毛坯几何体

1）创建加工坐标系和安全距离

单击【导航器】工具条上的【几何视图】按钮，切换到【几何视图】，右击【MCS_MAIN】，选择【编辑】命令，出现【MCS Main】对话框，如图 10-37 所示。

① 单击左侧【主要】组，在【机床坐标系】组，单击【自动判断】按钮，选择模型上表面，将 MCS 坐标原点放置于模型上表面中心处，完成加工坐标系设置。

② 在【安全设置】组，在【安全设置选项】列表中选择【平面】选项，选择模型上表面，在图形区【距离】文本框输入 10。

完成以上设置，单击【确定】按钮。

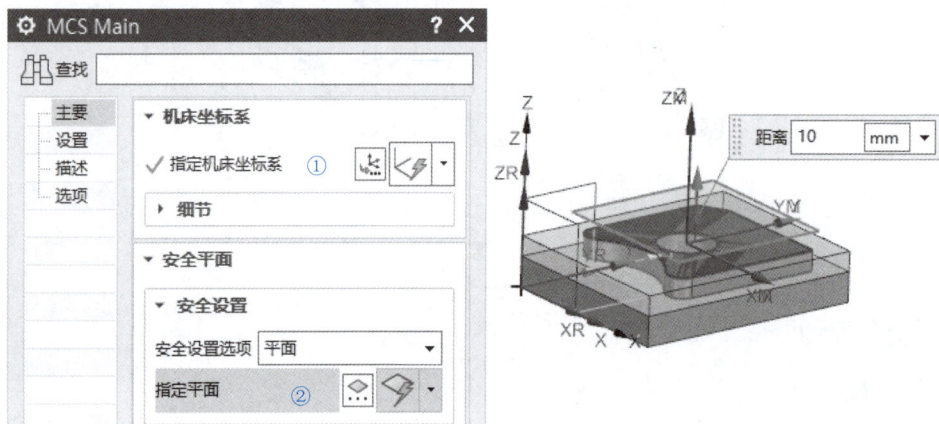

图 10-37　设置安全距离

2）指定部件和毛坯几何体

在【工序导航器】中，右击【WORKPIECE】，选择【编辑】命令，出现【工件】对话框，如图 10-38 所示。

① 单击【指定部件】按钮，出现【部件几何体】对话框，在绘图区域选择实体模型作为部件几何体，完成设置，单击【确定】按钮，返回【部件几何体】对话框。

② 单击【指定毛坯】按钮，打开【毛坯几何体】对话框，选择【包容块】选项；在【大小】组，在【高度（Z）】文本框输入 27；在【位置】组【Z+】文本框输入 2，完成设置，单击【确定】按钮，返回【部件几何体】对话框。

完成以上设置，单击【确定】按钮。

提示:【包容块】参数设置

默认状态下，包容块【大小】（长、宽、高）为包容部件的最小尺寸，各面在坐标方向上相对工件的偏置量为 0，可根据需要设置【位置】组中的坐标值为"包容块"，三个坐标方向分别设置相对于当前 MCS 的偏置。本次操作当前 MCS 是模型顶面中心，在【大小】组高度方向增加 2mm 加工余量，基于当前 MCS 默认是在【Z-】方向增加 2mm。因此根据实际需要在本例创建包容块时对"Z+"方向进行了 2mm 的偏置，代表真实的毛坯中其余各外廓表面均已加工到尺寸，只有顶面还需要加工，其顶面预留了 2mm 的加工余量。

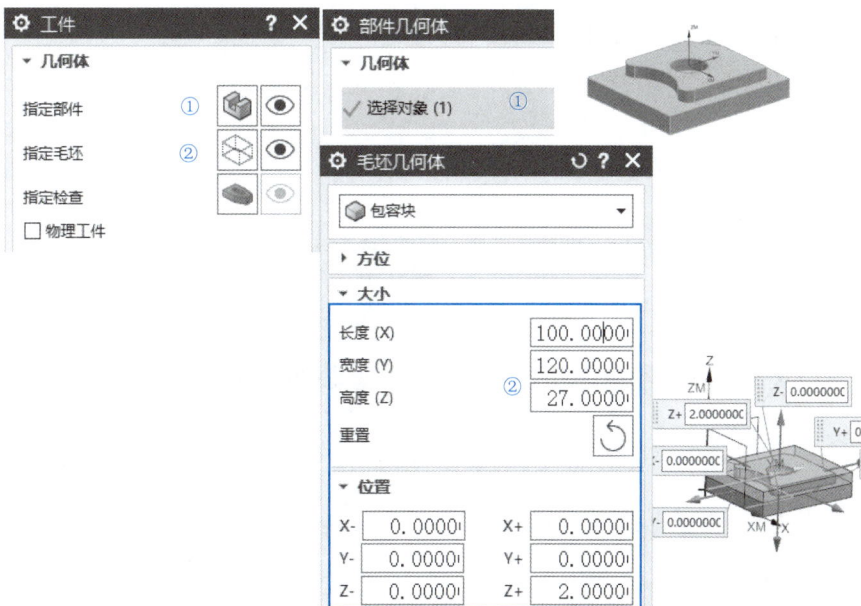

图 10-38　指定部件和毛坯几何体

7. 创建几何体

（1）单击【主页】选项卡｜【插入】组｜【创建几何体】按钮，出现【创建几何体】对话框，如图 10-39 所示。

① 在【类型】列表中选择【mill_planar】选项。

② 在【几何体子类型】组，单击【MILL_BND】按钮。

③ 激活【位置】组，在【几何体】列表中选择【WORKPIECE】选项。

④ 在【系统名称】文本框中输入 MILL_BND。

完成以上设置，单击【确定】按钮，出现【铣削边界】对话框。

（2）在【铣削边界】对话框中，单击【指定部件边界】按钮，出现【部件边界】对话框，如图 10-40 所示。

① 在【选择方法】列表中选择【面】选项，在图形区选择用于定义切削边界的面。

② 在【刀具侧】列表中选择【外侧】选

图 10-39　创建几何体

项，在【平面】列表中选择【指定】选项，在图形区选择用于定义切削边界的外侧的面。

③ 在【刀具侧】列表中选择【内侧】选项，在【平面】列表中选择【指定】选项，在图形区选择用于定义切削边界的内侧的面。

完成以上设置，单击【确定】按钮，返回【铣削边界】对话框。

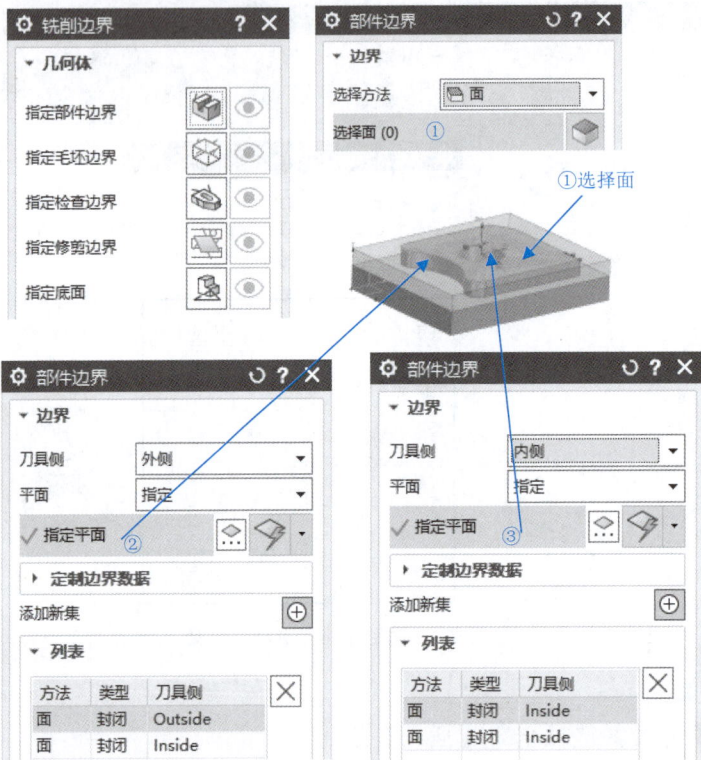

图 10-40　确定部件边界

📄 提示：【边界】组中各选项意义

在【选择方法】选项中，可以通过列表指定不同的边界选择方法，为平面铣操作创建驱动几何体。

① 【面】通过提取所选择平面的边界为所创建的操作指定驱动几何体。

② 【曲线】通过选择工件上所要加工的棱柱或腔体的轮廓线作为所创建操作的驱动几何体。

③ 【点】通过选择异性棱柱或腔体的特征节点来指定驱动几何体，该选择方式在所选定的特征节点之间自动创建直线来形成驱动边界。

【刀具侧】选项用于指定刀具走刀时相对于所创建的驱动几何体的位置，如本例中加工异形凸台时刀具应位于凸台边界的外侧，加工圆柱腔体时刀具应位于圆柱腔体边界的内侧。

【平面】选项用于指定所创建的驱动几何边界将位于哪个平面上：

① 【自动】所创建的边界位于所选的特征平面上即所选既所得，例如本例中通过【面】来指定边界，则创建的驱动几何边界与被选择的平面位于同一平面上。

② 【指定】通过指定某个平面作为所创建的驱动几何体所位于的面，该选项的优势在

于可以选择位于不同平面上的几何要素来创建几何体，最终形成的驱动几何为所选几何要素在指定平面上的投影。

（3）在【铣削边界】对话框中，单击【指定毛坯边界】按钮，出现【毛坯边界】对话框，如图 10-41 所示。

① 在【选择方法】列表中选择【曲线】选项，在【刀具侧】列表中选择【内侧】选项，在图形区选择 4 边。

② 在【平面】列表中选择【指定】选项，在图形区选择模型顶面，在【距离】文本框输入 2。

完成以上设置，单击【确定】按钮，返回【铣削边界】对话框。

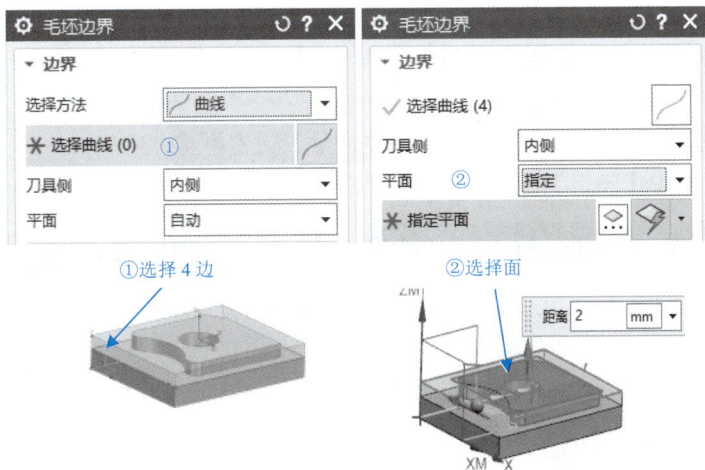

图 10-41　确定毛坯边界

（4）在【铣削边界】对话框中，单击【指定底面】按钮，出现【平面】对话框，如图 10-42 所示。在图形区选择凸台位于的面作为底面，在【距离】文本框输入 0，完成设置，单击【确定】按钮，返回【铣削边界】对话框。

完成以上设置，单击【确定】按钮。

提示：

【指定底面】用于指定边界几何体的加工底面，即加工时刀具切削的最终深度，如果最终底面需要留余量的话，可以在【偏置】组里设置余量值。

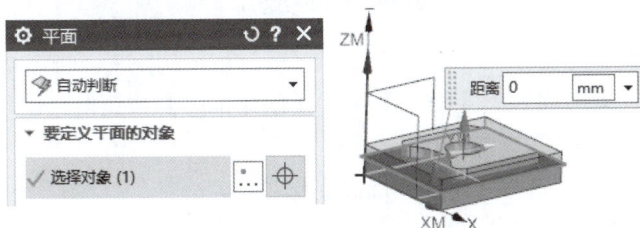

图 10-42　指定底面

提示：【铣削边界】对话框

【部件边界】用于定义所创建的操作要加工的轮廓，控制刀具的运动范围。

【毛坯边界】用于定义毛坯材料范围，加工要去除的材料为毛坯边界与所选底面之间包络的实体与部件实体的差值，在选择时要注意刀具侧的正确指定。

【检查边界】用于描述刀具不能碰撞的区域，如夹具和压板。

【修剪边界】用于进一步控制刀具的运动范围，对由零件边界生成的刀轨做进一步的修剪。

8. 创建方法

单击【主页】选项卡｜【插入】组｜【创建方法】按钮，出现【创建方法】对话框，如图 10-43 所示。

① 在【类型】列表中选择【mill_planar】选项。

② 在【方法子类型】组，选择【MILL_METHOD】按钮。

③ 激活【位置】组，在【方法】列表中选择【MILL_FINISH】选项。

④ 在【系统名称】文本框输入 MILL_F。

完成以上设置，单击【确定】按钮。

⑤ 出现【铣削方法】对话框，在【部件余量】文本框输入 0。

完成设置，单击【确定】按钮。

图 10-43　创建方法

9. 创建工序操作

（1）单击【主页】选项卡｜【插入】组｜【创建工序】按钮，出现【创建工序】对话框，如图 10-44 所示。

① 在【类型】列表中选择【mill_planar】选项。

② 在【工序子类型】选项中单击【平面铣】按钮。

③ 激活【位置】组，在【程序】列表中选择【CAVITY】选项，在【刀具】列表中选择【D8R0（铣刀 5-参数）】选项，在【几何体】列表中选择【MILL_BND】选项，在【方法】列表中选择【MILL_F】选项。

④ 在【系统名称】文本框输入 PLANAR_MILL。

完成以上设置，单击【确定】按钮，出现【平面铣】对话框。

（2）在【平面铣】对话框，单击左侧【主要】组，如图10-45所示。

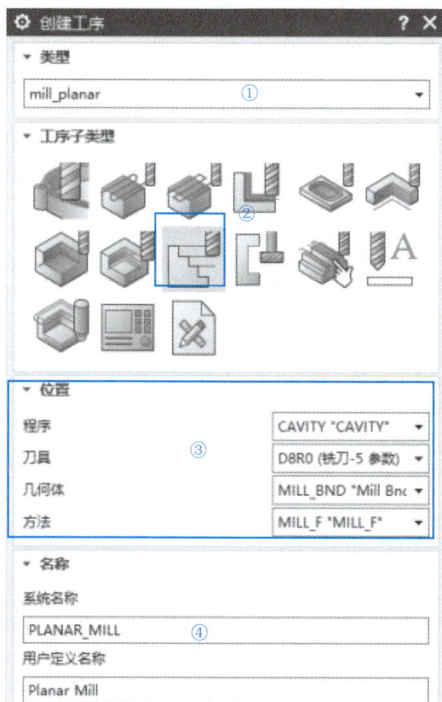

图10-44　创建工序　　　　　　图10-45　设置操作参数-主要

① 在【主要】组，【刀具】列表中选择【D8R0（铣刀-5参数）】选项。

② 在【切削模式】列表中选择【跟随部件】选项；在【步距】列表选择【%刀具平直】选项，在【平面直径百分比】文本框输入80，即在XOY平面中刀具轨迹之间的间距为刀具直径的80%。

③ 在【余量】组，余量均为0。

④ 在【刀轨设置】组，在【切削深度】列表中选择【恒定】选项，在【公共】文本框输入2。

（3）在【平面铣】对话框，单击左侧【几何体】，如图10-46所示。

在【几何体】组，在【几何体】列表中选择"MILL_BND"。

图10-46　设置操作参数-几何体

（4）在【平面铣】对话框，单击左侧【进给率和速度】组，如图10-47所示。

在【主轴速度】对话框，在【主轴速度】文本框输入1500，单击【基于此值计算进给率和速度】按钮，自动计算【表面速度】和【每齿进给量】参数。

（5）在【平面铣】对话框，单击左侧【策略】组，如图10-48所示。

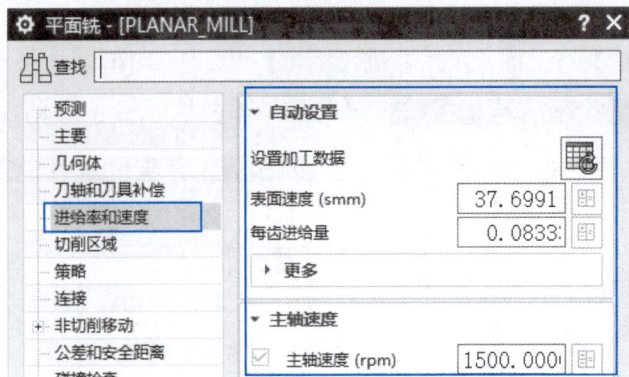

图 10-47　设置操作参数 - 进给率和速度

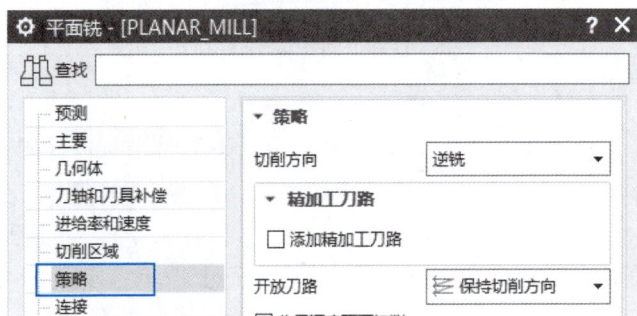

图 10-48　设置操作参数 - 策略

在【策略】组，在【切割方向】列表选择【逆铣】选项。

（6）在【平面铣】对话框，单击左侧【非切削移动】｜【进刀】组，如图 10-49 所示。

在【开放区域】组，在【进刀类型】列表中选择【线性】选项；在【斜坡角】文本框输入 15，在【高度】文本框输入 3。

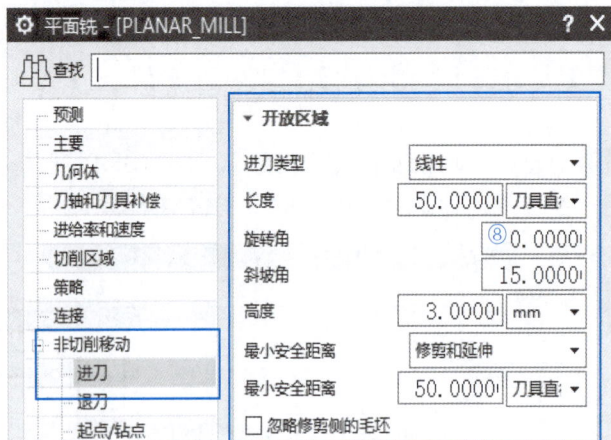

图 10-49　创建操作

10. 生成刀轨与仿真验证

（1）在【平面铣】对话框的【操作】组中，单击【生成】按钮，系统开始计算刀轨，最终生成刀轨，如图 10-50 所示。

（2）刀轨仿真验证。

在【平面铣】对话框，单击【确定】按钮，出现【刀轨可视化】对话框，选择【3D 动态】选项卡，单击【播放】按钮，如图 10-51 所示。

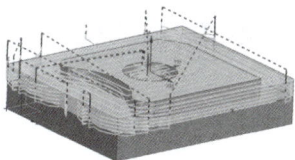

图 10-50　生成刀轨

图 10-51　3D 仿真验证加工

11. 存盘

选择【文件】｜【保存】命令，保存文件。

【任务拓展】

建立如图 10-52 所示模型并完成 CAM 规划。

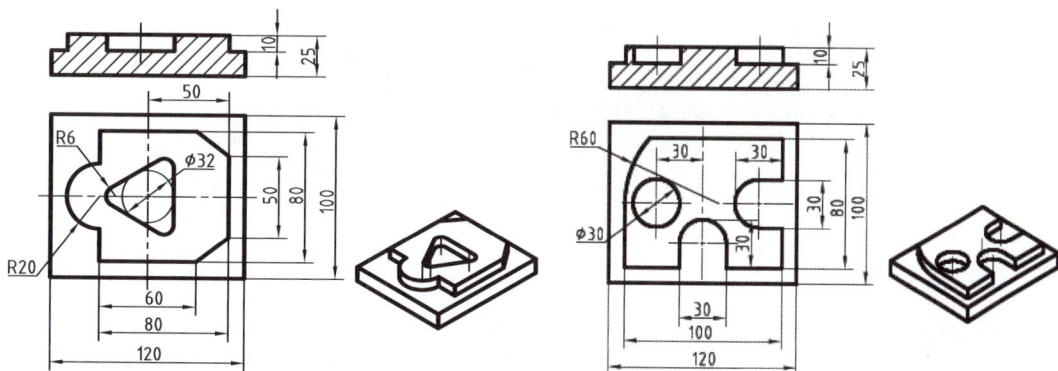

图 10-52　平面铣加工（三）拓展练习

课题 10.4　曲面铣加工

【学习目标】

（1）曲面铣的特点与应用。

（2）掌握曲面铣的创建步骤。

（3）掌握曲面铣操作相关对话框的参数设置与应用。

（4）理解区域铣削驱动曲面铣的特点与应用。

（5）掌握区域铣削驱动参数设置。

【工作任务】

完成如图 10-53 所示零件的建模和 CAM 规划。

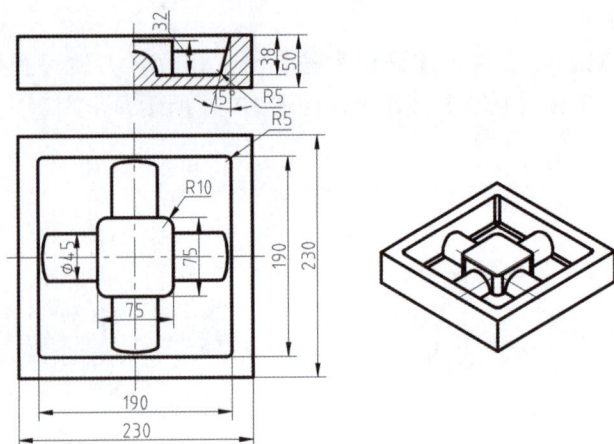

图 10-53　曲面铣加工实例

【任务实施】

1. 新建模型

根据图 10-53 所示，完成待加工模型的建立，命名为"曲面铣加工实例 .prt"，并存盘。

2. 确定数控加工方案

型腔深度为 38，侧壁为斜面，腔体内部还有异形特征，平面铣削不适用于加工该型腔，将选用"mill_contour"中的【型腔铣】和【区域轮廓铣】工序子类型完成该零件的 CAM 规划。选用 $\phi10$ 平底铣刀，留 1mm 余量，输出 IPW。选用 $\phi5$ 合金球头铣刀，固定轮廓铣—边界进行精加工，选用 $\phi2.5$ 合金球头铣刀，参考 $\phi5$ 球头铣刀直径，清根铣—多刀路进行最终加工处理。

3. 启动加工环境

图 10-54　启动加工环境

选择【文件】|【加工】命令，出现【加工环境】对话框，如图 10-54 所示。

① 在【CAM 会话配置】列表中选择【cam_general】选项。

② 在【要创建的 CAM 组装】列表中选择【mill_contour】选项。

完成以上设置，单击【确定】按钮，进入加工环境。

4. 创建程序

单击【主页】选项卡 |【插入】组 |【创建程序】按钮，出现【创建程序】对话框，如图 10-55 所示。

① 在【类型】列表中选择【mill_contour】选项。

② 在【系统名称】文本框中输入 cavity。

完成以上设置，单击【确定】按钮，出现【程序】对话框，单击【确定】按钮。

5. 创建刀具

单击【主页】选项卡 |【插入】组 |【创建刀具】按钮，出现【创建刀具】对话框，如图 10-56 所示。

图 10-55　创建程序

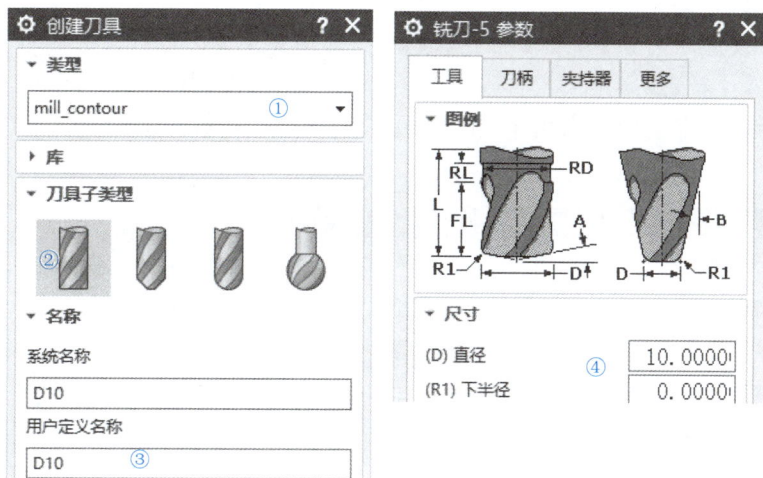

图 10-56　创建刀具

① 在【类型】列表中选择【mill_contour】选项。

② 激活【刀具子类型】，选择【MILL】按钮 ⬚ 。

③ 在【系统名称】文本框中输入 D10。

④ 完成以上设置，单击【确定】按钮，出现【铣刀 -5 参数】对话框，在【直径】文本框输入 10。

完成以上设置，单击【确定】按钮。同样的方法创建 D5、D2.5 球头铣刀。

6. 创建加工坐标系、安全距离、指定部件和毛坯几何体

1）创建加工坐标系和安全距离

单击【导航器】工具条上的【几何视图】按钮 ⬚ ，切换到【几何视图】，右击【MCS_MAIN】，选择【编辑】命令，出现【MCS Main】对话框，如图 10-57 所示。

① 单击左侧【主要】组，在【机床坐标系】组，单击【自动判断】按钮 ⬚ ，选择模型上表面，将 MCS 坐标原点放置于模型上表面中心处，完成加工坐标系设置。

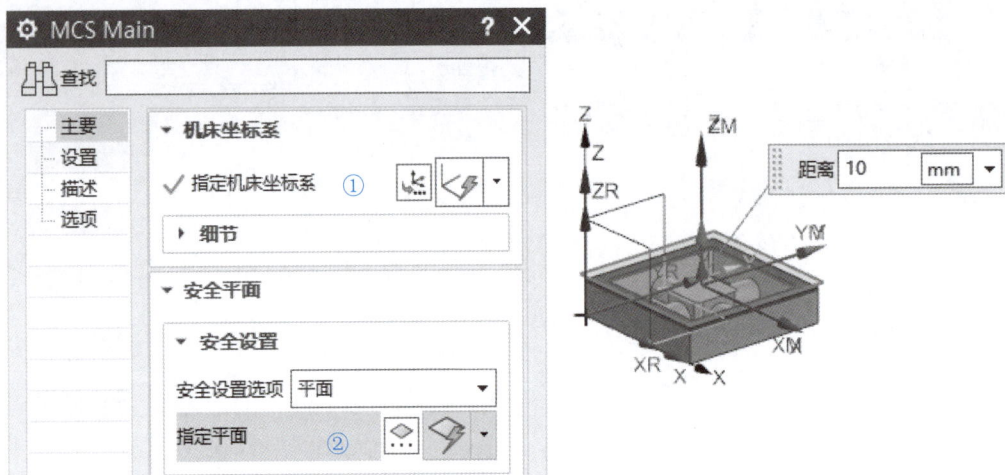

图 10-57　设置安全距离

② 在【安全设置】组，在【安全设置选项】列表中选择【平面】选项，在图形区【距离】文本框输入 10。

完成以上设置，单击【确定】按钮。

2）指定部件和毛坯几何体

在【工序导航器】中，右击【WORKPIECE】，选择【编辑】命令，出现【工件】对话框，如图 10-58 所示。

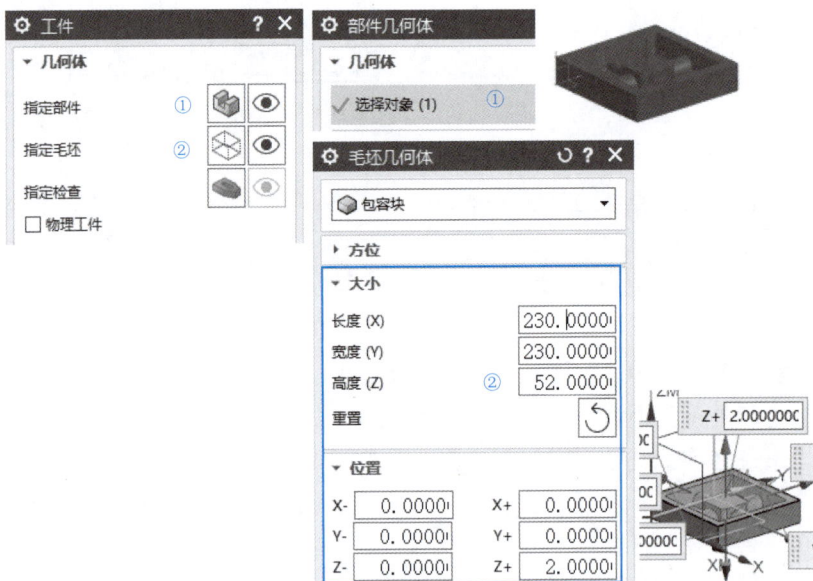

图 10-58　指定部件和毛坯几何体

① 单击【指定部件】按钮，出现【部件几何体】对话框，在绘图区域选择实体模型作为部件几何体，完成设置，单击【确定】按钮，返回【部件几何体】对话框。

② 单击【指定毛坯】按钮，打开【毛坯几何体】对话框，选择【包容块】选项，在【大小】组，在【高度（Z）】文本框输入 52，在【位置】组，在【Z+】文本框输入 2，完成以上设置，单击【确定】按钮，返回【部件几何体】对话框。

完成以上设置，单击【确定】按钮。

7. 创建几何体

（1）单击【主页】选项卡｜【插入】组｜【创建几何体】按钮，出现【创建几何体】对话框，如图 10-59 所示。

① 在【类型】列表中选择【mill_contour】选项。

② 在【几何体子类型】组，单击【MILL_AREA】按钮。

③ 激活【位置】，在【几何体】列表中选择【WORKPIECE】选项。

④ 在【系统名称】文本框中输入 MILL_AREA。

完成以上设置，单击【确定】按钮，出现【铣削区域】对话框。

（2）在【铣削区域】对话框中单击【指定切削区域】按钮，出现【切削区域】对话框，如图 10-60 所示，在【选择方法】列表中选择【面】选项；在图形区选择切削区域。完成设置，单击【确定】按钮，返回【切削区域】对话框。

完成设置，单击【确定】按钮。

图 10-59　创建几何体

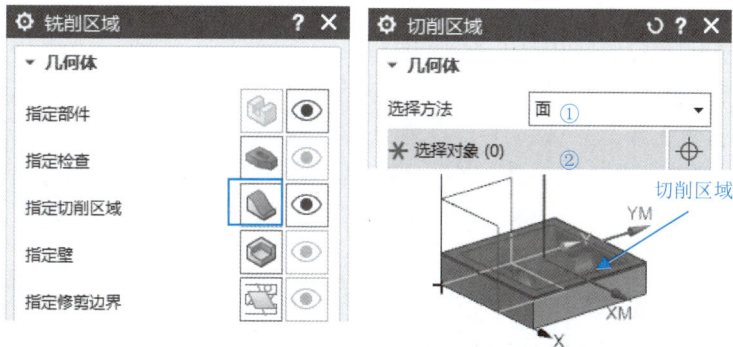

图 10-60　确定切削区域

8. 创建粗加工操作

（1）单击【主页】选项卡｜【插入】组｜【创建方法】按钮，出现【创建方法】对话框，如图 10-61 所示。

① 在【类型】列表中选择【mill_contour】选项。

② 在【方法子类型】组，选择【MILL_METHOD】按钮用于第一步粗加工。

③ 激活【位置】，在【方法】列表中选择【MILL_ROUGH】选项。

④ 在【系统名称】文本框输入 MILL_R。

⑤ 完成以上设置，单击【确定】按钮，出现【铣削方法】对话框，在【部件余量】文本框输入 1。

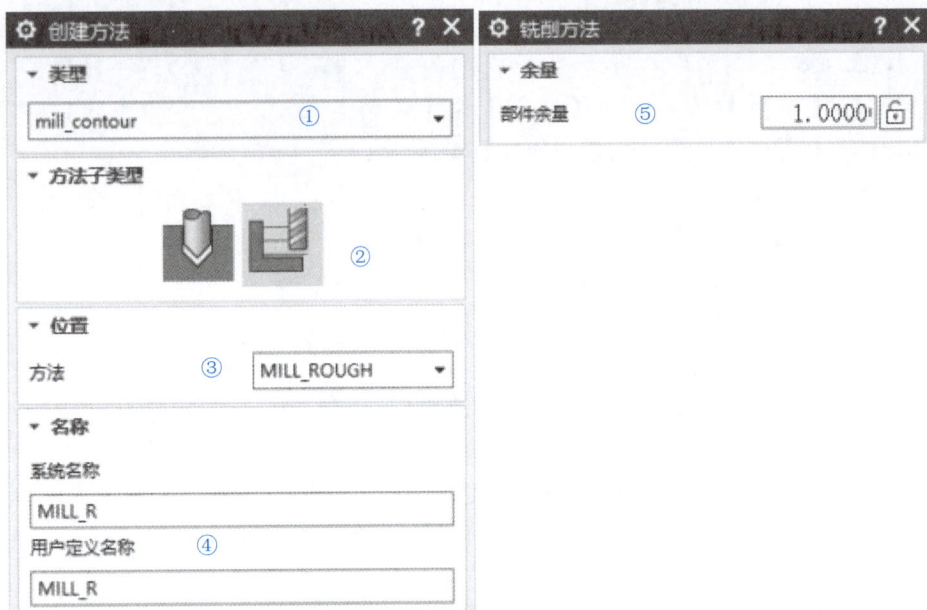

图 10-61　创建粗加工方法

完成以上设置，单击【确定】按钮。

（2）单击【主页】选项卡｜【插入】组｜【创建工序】按钮 ，出现【创建工序】对话框，如图 10-62 所示。

① 在【类型】列表中选择【mill_contour】选项。

② 在【工序子类型】选项中单击【型腔铣】按钮。

③ 激活【位置】组，在【程序】列表中选择【CAVITY】选项，在【刀具】列表中选择【D10（铣刀 -5 参数）】选项，在【几何体】列表中选择【MILL_AREA】选项，在【方法】列表中选择【MILL_R】选项。

④ 在【系统名称】文本框输入 R_MILL。

完成以上设置，单击【确定】按钮，出现【型腔铣】对话框。

（3）在【型腔铣】对话框，单击左侧【主要】组，如图 10-63 所示。

① 在【主要】组，【刀具】列表中选择【D10（铣刀 -5 参数）】选项。

② 在【切削模式】列表中选择【跟随部件】选项；在【步距】列表中选择【% 刀具平直】选项，在【平面直径百分比】文本框输入 50，即在 XY 平面中刀具轨迹之间的间距为刀具直径的

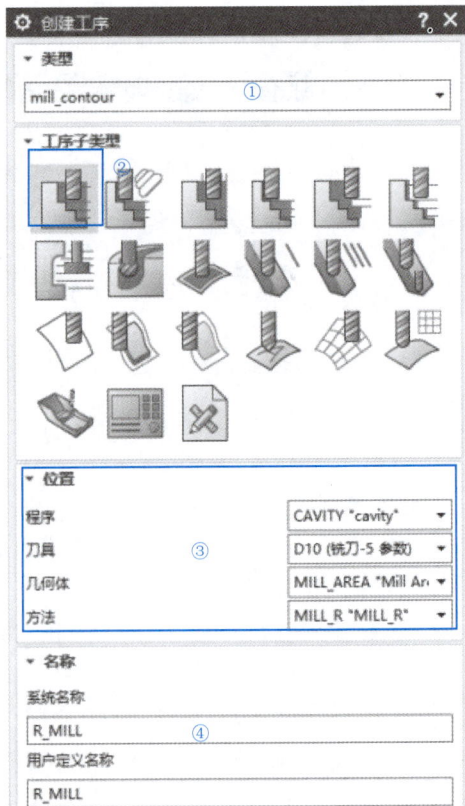

图 10-62　【创建工序】对话框

50%；在【公共每刀切削深度】列表中选择【恒定】选项，在【最大距离】文本框输入 2。

③ 在【切削】组，在【切削方向】列表中选择【逆铣】选项；在【切削顺序】列表中选择【深度优先】选项。

④ 在【空间范围】组，在【过程工件】列表中选择【使用 3D】选项，在【最小除料量】文本框输入 0。

图 10-63　设置操作参数 - 主要

（4）在【型腔铣】对话框，单击左侧【几何体】组，如图 10-64 所示。

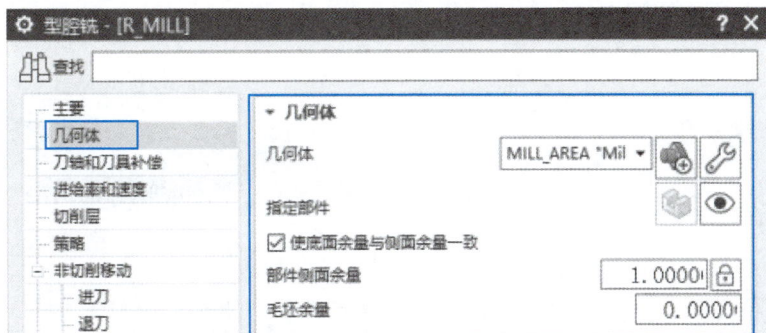

图 10-64　设置操作参数 - 几何体

在【几何体】组，在【几何体】列表中选择【MILL_AREA】；在【部件侧面余量】文本框输入 1。

（5）在【型腔铣】对话框，单击左侧【进给率和速度】组，如图 10-65 所示。

在【主轴速度】对话框，在【主轴速度】文本框输入 1500，单击【基于此值计算进给率和速度】按钮▣，自动计算【表面速度】和【每齿进给量】参数。

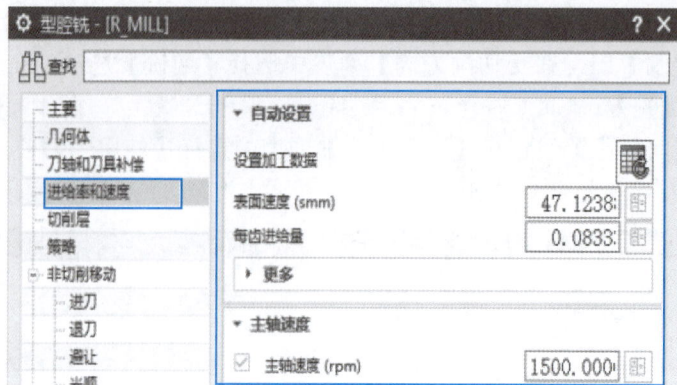

图 10-65　设置操作参数 - 进给率和速度

（6）在【型腔铣】对话框，单击左侧【非切削移动】|【进刀】组，如图 10-66 所示。
在【封闭区域】组，在【进刀类型】列表中选择【螺旋】选项，在【直径】文本框输入 90，在【斜坡角】文本框输入 15，在【高度】文本框输入 3。

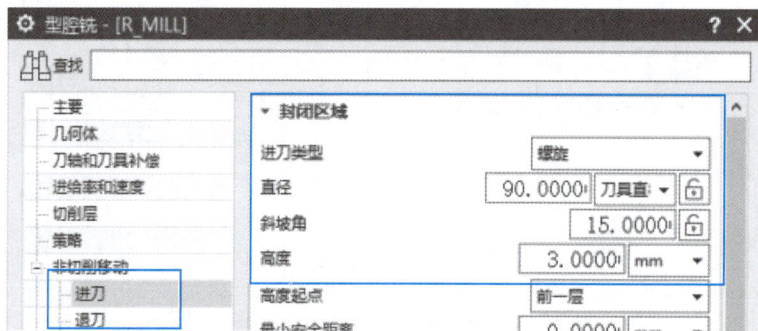

图 10-66　设置操作参数 - 进刀

（7）在【型腔铣】对话框，激活【操作】组，单击【生成】按钮，系统开始计算刀轨，最终生成刀轨，如图 10-67 所示。

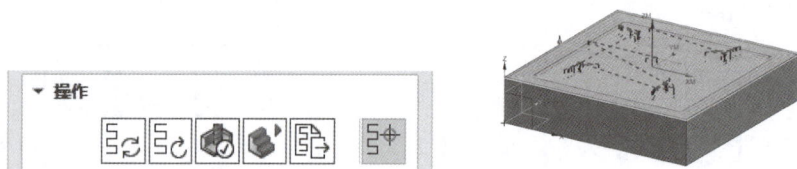

图 10-67　生成刀轨

（8）刀轨仿真验证，完成以上设置，单击【确定】按钮，出现【刀轨可视化】对话框，选择【3D 动态】选项卡，单击【播放】按钮，如图 10-68 所示。完成以上设置，单击【确定】按钮，返回【型腔铣】对话框。

（9）单击【显示所得的 IPW】按钮，输出工序中的工件作为下道工序的毛坯，如图 10-69 所示。

　　提示：关于处理中的工件（IPW）

型腔铣工序可以保存原材料余量用于后续工序，剩余的余量被称为处理中的工件原材料。处理中的工件（IPW）是指工序中的工件，输出当前工序操作完成后材料的余量，作为下一个工序操作的毛坯。主要用于二次开粗，是型腔铣中非常重要的一个选项。IPW 包括【无】【使用 3D】和【使用基于层的】这 3 个选项。

① 无：指在操作中不使用处理中的工件。

② 使用 3D：经过加工后剩余的材料将作为下一工序的毛坯几何体，以避免对已加工区域进行重复切削，如图 10-70 所示。

③ 使用基于层的：采用基于层的加工方式时，必须预先定义毛坯几何体，并确保前后工序使用相同的刀轴。所选用的刀具应不小于当前工序中所用刀具的尺寸。该方式能高效地切削前工序遗留的拐角和阶梯面，与【3DIPW】相比，处理时间显著减少，如图 10-71 所示。

图 10-68　3D 仿真验证加工

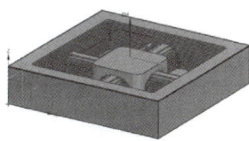

图 10-69　3D 仿真验证加工

图 10-70　生成 3DIPW

图 10-71　使用基于层的

9. 创建精加工操作

（1）单击【主页】选项卡｜【插入】组｜【创建方法】按钮，出现【创建方法】对话框，如图 10-72 所示。

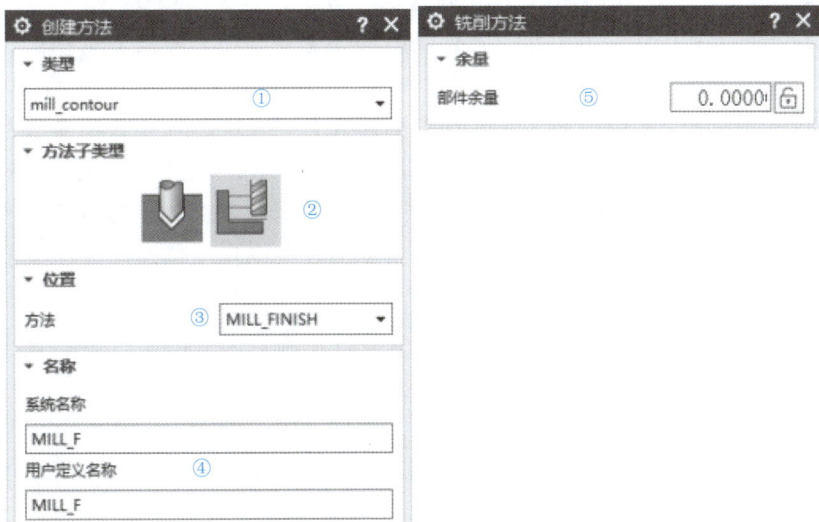

图 10-72　创建精加工方法

① 在【类型】列表中选择【mill_contour】选项。

② 在【方法子类型】组，选择【MILL_METHOD】按钮用于第二步精加工。

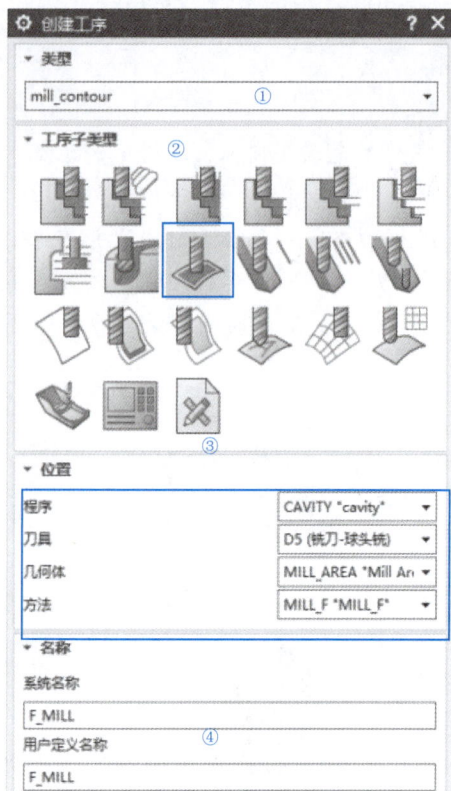

图 10-73　创建操作

③ 激活【位置】，在【方法】列表中选择【MILL_FINISH】选项。

④ 在【系统名称】文本框输入 MILL_F。

⑤ 完成以上设置，单击【确定】按钮，出现【铣削方法】对话框，在【部件余量】文本框输入 0。

完成以上设置，单击【确定】按钮。

（2）单击【主页】选项卡｜【插入】组｜【创建工序】按钮█，出现【创建工序】对话框，如图 10-73 所示。

① 在【类型】列表中选择【mill_contour】选项。

② 在【工序子类型】选项中单击【区域轮廓铣】█按钮。

③ 激活【位置】组，在【程序】列表中选择【CAVITY】选项，在【刀具】列表中选择【D5（铣刀 - 球头铣）】选项，在【几何体】列表中选择【MILL_AREA】选项，在【方法】列表中选择【MILL_F】选项。

④ 在【系统名称】文本框输入 F_MILL。

完成以上设置，单击【确定】按钮，出现【Area Mill】对话框。

（3）在【Area Mill】对话框，单击左侧【主要】组，如图 10-74 所示。

① 在【主要】组，【刀具】列表中选择【D5（铣刀 - 球头铣）】选项。

② 在【空间范围】组，在【方法】列表中选择【陡峭和非陡峭】选项；在【陡峭壁角度】文本框输入 60；在【区域排序】列表中选择【自上而下深度优先】选项。

③ 在【非陡峭切削】组，在【非陡峭切削模式】列表中选择【跟随周边】选项；在【刀路方向】列表选择【向内】选项；在【切削方向】列表中选择【逆铣】选项；在【步距】列表中选择【% 刀具平直】选项，在【平面直径百分比】文本框输入 50。

④ 在【陡峭切削】组，在【陡峭切削模式】列表中选择【单向深度加工】选项；在【深度切削层】列表中选择【恒定】选项；在【切削方向】列表中选择【逆铣】选项；在【深度加工每刀切削深度】文本框输入 10；在【合并距离】文本框输入 50；在【最小切削长度】文本框输入 5。

（4）在【Area Mill】对话框，单击左侧【几何体】组，如图 10-75 所示。

在【几何体】组，在【几何体】列表中选择【MILL_AREA】；在【部件余量】文本框输入 0。

在【空间范围】组，在【过程工件】列表中选择【使用 3D】选项。

（5）在【Area Mill】对话框，单击左侧【进给率和速度】组，如图 10-76 所示。

在【主轴速度】对话框，在【主轴速度】文本框输入 1500，单击【基于此值计算进给率和速度】按钮█，自动计算【表面速度】和【每齿进给量】参数。

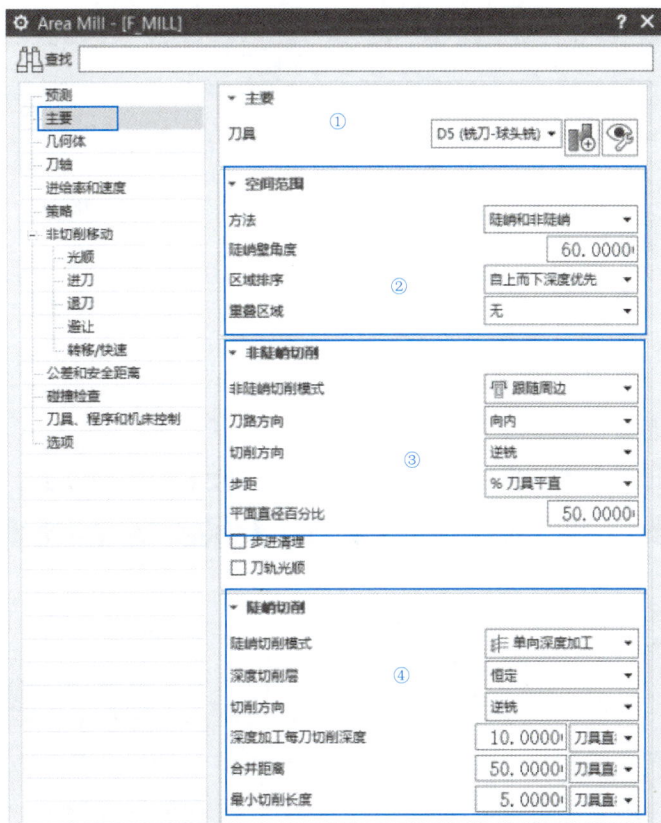

图 10-74　设置操作参数 - 主要

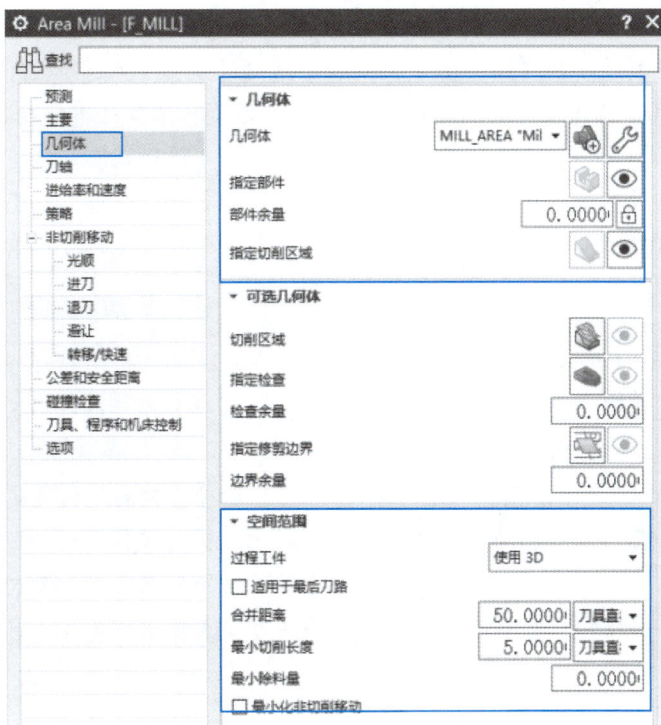

图 10-75　设置操作参数 - 几何体

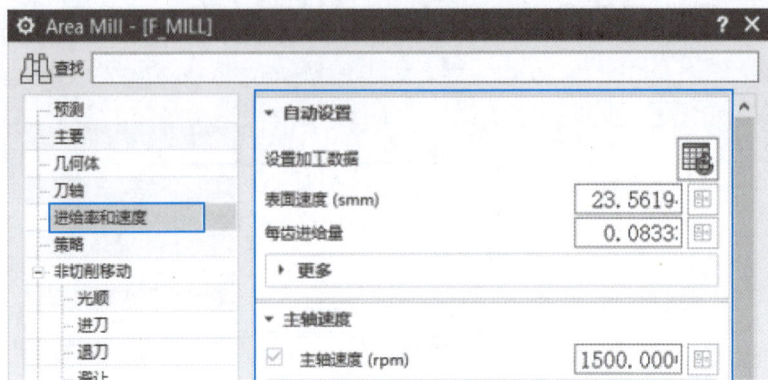

图 10-76　设置刀轨参数 - 进给率和速度

（6）在【Area Mill】对话框，单击左侧【非切削移动】|【进刀】组，如图 10-77 所示。

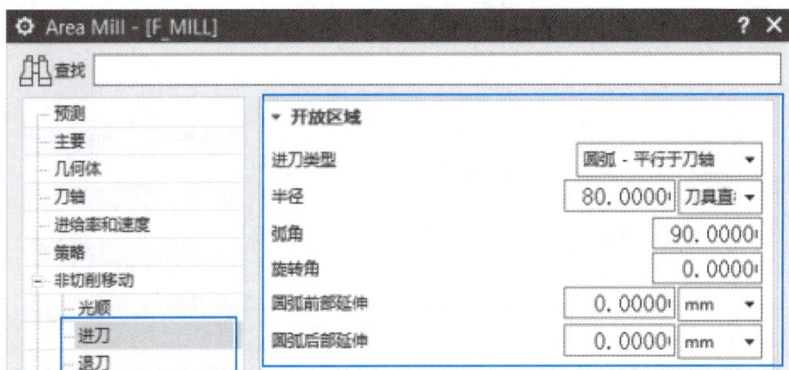

图 10-77　设置刀轨参数 - 进刀

在【开放区域】组，在【进刀类型】列表中选择【圆弧 - 平行于刀轴】选项，在【半径】文本框输入 80，在【弧角】文本框输入 90，在【旋转角】文本框输入 0。

📖 提示：【mill_contour】及其子类型【型腔铣】与【区域轮廓铣】

本例中所要加工的型腔侧壁为斜面，底面为非平面，属于复杂曲面腔体，对于这类零件应选用【mill_contour】工序类型。【mill_contour】工序类型主要应用于复杂模型上非平面特征的加工工序。本例的粗加工和精加工分别使用了【型腔铣】和【区域轮廓铣】工序子类型。

【型腔铣】工序子类型🔲，通过移除垂直于固定刀轴的平面切削层中的材料对轮廓形状进行粗加工，主要用于模具型腔与型芯、凹模、铸造件和锻件的开粗加工，创建该工序时必须定义部件和毛坯几何体。

【区域轮廓铣】工序子类型🔲，该子类型提供了丰富的驱动几何的定义方法，用户可根据需要指定部件几何体和切削区域，并在此基础上选择并编辑合理的驱动方法来设置驱动几何和切削模式。本例中采用【区域轮廓铣】进行模型的精加工，其所需的几何体和切削区域已在第 7 步创建，创建该操作时在【创建工序】对话框中的【位置组】为其选择相应的父项即可。

（7）生成刀轨，在【区域轮廓铣】对话框，激活【操作】组，单击【生成】按钮🔲，系统开始计算刀轨，最终生成刀轨，如图 10-78 所示。

（8）刀轨仿真验证，完成以上设置，单击【确定】按钮 ，出现【刀轨可视化】对话框：

① 选择【3D 动态】选项卡。

② 单击【播放】按钮 ▶。

如图 10-79 所示。完成以上设置，单击【确定】按钮。

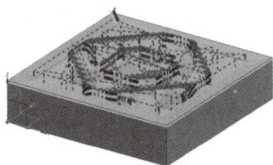

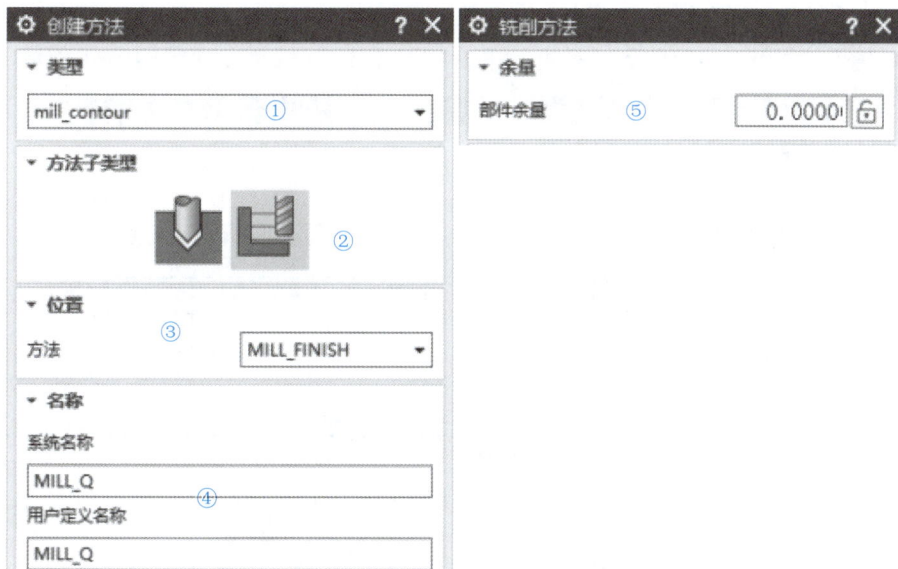

图 10-78　生成刀轨　　　　　图 10-79　3D 仿真验证加工

10. 创建清根加工操作

（1）单击【主页】选项卡 |【插入】组 |【创建方法】按钮 ，出现【创建方法】对话框，如图 10-80 所示。

① 在【类型】列表中选择【mill_contour】选项。

② 在【方法子类型】组，选择【MILL_METHOD】按钮。

③ 激活【位置】，在【方法】列表中选择【MILL_FINISH】选项，用于第三步清根加工。

④ 在【系统名称】文本框输入 MILL_Q。

⑤ 完成以上设置，单击【确定】按钮，出现【铣削方法】对话框，在【部件余量】文本框输入 0。

完成以上设置，单击【确定】按钮。

图 10-80　创建清根方法

（2）单击【主页】选项卡 |【插入】组 |【创建工序】按钮 ，出现【创建工序】对话框，如图 10-81 所示。

① 在【类型】列表中选择【mill_contour】选项。

② 在【工序子类型】选项中单击【清根铣 - 多刀路】按钮。

③ 激活【位置】组，在【程序】列表中选择【CAVITY】选项，在【刀具】列表中选择【D2.5 铣刀 - 球头铣】选项，在【几何体】列表中选择【MILL_AREA】选项，在【方法】列表中选择【MILL_Q】选项。

④ 在【系统名称】文本框输入 Q_MILL。

完成以上设置，单击【确定】按钮，出现【清根铣 - 多刀路】对话框。

（3）在【清根铣 - 多刀路】对话框，单击左侧【主要】组，如图 10-82 所示。

① 在【主要】组，【刀具】列表中选择【D2.5 铣刀 - 球头铣】选项。

② 在【空间范围】组，在【陡峭壁角度】文本框输入 45；在【最小切削长度】文本框输入 50；在【合并距离】文本框输入 50。

③ 在【非陡峭切削】组，在【非陡峭切削模式】列表中选择【单向】选项；在【切削方向】列表中选择【逆铣】选项；在【步距】文本框输入 10；在【每侧步距数】文本框输入 5；在【顺序】列表中选择【由外向内】选项。

（4）在【清根铣 - 多刀路】对话框，单击左侧【几何体】组，如图 10-83 所示。

图 10-81　创建操作

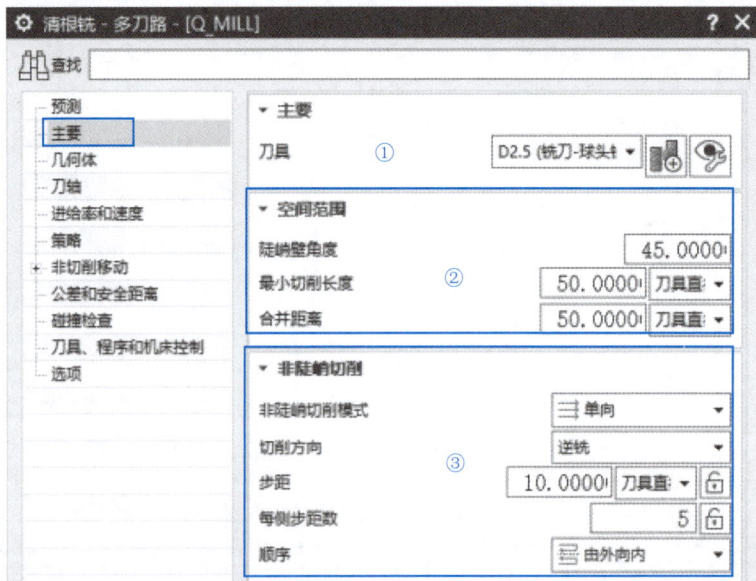

图 10-82　设置操作参数 - 主要

在【几何体】组，在【几何体】列表中选择"MILL_AREA"；在【部件余量】文本框输入 0。

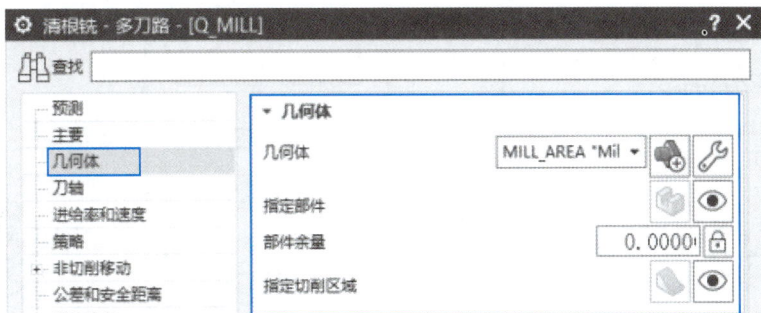

图 10-83　设置操作参数 - 几何体

（5）在【清根铣 - 多刀路】对话框，单击左侧【进给率和速度】组，如图 10-84 所示。

在【主轴速度】对话框，在【主轴速度】文本框输入 1500，单击【基于此值计算进给率和速度】按钮，自动计算【表面速度】和【每齿进给量】参数。

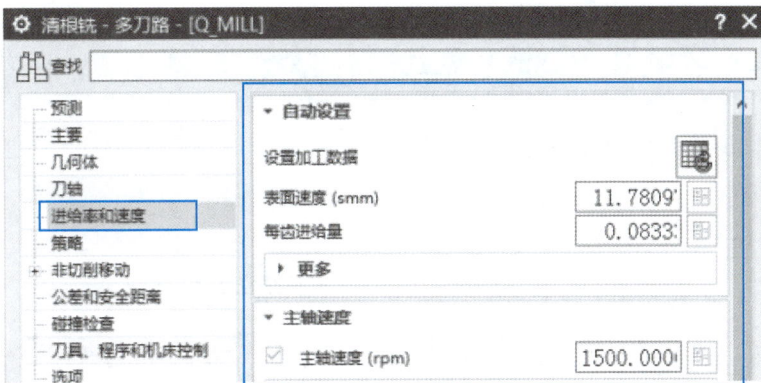

图 10-84　设置刀轨参数

（6）生成刀轨，在【清根铣 - 多刀路】对话框，激活【操作】组，单击【生成】按钮，系统开始计算刀轨，最终生成刀轨，如图 10-85 所示。

（7）刀轨仿真验证，完成以上设置，单击【确定】按钮，出现【刀轨可视化】对话框，选择【3D 动态】选项卡，单击【播放】按钮，如图 10-86 所示。完成以上设置，单击【确定】按钮。

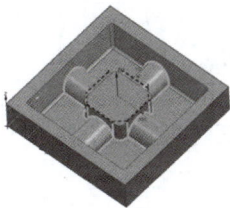

图 10-85　生成刀轨

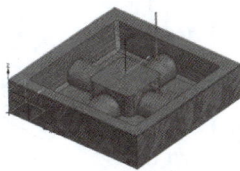

图 10-86　3D 仿真验证加工

11. 存盘

选择【文件】|【保存】命令，保存文件。

【任务拓展】

建立如图 10-87 所示模型并完成 CAM 规划。

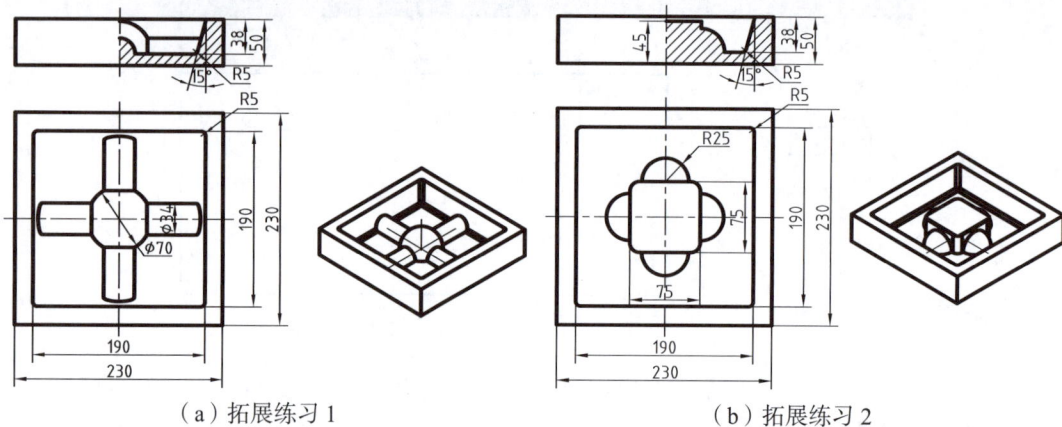

（a）拓展练习 1　　　　　　　　　　　　（b）拓展练习 2

图 10-87　曲面铣加工拓展练习

课题 10.5 ◀ 提高练习

建立如图 10-88 所示模型并完成 CAM 规划。

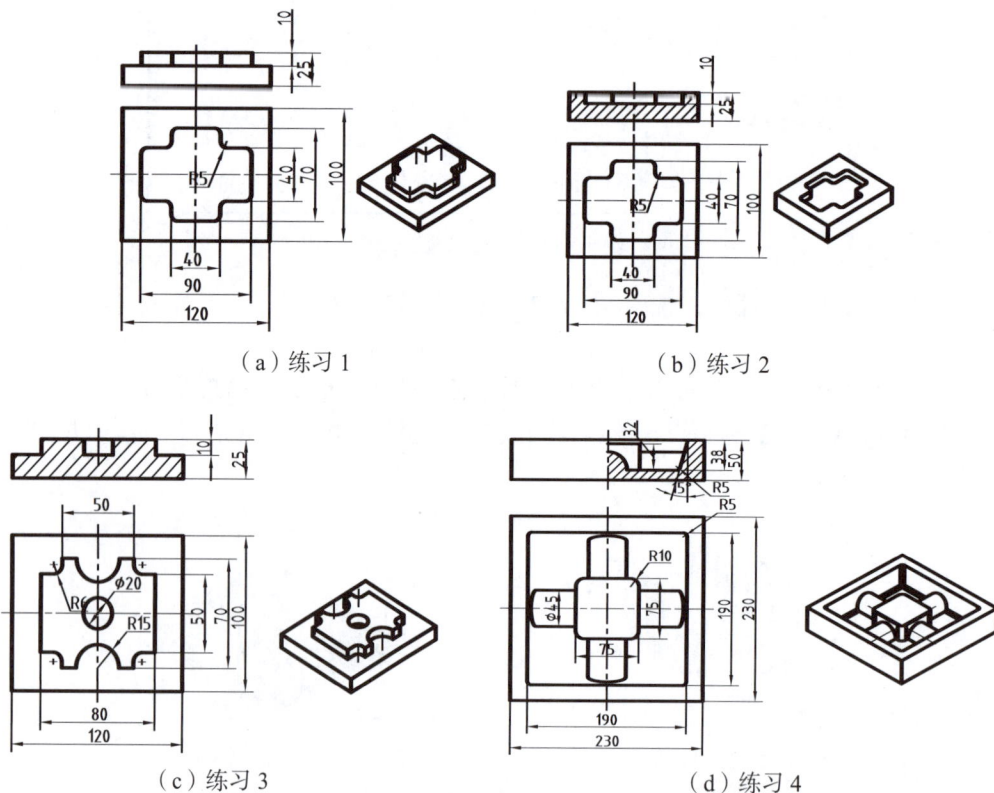

（a）练习 1　　　　　　　　　　　　　　（b）练习 2

（c）练习 3　　　　　　　　　　　　　　（d）练习 4

图 10-88　提高练习

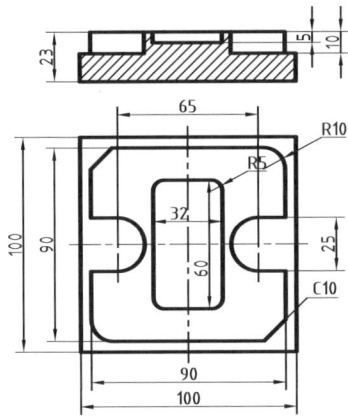

（e）练习 5

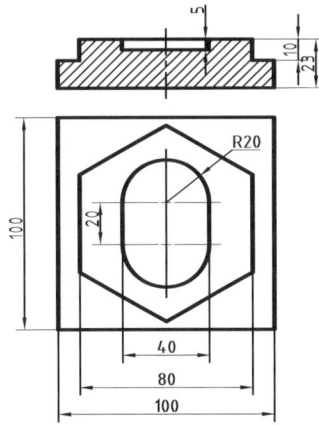

（f）练习 6

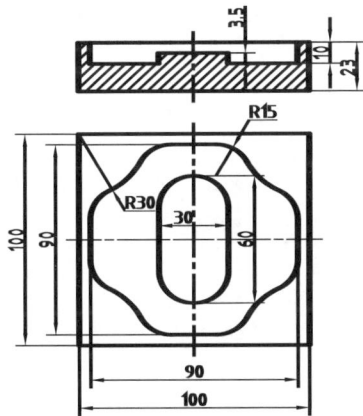

（g）练习 7

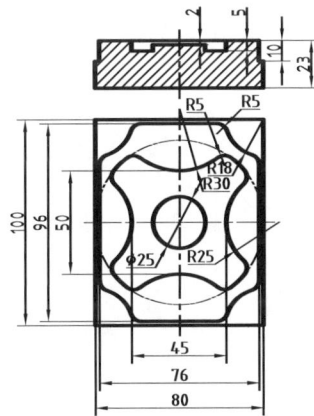

（h）练习 8

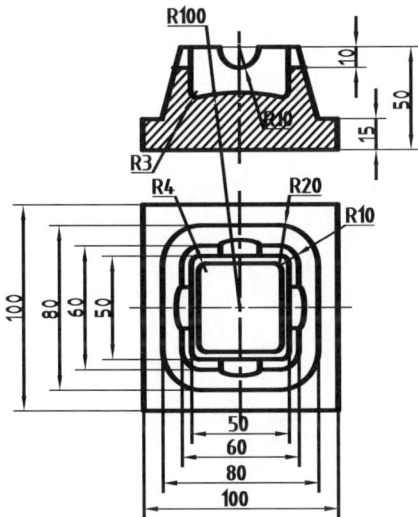

（i）练习 9

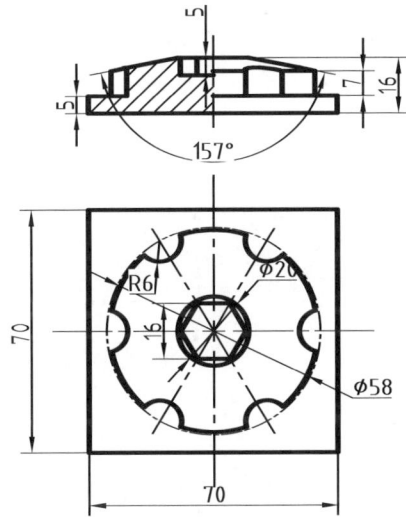

（j）练习 10

图 10-88　（续）